工业和信息化精品系列教材

网络技术

Network Technique

微课版

计算机
网络安全技术

王艳军 崔升广 ◉主编

杨宇 任贺宇 ◉副主编

人民邮电出版社

北京

图书在版编目（CIP）数据

计算机网络安全技术：微课版 / 王艳军，崔升广主编. -- 北京 ： 人民邮电出版社，2024.2
工业和信息化精品系列教材. 网络技术
ISBN 978-7-115-63270-8

Ⅰ. ①计… Ⅱ. ①王… ②崔… Ⅲ. ①计算机网络—安全技术—教材 Ⅳ. ①TP393.08

中国国家版本馆CIP数据核字(2023)第233940号

内 容 提 要

根据高等教育的培养目标、特点和要求，本书由浅入深、全面系统地讲解计算机网络安全技术。本书共 8 章，内容包括计算机网络安全概述、网络攻击与防御、计算机病毒与木马、数据加密技术、防火墙与 VPN 技术、无线网络安全技术、数据存储备份技术，以及 Web 应用安全。为了让读者能够更好地巩固所学知识，及时地检查学习效果，本书配备了 17 个实训，每章都配备了丰富课后习题。

本书可作为本科和高职高专院校各专业计算机网络安全技术课程的教材，也可作为计算机网络安全技术培训教材或计算机网络安全技术爱好者的自学参考用书。

- ◆ 主　　编　王艳军　崔升广
  　　副主编　杨　宇　任贺宇
  　　责任编辑　郭　雯
  　　责任印制　王　郁　焦志炜
- ◆ 人民邮电出版社出版发行　　　北京市丰台区成寿寺路 11 号
  　　邮编　100164　电子邮件　315@ptpress.com.cn
  　　网址　https://www.ptpress.com.cn
  　　三河市中晟雅豪印务有限公司印刷
- ◆ 开本：787×1092　1/16
  　　印张：14.75　　　　　　　　　2024 年 2 月第 1 版
  　　字数：413 千字　　　　　　　2024 年 2 月河北第 1 次印刷

定价：59.80 元

读者服务热线：(010)81055256　印装质量热线：(010)81055316
反盗版热线：(010)81055315
广告经营许可证：京东市监广登字 20170147 号

前言 FOREWORD

　　党的二十大报告提出：教育、科技、人才是全面建设社会主义现代化国家的基础性、战略性支撑。随着计算机网络技术的迅速发展，网络在人们的生活中已经占有一席之地，其在为人们提供便利、带来效益的同时，也使人们面临着信息安全的巨大挑战。在职业教育中，计算机网络安全技术已经成为计算机网络相关专业的一门重要的专业基础课程。由于因特网的飞速发展，人们越来越重视计算机网络安全技术的应用，越来越多的人从事与网络安全技术相关领域的工作，各高校计算机相关专业也都开设了计算机网络安全技术等相关课程。本书作为一本重要的专业基础课程的教材，与时俱进，知识面与技术面覆盖广。本书可以让读者学到新的、前沿的、实用的技术，为以后参加工作储备知识。

　　本书使用华为网络设备搭建网络安全实训环境，在介绍相关理论与技术原理的同时，还提供了大量的网络安全项目配置案例，以达到理论与实践相结合的目的。本书在内容安排上力求做到深浅适度、详略得当，从计算机网络安全技术基础知识起步，用大量的案例、插图讲解计算机网络安全技术等相关知识。编者精心选取内容，对教学方法与教学内容进行整体规划与设计，使得本书在叙述上简明扼要、通俗易懂，既方便教师讲授，又方便读者学习、理解与掌握。

　　本书主要特点如下。

　　（1）内容丰富，技术面广，图文并茂，通俗易懂。

　　（2）组织合理、有效。本书按照由浅入深的顺序，在逐渐丰富系统功能的同时，引入相关技术与实践内容，实现技术讲解与训练合二为一，有助于"教、学、做一体化"教学的实施。

　　（3）内容充实，实训与理论教学紧密结合，具有很强的实用性。为了使读者能快速地掌握相关技术，本书在部分章节重要知识点后面设计了相关实训，并配置了详细操作过程。

　　为方便读者使用，书中全部实例及电子教案均免费赠送，读者可登录人邮教育社区（www.ryjiaoyu.com）下载。

　　本书由王艳军、崔升广任主编，杨宇、任贺宇任副主编，崔升广负责全书的统稿与定稿。由于编者水平有限，书中难免存在疏漏和不足之处，殷切希望广大读者批评指正，读者可加入人邮网络技术教师交流群（QQ群号：159528354）与编者进行联系。

编　者
2023 年 3 月

目录 CONTENTS

第 3 章

计算机病毒与木马 ⋯⋯⋯⋯⋯ 94

第 4 章

数据加密技术 ⋯⋯⋯⋯⋯⋯⋯ 121

第 5 章

防火墙与 VPN 技术 ┈┈┈┈ 152

第 6 章

无线网络安全技术 ┈┈┈┈┈ 184

第1章
计算机网络安全概述

01

本章主要介绍网络安全的定义、网络安全的重要性、网络安全脆弱性的原因、网络安全的基本要素、网络安全面临的威胁及网络安全发展趋势；同时，讲解网络安全的发展阶段、网络体系结构与协议、开放系统互联参考模型、TCP/IP 参考模型以及网络安全模型与体系结构。本章的重点是培养读者的兴趣，使读者对计算机网络安全的学习有一个良好的开端。

【学习目标】

① 掌握网络安全的定义及重要性。
② 掌握网络安全的发展阶段。
③ 掌握网络安全的基本要素。
④ 理解网络安全脆弱性的原因。
⑤ 了解网络安全防护体系。

【素养目标】

① 培养工匠精神，要求做事严谨、精益求精、着眼细节、爱岗敬业。
② 树立团队互助、进取合作的意识。

1.1 网络安全简介

计算机网络随着现代社会对信息共享和信息传递日益增强的需求而发展起来，给人类社会的生产、生活都带来了巨大的影响。近二十几年来，因特网（Internet）深入千家万户，网络已经成为一种全社会的、经济的、快速存取信息的必要工具。它经历了一个由低级到高级、由简单到复杂、由单机到多机的发展过程，如图 1.1 所示。因此，网络安全技术对未来的信息产业乃至整个社会都将产生深远的影响。

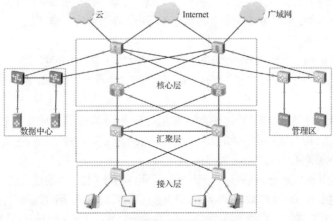

图 1.1　某公司的网络拓扑结构

随着计算机网络技术的迅速发展，网络在人们的生活中已经占有一席之地，其在为人们提供便利、带来效益的同时，也使人们面临着信息安全的巨大挑战。

信息革命是继农业革命、工业革命之后人类历史上的又一次科学技术革命，它对整个人类社会及生活产生了深远的影响。在社会日益信息化的今天，信息已经成为一种重要的战略资源，信息的应用也从原来的军事、科技、文化和商业领域渗透到当今社会的各个领域，它在社会生产、生活中的作用日益显著，因此信息的安全和可靠在任何状况下都是必须要保证的。

计算机网络技术是信息技术存在与发展的基石，是通信技术与计算机技术相结合的产物。计算机网络是利用通信设备和传输线路，将分布在不同地理位置的、具有独立功能的多个计算机系统连接起来，通过网络协议、网络操作系统实现资源共享及传递信息的系统。

1.1.1　网络安全的定义

网络安全是指网络系统的硬件、软件及系统中的数据受到保护，不因偶然的或者恶意的原因而遭到破坏、更改、泄露，确保系统能连续、可靠、正常运行，网络服务不中断。网络安全从其本质上来讲就是网络中的物理安全、软件安全、信息安全和运行安全。从广义上来说，凡是涉及网络中的信息的保密性、完整性、可用性、可控性的相关技术和理论都是网络安全的研究领域。

保密性：确保信息不被泄露给非授权的用户、实体。

完整性：数据未经授权不能进行改变的特性，即信息在存储或传输过程中保持不被修改、不被破坏和不丢失的特性。

可用性：可被授权实体访问并按需求使用的特性，即当需要时能存取所需的信息。例如，网络环境下拒绝服务、破坏网络和有关系统的正常运行等都属于对可用性的攻击。

可控性：对信息的传播及内容具有控制能力。

网络安全主要包括物理安全、软件安全、信息安全和运行安全 4 个方面。

1. 物理安全

物理安全包括硬件、存储媒体和外部环境的安全。硬件是指网络中的各种设备和通信链路，如主机、路由器、服务器、工作站、交换机、电缆等；存储媒体包括磁盘、光盘等；外部环境主要指计算机设备的安装场地、供电系统等。保障物理安全，就是保护硬件、存储媒体和外部环境能够正常工作而不被损害。

V1-1　网络安全
的定义

2. 软件安全

软件安全是指网络软件以及各主机、服务器、工作站等设备所运行的软件的安全。保障软件安全，就是保护网络中的各种软件能够正常运行而不被修改、破坏。

3. 信息安全

信息安全是指网络中所存储和传输数据的安全，主要体现在信息隐蔽性和防修改的能力上。保障信息安全，就是保护网络中的信息不被非法修改、复制、解密、使用等，也是保障网络安全最根本的目的。

4. 运行安全

运行安全是指网络中的各个信息系统能够正常运行并能正常地通过网络交流信息。保障运行安全，就是对网络系统中的各种设备的运行状况进行监测，发现不安全的因素时，及时报警并采取相应措施，消除不安全状态以保障网络系统的正常运行。

网络安全的目的是确保系统的保密性、完整性、可用性和可控性。保密性要求只有授权用户才能访问网络信息；完整性要求网络中的数据保持不被意外或恶意地改变；可用性指网络在不降低实用性能的情况下仍能根据授权用户的需求提供资源服务；可控性是指对网络信息的传播具有控制能力的特性。

1.1.2 网络安全的重要性

网络安全是一个关系国家安全和主权、社会稳定、民族文化继承和发扬的重要问题。其重要性正随着全球信息化步伐的加快而迅速提升。网络安全是一门涉及计算机科学、网络技术、通信技术、密码技术、信息安全技术、应用数学、数论、信息论等的综合性学科。

随着计算机技术的飞速发展，信息网络已经成为社会发展的重要保证。信息网络涉及国家的政府、军事、文化和教育等诸多领域，存储、传输和处理的许多信息与政府宏观调控决策、商业经济信息、银行资金转账、股票证券、能源资源、科研数据有关。其中有很多是敏感信息，所以难免会引来各种人为的网络攻击（如信息泄露、信息窃取、数据篡改、数据增删、计算机病毒等）。

近年来，中国互联网行业持续稳健发展，互联网已成为推动我国经济社会发展的重要力量。中国互联网络信息中心（China Internet Network Information Center，CNNIC）数据显示，截至 2022 年 6 月，我国网民规模约为 10.51 亿人，较 2021 年 12 月新增网民 1919 万人；互联网普及率达 74.4%，较 2021 年 12 月提升 1.4 个百分点，如图 1.2 所示。尽管近年中国的网络用户人数的增长速度有所放缓，但互联网在中国的整体普及水平较高，未来普及率将进一步提高。

图 1.2　中国网民规模及互联网普及率统计

智能手机的大力推广和普及推动着移动互联网市场规模的进一步扩张，中国手机用户规模不断攀升。CNNIC 数据显示，截至 2022 年 6 月，我国手机网民规模约为 10.47 亿人，较 2021 年 12 月新增手机网民 1785 万人，整体网民中使用手机上网的比例达到 99.6%，如图 1.3 所示。

图 1.3　中国手机网民规模及使用手机上网的占比情况统计

互联网在我国政治、经济、文化及社会生活中发挥着越来越重要的作用，互联网的影响日益扩大、地位日益提升，维护网络安全工作的重要性日益突出。

【案例1】2006年12月，"熊猫烧香"病毒出现，中毒计算机桌面上会出现"熊猫烧香"图案，这也成为当时一度让人谈之色变的病毒。"熊猫烧香"病毒可通过感染系统的*.exe、*.com、*.pif、*.src、*.html、*.asp文件，导致打开网页文件时IE自动跳转到指定病毒网址并下载病毒，同时出现蓝屏、频繁重启以及系统硬盘中数据文件被破坏等现象，在短短几个月的时间内，"熊猫烧香"病毒感染门户网站、击溃数据系统、导致网络瘫痪，在全国范围内带来了无法估量的损失。"熊猫烧香"病毒已经永远停留在十几年前。随着科学技术的发展和变革，"熊猫烧香"病毒与如今的勒索病毒、木马、黑客攻击等带来的危害完全不能相比，但该病毒却使国内民众第一次对计算机病毒的危害有了真实的感受，因此成为病毒史上的经典案例，对国内的网络安全发展起到了警示和推动作用。

【案例2】2017年5月，勒索病毒"WannaCry"出现，英国的16家医院遭到大范围网络攻击，医院的内网被攻陷，导致这16家医院基本中断了与外界的联系，内部医疗系统几乎停止运转，很快又有更多医院的计算机遭到攻击，这场网络攻击迅速席卷全球。这场网络攻击的罪魁祸首就是一种叫作"WannaCry"的勒索病毒。该病毒通过邮件、网页甚至手机侵入，将计算机上的文件加密，受害者只有按要求支付300美元才能解密，勒索者声称如果7天内不完成支付，则计算机中的数据信息将永远无法恢复。所以，在网上冲浪的过程当中一定要建立防范勒索病毒的意识——警惕意想不到的电子邮件，及时删除可疑的电子邮件，特别是包含链接或附件的；浏览某个网站时请慎重点击，先查看它的安全等级；备份自己的重要数据；务必定期更新操作系统和其他软件。

【案例3】2020年9月，智利三大银行之一的国家银行（BancoEstado）遭到勒索软件攻击，被迫关闭所有分支机构。据称，发起该次攻击的是Sodinokibi勒索软件。其借助一份恶意攻击邮件在银行网络安插后门，并以此为跳板访问银行内网，实施勒索行动，加密了该行大部分内部服务和雇员工作站。

【案例4】2020年11月，位于墨西哥的富士康工厂遭到了"DoppelPaymer"勒索软件的攻击，导致1200台服务器被加密。据悉，攻击者在对设备进行加密前已窃取了100GB的未加密文件（包括常规业务文档和报告），并删除了20～30TB的备份数据。随后，攻击者发布了一个指向"DoppelPaymer"付款站点的链接，要求富士康支付3486.6万美元作为赎金，否则将把盗取数据在暗网出售。

面对层出不穷的安全事件，将安全问题前置、把安全部署提前自然成为防患于未然的有效措施，同时能够最大限度地规避风险，保障业务的平稳运行。保护数据资产，做好对安全漏洞、勒索病毒、木马等问题的防御工作，是身处数字化浪潮中的企业和机构都要学习的课题。

1.1.3 网络安全脆弱性的原因

从整体上看，网络系统在设计、实现、应用和控制过程中存在的一切可能被攻击者利用从而造成安全危害的缺陷都是脆弱性。网络系统遭受损失最根本的原因之一在于其本身存在的脆弱性，网络系统的脆弱性主要来源于以下几个方面。

1. 开放性的网络环境

网络系统之所以易受攻击，是因为网络系统具有开放、快速、分散、互联、虚拟、脆弱等特点。网络用户可以自由地访问任何网站，几乎不受时间和空间的限制，信息传输速度极快，因此，病毒等有害的信息可在网络中迅速扩散。网络基础设施和终端设备数量众多，分布地域广阔，各种信息系统互联互通，用户身份和位置信息真假难辨，构成了一个庞大而复杂的虚拟环境。此外，网络软件和协议之间存在着许多技术

V1-2 网络安全
脆弱性的原因

漏洞，让攻击者有可乘之机。这些特点都给网络系统的安全管理造成了巨大的困难。Internet 的广泛使用意味着网络的攻击不仅可以来自本地的网络用户，还可以来自 Internet 上的任何一台机器，同时，网络之间使用的通信协议传输控制协议/互联网协议（Transmission Control Protocol/Internet Protocol，TCP/IP）本身也有缺陷，这就给网络的安全带来了更大的隐患。

2. 操作系统的缺陷

操作系统是计算机系统的基础软件，没有它提供的安全保护，计算机系统及数据的安全性都将无法得到保障。系统的安全性非常重要，有很多网络攻击方式都是从寻找操作系统的缺陷入手的，操作系统的主要缺陷表现在如下几个方面。

（1）系统模型本身的缺陷。这是系统设计初期就存在的，无法通过修改操作系统程序的源代码来弥补。

（2）操作系统程序的源代码存在错误。操作系统也是一个计算机程序，任何程序都会有错误，操作系统也不例外。

（3）操作系统程序的配置不当。许多操作系统的默认配置安全性很差，进行安全配置比较复杂，并且需要一定的安全知识，许多用户并没有这方面的能力，如果没有正确地配置这些功能（如账户、密码），就会造成一些操作系统的安全缺陷。

3. 应用软件的漏洞

操作系统给人们提供了一个平台，人们使用最多的还是应用软件。随着科技的发展，人们在工作和生活中对计算机的依赖性越来越高，应用软件越来越多，软件的安全性也变得越来越重要。应用软件的特点是开发者众多、应用具有个性、注重应用功能，现在许多网络攻击就是利用应用软件的漏洞进行的。

4. 人为因素

许多公司和用户的网络安全意识薄弱、思想麻痹，这些人为因素也影响了网络的安全性，在网络安全管理中，专家们一致认为是"30%的技术，70%的管理"。

1.1.4 网络安全的基本要素

由于网络安全受到的威胁具有多样性、复杂性及网络信息、数据具有重要性，在设计网络系统的安全框架时，应该努力达到安全目标。一个安全的网络具有下面 5 个特征：保密性、完整性、可靠性、可用性和不可抵赖性。

1. 保密性

保密性指防止信息泄露给非授权个人或实体。信息只为授权用户使用，保密性是对信息的安全要求。它是在可靠性和可用性的基础上，保障网络中信息安全的重要手段。对敏感用户信息的保密，是人们研究最多的领域之一。由于网络信息会成为黑客、病毒的攻击目标，网络安全已受到了人们越来越多的关注。

V1-3 网络安全
的基本要素

2. 完整性

完整性也是面向信息的安全要求。它是指信息不被偶然或蓄意地删除、修改、伪造、乱序、重放、插入等操作破坏的特征。它与保密性不同，保密性是防止信息泄露给非授权的人，而完整性则要求信息的内容和顺序都不受破坏和修改。用户信息和网络信息都要求保证完整性，例如，对于涉及金融的用户信息，如果用户账目被修改、伪造或删除，则会带来巨大的经济损失。网络信息一旦受到破坏，严重的还会造成通信网络的瘫痪。

3. 可靠性

可靠性是网络安全最基本的要求之一，是指系统在规定条件下和规定时间内完成规定功能的概率。如果网络不可靠，经常出问题，这个网络就是不安全的。目前，对于网络可靠性的研究主要偏重于硬件可靠性方面。研制高可靠性硬件设备、采取合理的冗余备份措施是基本的可靠性对策。但实际上有许多故障和事故，与软件可靠性、人员可靠性和环境可靠性有关。例如，人员可靠性在通信网络可靠性中起着重要作用。有关资料表明，系统失效的问题很大一部分是由人为因素造成的。

4. 可用性

可用性是网络面向用户的基本安全要求。网络基本的功能是向用户提供所需的信息和通信服务，而用户的通信要求是随机的、多方面的，有时还要求时效性。网络必须随时满足用户通信的要求。从某种意义上讲，可用性是可靠性的更高要求，特别是在重要场合下，特殊用户信息的可用性显得十分重要。为此，网络需要采用科学、合理的网络拓扑结构，必要的冗余、容错和备份措施以及网络自愈技术，分配配置和负担分担，各种完善的物理安全和应急措施，等等，从满足用户需求出发，保证通信网络的安全。

5. 不可抵赖性

不可抵赖性也称不可否认性，是面向通信双方（人、实体或进程）信息真实的安全要求。它要求通信双方均不可抵赖。随着通信业务范围的不断扩大，电子贸易、电子金融、电子商务和办公自动化等领域的许多信息处理过程都需要通信双方对信息内容的真实性进行确认。为此，可采用数字签名、认证、数据完备、鉴别等有效措施，以实现信息的不可抵赖性。

网络的安全不仅仅是防范窃密活动，其可靠性、可用性、完整性和不可抵赖性应作为与保密性同等重要的安全目标加以实现。我们应从观念上、政策上做出必要的调整，全面规划和实施网络信息的安全。

1.1.5　网络安全面临的威胁

网络安全面临的威胁包括对网络中信息的威胁和对网络中设备的威胁。影响网络安全的因素有很多，有些因素可能是有意的，也可能是无意的；可能是人为的，也可能不是人为的；还有可能是外来黑客对网络系统资源的非法使用；等等。目前，网络安全面临的主要威胁如图 1.4 所示。

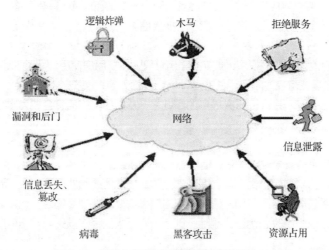

图 1.4　网络安全面临的主要威胁

人为的无意失误：如操作员安全配置不当造成的安全漏洞、用户安全意识不强、用户口令选择不慎、用户将自己的账号随意转借给他人或与别人共享等都会给网络安全带来威胁。

人为的恶意攻击：这是计算机网络面临的最大威胁，对手的攻击和计算机犯罪就属于这一类。此类攻击又可以分为两种：一种是主动攻击，它以各种方式有选择地破坏信息的可用性和完整性；另一种是被动攻击，它在不影响网络正常工作的情况下，进行截获、窃取、破译等操作以获得重要机密信息。这两种攻击均可对计算机网络造成极大的危害，并导致机密数据的泄露。

网络软件的漏洞和后门：网络软件不可能是百分之百无缺陷和无漏洞的，这些漏洞和缺陷恰恰是黑客进行攻击的首选目标。曾经出现过的黑客攻入网络内部的事件大部分是因为安全措施不完善所导致的。另外，软件的后门都是软件公司的设计、编程人员为了自便而设置的，一般不为外人所知，但一旦后门打开，其造成的后果将不堪设想。

1. 网络内部威胁

网络内部威胁主要来自网络内部的用户，这些用户试图访问那些不允许使用的资源和服务器。网络内部威胁可以分为两种：一种是有意的安全破坏，入侵者的攻击和计算机犯罪就属于这一种，这是网络所面临的最大威胁；另一种是由于用户安全意识差造成的无意识的操作失误，使系统或网络误操作或崩溃。

2. 网络外部威胁

除了受到来自网络内部的安全威胁外，网络还受到来自外部的各种各样的威胁。网络受到的威胁是多样的，因为在网络中存在许多种类的计算机和操作系统，采用统一的安全措施是不容易的，也是不可能的，而对网络进行集中安全管理是一种好的解决方案。

网络外部威胁主要可以归结为物理威胁、网络威胁、身份鉴别威胁、编程威胁、系统漏洞等。

（1）物理威胁

物理安全是指保护计算机硬件和存储介质等设备及工作程序不遭受损失。常见的物理威胁有偷窃、垃圾搜寻和间谍活动等。物理安全是计算机系统和网络操作系统安全最重要的一环。

计算机是偷窃者的主要目标之一。计算机或网络服务器中存储的数据信息的价值远远超过设备的价值，计算机偷窃行为对用户造成的损失可能成倍于被偷的设备的价值，因此必须采取严格的防范措施以确保计算机设备不会被偷窃。偷窃者可能会潜入计算机机房盗取计算机或计算机里的机密信息，也可能化装成计算机维修人员，趁管理员不注意时进行数据偷窃。当然，也可能是内部职员去看他们不应该查看的信息，并把信息散布出去或卖给商业上的竞争对手。

千万不要小看垃圾搜寻，在商业竞争中，有些人专门会搜寻对手扔下的垃圾，但这些人所需要的是一些机密信息。办公室的工作人员可能会把一些打印错误的文件扔进废纸篓，而没有对其做任何安全处理，如不把这些文件销毁，那么这些文件就有可能落到竞争对手的手中。

间谍活动是人们不能忽略的一种手段，现在商业间谍很多，一些商业机构可能会为击败对手而采取任何不道德的手段。

（2）网络威胁

计算机网络的发展和使用对数据信息造成了新的安全威胁，其中电子窃听是一个重要问题。分布式计算机系统的特征是各种分离的计算机通过一些介质相互连接在一起并进行通信，且局域网一般是广播式的，只要把网卡模式设置为混合模式，网络上人人都可以收到发向任何人的信息。当然，也可以通过加密来解决这个问题，但目前强大的加密技术还没有在网络上广泛使用，且加密也是有可能被破解的。

在 Internet 上还存在着很多电子欺骗的现象，而电子欺骗的形式也是多种多样的，如有些公司可能会谎称某个站点是他们公司的网站。在网络通信中，有的人可能冒充其他人从另外一台机器访问某个站点等，这样会很难辨别用户的真实身份。

（3）身份鉴别威胁

生活中时常要用到身份鉴别，这里说的身份鉴别是指计算机判断用户是否可以使用它的过程。目前，身份鉴别普遍存在于计算机系统当中，实现的方式各种各样，有的功能十分强大，有的则比较脆弱。其中，口令就是一种比较脆弱的身份鉴别手段，它的功能不是很强，但因为它实现起来比较简单，所以还是被广泛采用。计算机系统中的身份鉴别存在口令圈套、口令破解和算法缺陷等安全威胁。

口令圈套是一种十分高明的诡计，是靠欺骗来获取口令的手段。例如，对于登录欺骗，网络上有的人写出一个代码模块，运行起来像登录界面一样，并把它插入登录过程之前，这样，用户就会把用户名和登录口令告知程序，程序会把用户名和口令保存起来。除此之外，该代码还会告诉用户登录失败，并关闭真正的登录程序，这样用户就不容易发现这个欺骗。

还有一种方式是用密码字典或其他工具软件来暴力破解口令，有的用户选用的口令十分脆弱，如一个人的生日、电话号码、名字或单词等，攻击者利用计算机的计算速度很容易强行破解这样的口令。因此系统管理员应对用户的口令进行严格审查，通常可以利用一些工具软件来检查口令是否达到了系统管理的要求和规定。

口令输入后要想正常工作，则必须满足一定的条件，当条件发生变化时，其口令算法就可能无法正常工作，即当人们移植一种算法时，这种算法可能在人们的工作环境下存在着缺陷，这就是口令算法缺陷带来的安全隐患。

（4）编程威胁

编程威胁主要有计算机病毒和特洛伊木马等。编程威胁就是通过编写程序代码实施对系统的破坏。计算机病毒是一种能进行自我复制的程序代码，它可以像生物病毒一样传染其他完好的程序。计算机病毒具有一定的破坏性，破坏性大小不一样，破坏性小的只是显示一些烦人的信息，影响用户使用计算机，而破坏性大的可能会让整个系统瘫痪。Internet 上有很多种类的病毒，这些病毒在网络上不断传播，严重危害 Internet 的安全。它们可能通过不同的方式进入用户的计算机系统或网络系统，如下载软件、Java Applet 程序、ActiveX 和电子邮件等。在桌面系统中流行一种宏病毒，它可以破坏 Word 文档，这种病毒存在于宏操作的软件中，如微软的 Word 和 Excel 等软件。

逻辑炸弹是一种恶意的代码，它可以让用户的系统瞬间崩溃，它会格式化硬盘或删除系统文件等。特洛伊木马也是一种恶意代码，但它和逻辑炸弹不同，它会把自己伪装成一个很正常的程序，在用户不知道的情况下，在背后破坏用户的系统，具有很大的破坏性。

（5）系统漏洞

系统漏洞也称为陷阱或系统缺陷，它通常是由系统的设计者和开发者有意设置的，这样就能在用户失去对系统的所有访问权时仍能进入系统。例如，一些微型计算机的基本输入输出系统（Basic Input/Output System，BIOS）程序设置有万能密码，维护人员用这个密码可以直接进入计算机的 BIOS 程序进行计算机的设置。

在 Internet 上广泛使用的 TCP/IP 中也存在着很多系统漏洞，使得一些网络服务天生就是不安全的，如以"r"开头的一些应用程序（如 rlogin、rsh 等）就存在着安全隐患。Web 服务器的 Includes 功能也存在着系统漏洞，入侵者可以利用它执行一些非授权的命令。

许多系统漏洞源于程序代码，有些时候人们利用一些攻击代码测试系统安全性，还可以用一些代码来摧毁网站，因为许多操作系统和应用程序存在系统漏洞。例如，一个公共网关接口（Common Gateway Interface，CGI）程序的漏洞可能会被入侵者利用，从而获得系统的口令文件，实施对系统的侵入和破坏。系统漏洞也可能引起系统拒绝服务。

1.1.6　网络安全发展趋势

随着信息技术和信息产业的发展，网络和信息安全问题对经济发展、国家安全和社会稳定的重大影响正日益突出，主要表现在以下几个方面。

（1）信息与网络安全的防护能力弱，信息安全意识低。

（2）基础信息产业薄弱，核心技术严重依赖国外，缺乏自主知识产权产品。

（3）信息犯罪在我国有快速发展、蔓延的趋势。

（4）我国信息安全人才培养还远远不能满足需求。

当前网络安全的发展趋势是针对系统漏洞问题、黑客攻击与病毒以及窃取数据等威胁采取不同的防护和解决方法。首先是系统漏洞问题，除了微软的漏洞外，思科（Cisco）路由器、甲骨文（Oracle）数据库、Linux 操作系统、移动通信系统以及很多特定的应用系统均存在大量的漏洞。其次是对于集黑客攻击和病毒特征于一体的网络攻击，目前的病毒早已不是传统的病毒，而是集黑客攻击和病毒特征于一体的网络攻击。针对这种混合型的威胁，仅仅靠防病毒产品是无法对付的，必须增加防火墙、入侵检测系统（Intrusion Detection System，IDS）、入侵防御系统（Intrusion Prevention System，IPS）以及防病毒软件等的综合防范措施。

1.2　网络安全的发展阶段

随着网络技术的发展，网络安全技术也进入了高速发展的时期，人们对网络安全的需求也从早期的数据通信保密发展到网络系统的保障阶段。总体来说，网络安全的发展过程经历了以下 4 个阶段。

1.2.1　通信安全阶段

20 世纪 40 年代～20 世纪 70 年代，通信技术还不发达，计算机只是零散地位于不同的地点，信息系统的安全局限于保证计算机的物理安全以及解决电话、电报、传真等信息交换过程中存在的安全问题。把计算机安置在相对安全的地点，不容许生人接近，就可以保证存储数据的安全性。但是，信息是必须要交流的，如果这台计算机的数据需要让别人读取，而需要读取数据的人在异地，那么只能将数据复制到介质上，派专人秘密送到目的地，将数据复制到计算机再读取。即使是这样，也不是完美无缺的，谁来保证信息传递员的安全？因此这个阶段强调的信息系统安全性更多的是信息的保密性，重点是通过密码技术解决通信保密问题，主要是保证数据的保密性，对于安全理论和技术的研究也只侧重于密码学，这一阶段的网络安全可以简单地称为通信安全。

这一阶段的标志性事件是 1949 年克劳德·香农（Claucle Shannon）发表《保密系统的通信理论》，将密码学纳入了科学的轨道；1976 年，惠特菲尔德·迪菲（Whitfield Diffie）和马丁·赫尔曼（Martin Hellman）在《密码学的新动向》一文中提出了公钥密码体系；1977 年，美国国家标准学会公布了数据加密标准（Data Encryption Standard，DES）。

1.2.2　计算机安全阶段

20 世纪 80 年代，计算机的应用范围不断扩大，计算机和网络技术的应用进入了实用化和规模化阶段，人们利用通信网络把独立的计算机系统连接起来共享资源，信息安全问题也逐渐受到重视。人们对网络安全的关注已经逐渐进入以保密性、完整性和可用性为目标的计算机安全阶段。

这一阶段的标志是美国国防部在 1983 年制定的《可信计算机系统评价准则》，其为计算机安全产品的评测提供了测试方法，指导了信息安全产品的制造和应用。美国国防部于 1985 年再版的《可信计算机系统评价准则》使计算机系统的安全性评估有了一个权威性的标准。这个阶段的重点是确保计算机系统中的软件、硬件及信息在处理、存储、传输中的保密性、完整性和可用性，安全威胁已经扩展到非法访问、恶意代码、口令攻击等。

1.2.3　信息技术安全阶段

20 世纪 90 年代，信息的主要安全威胁发展到网络入侵、病毒破坏、信息对抗的攻击等，网络安全的重点是确保信息在存储、处理、传输过程中及信息系统不被破坏，确保合法用户的服务，限制非授权用户的服务，以及制定必要的防御攻击的措施，即进入强调信息的保密性、完整性、可控性、可用性的信息技术安全阶段。

这一阶段的主要标志是1993~1996 年美国国防部在信息技术安全的基础上提出的新的安全评估准则《信息技术安全性评估通用准则》。1996 年 12 月，国际标准化组织（International Standards Organization，ISO）采纳了该准则，将其作为国际标准 ISO/IEC 15408 发布。

1.2.4　信息保障阶段

20 世纪 90 年代后期，随着电子商务等行业的发展，网络安全衍生出了诸如可控性、不可抵赖性等其他原则和目标。此时，人们对安全性有了新的需求。可控性是指对网络信息的传播及内容具有控制能力的特性；不可抵赖性是指保证行为人不能抵赖自己的行为。网络安全进入了从整体角度考虑其体系建设的信息保障阶段，也称为网络安全阶段。

这一阶段，在密码学方面，公开密钥密码技术得到了长足的发展，著名的 RSA 公开密钥密码算法获得了广泛的应用，对用于完整性校验的散列函数的研究也越来越多。此时，主要的保护措施包括防火墙、防病毒软件、漏洞扫描、IDS、公钥基础设施（Public Key Infrastructure，PKI）、虚拟专用网络（Virtual Private Network，VPN）等。

此阶段中，网络安全受到空前的重视，各个国家分别提出自己的网络安全保障体系。1998 年，美国国家安全局制定了《信息保障技术框架》，提出了"深度防御策略"，确定了包括网络与基础设施防御、区域边界防御、计算环境防御和支撑性基础设施防御在内的深度防御目标。

面对日益严峻的国际网络空间形势，我国立足国情，以创新为驱动解决受制于人的问题，坚持纵深防御，构建牢固的网络安全保障体系。

1.3　网络体系架构与协议

计算机网络的体系架构采用了层次结构来描述复杂的计算机网络，把复杂的网络互联问题划分为若干个较小的、单一的问题，并在不同层次上予以解决。如何把不同厂家的软硬件系统、不同的通信网络及各种外部辅助设备连接起来构成网络系统，实现高速可靠的信息共享，是计算机网络发展面临的主要难题。为了解决这个问题，人们必须为网络系统定义一个让不同计算机、不同的通信系统和不同的应用能够互联和互操作的开放式网络体系架构。互联意味着不同的计算机能够通过通信子网互相连接起来进行数据通信；互操作意味着不同的用户能够在联网的计算机上，用相同的命令和相同的操作使用其他计算机中的资源与信息，如同使用本地的计算机中的资源和信息。因此，计算机网络的体系架构应该为不同的计算机之间的互联和互操作提供相应的规范及标准。

1.3.1　网络体系架构的概念

网络体系架构是指整个网络系统的逻辑组成和功能分配，它定义和描述了一组用于计算机及其通信设施之间互联的标准和规范的集合。研究网络体系架构的目的在于定义计算机网络各个组成部分的功能，以便在统一原则的指导下进行网络的设计、使用和发展。

1．层次结构的概念

对网络进行层次划分就是将计算机网络这个庞大的、复杂的系统划分成若干较小的、简单的系统。通常把一组相近的功能放在一起，形成网络的一个结构层次。

计算机网络层次结构包含两方面的含义，即结构的层次性和层次的结构性。结构层次的划分依据层内功能内聚、层间耦合松散的原则，也就是说，在网络中，功能相似或紧密相关的模块应放置在同一层；层与层之间应保持松散的耦合，使在层与层之间的信息流动量减到最小。

层次结构将计算机网络划分成有明确定义的层次，并规定了相同层次的进程通信协议集和相邻层次之间的接口及服务。通常将网络的层次结构、相同层次的进程通信协议集和相邻层的接口及服务统称为网络体系架构。

2．层次结构的主要内容

在划分层次结构时，首先需要考虑以下问题。

（1）分层及每层功能：网络应该具有哪些层次？每一层的功能是什么？

（2）服务与层间接口：各层之间的关系是怎样的？它们如何进行交互？

（3）协议：通信双方的数据传输需要遵循哪些规则？

因此，层次结构方法主要包括 3 个内容：分层及每层功能、服务与层间接口以及各层协议。

3．层次结构划分原则

在划分层次结构时，需要遵循以下原则。

（1）以网络功能作为划分层次的基础，每层的功能必须明确，层与层之间相互独立。当某一层的具体实现方法更新时，只要保持上下层的接口不变，便不会对邻层产生影响。

（2）层间接口必须清晰，跨越接口的信息量应尽可能少。

（3）层数应适中，若层数太少，则会导致每一层的协议太复杂；若层数太多，则体系架构过于复杂，使描述和实现各层功能变得困难。

（4）第 n 层的实体在实现自身定义的功能时，只能使用第 $n-1$ 层提供的服务。第 n 层在向第 $n+1$ 层提供服务时，此服务不仅要包含第 n 层本身的功能，还要包含下层服务提供的功能。

（5）层与层之间仅在相邻层间有接口，每一层所提供服务的具体实现细节对上一层完全屏蔽。

4．划分层次结构的优越性

我们知道，计算机网络是一个复杂的综合性技术系统。因此，引入协议分层是必需的，采用层次结构有很多方面的优势，主要表现在以下几个方面。

（1）把网络系统分成复杂性较低的单元，结构清晰，灵活性好，易于实现和维护。如果把网络系统作为一个整体处理，那么任何方面的改进必然都要对整体进行修改，这与网络的迅速发展是极不协调的。若采用分层体系架构，由于整个系统已被分解成了若干个易于处理的部分，那么这样一个庞大而复杂的系统的实现与维护也就变得容易控制了。当任何一层发生变化时，只要层间接口保持不变，层内实现方法可任意改变，其他各层就不会受到影响。另外，当某层提供的服务不再被其他层需要时，可以直接将该层取消。

（2）层与层之间定义了具有兼容性的标准接口，使设计人员能够专心设计和开发所关心的功能模块。

（3）每一层具有很强的独立性。上层不需要知道下层是采用何种技术实现的，而只需要知道下层通过接口能提供哪些服务，也不需要了解下层的具体内容，类似于"暗箱操作"的方法。每一层都有一个清晰、明确的任务，实现相对独立的功能，因而可以将复杂的系统问题分解为一层一层的小问题。当属于每一层的小问题都解决了，整个系统的问题也就接近于完全解决了。

（4）一个区域网络的变化不会影响到另外一个区域的网络，因此每个区域的网络可单独升级或改造。

（5）有利于促进标准化。这主要是因为每一层的协议已经对该层的功能与所提供的服务做了明确的说明。

（6）降低关联性，每一层协议的增减或更新都不影响其他层协议的运行，实现了各层协议的独立性。

1.3.2　网络体系的分层结构

网络体系都是按层的方式来组织的，每一层都能完成一组特定的、有明确含义的功能，每一层的目的都是向上一层提供一定的服务，而上一层不需要知道下一层是如何实现服务的。

每一对相邻层次之间都有一个接口（Interface），接口定义了下层向上层提供的命令和服务，相邻两个层次都是通过接口来交换数据的。当网络设计者在决定一个网络应包括多少层、每一层应当做什么的时候，其中一个非常重要的考虑因素就是要在相邻层次之间定义清晰的接口。为达到这些目的，又要求每一层都能够完成一组特定的、有明确含义的功能。下层通过接口向上层提供服务，因此只要接口条件不变、下层功能不变，下层功能的具体实现方法与技术的变化就不会影响整个系统的工作。

层次结构一般以垂直分层模型来表示，如图1.5所示，相应特点如下。

（1）除了在物理介质上进行的是实通信之外，其余各对等实体间进行的都是虚通信。

（2）对等层的虚通信必须遵循该层的协议。

（3）n 层的虚通信是通过 n 层与 $n-1$ 层间接口处 $n-1$ 层提供的服务及 $n-1$ 层的通信（通常也是虚通信）来实现的。

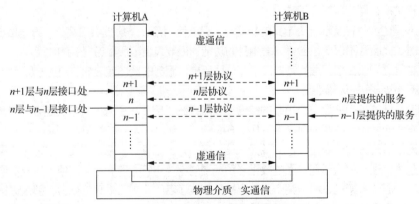

图1.5　网络体系的层次结构模型

n 层既是 $n-1$ 层的用户，又是 $n+1$ 层的服务提供者。$n+1$ 层虽然只直接使用了 n 层提供的服务，但是它实际上通过 n 层间接地使用了 $n-1$ 层及以下所有各层的服务，如图1.6所示。

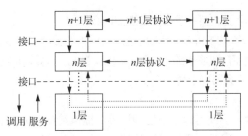

图 1.6　网络体系架构中的协议、层、服务与接口

1.3.3　网络协议的概念

在网络通信中，所谓协议，就是指诸如计算机、交换机、路由器等网络设备为了实现通信或数据交换而必须遵从的、事先定义好的一系列规则、标准或约定。网络协议包含超文本传输协议（Hypertext Transfer Protocol，HTTP）、文件传送协议（File Transfer Protocol，FTP）、传输控制协议（Transmission Control Protocol，TCP）、第 4 版互联网协议（Internet Protocol version 4，IPv4）、电气电子工程师学会（Institute of Electrical and Electronics Engineers，IEEE）802.3（以太网协议）等协议。网络协议对计算机网络是不可缺少的，一个功能完备的计算机网络必须具备一套复杂的协议集为通信双方的通信过程做出约定。

联网的计算机以及网络设备之间要进行数据与控制信息的成功传递就必须共同遵守网络协议，网络协议包含了 3 个方面的内容：语义、语法和时序。

语义：规定通信的双方准备"讲什么"，即需要发出何种控制信息、完成何种动作以及做出何种应答。

语法：规定了通信双方"如何讲"，即确定数据与控制信息的结构、格式、数据编码等。

时序：又可称为"同步"，规定了双方"何时进行通信"，即事件实现顺序的详细说明。

下面我们以打电话为例来说明"语法""语义""时序"。假设甲要打电话给乙，首先甲拨通乙的电话，乙的电话振铃，乙拿起电话，然后甲、乙开始通话，通话完毕后，双方挂断电话。在此过程中，双方都遵守了打电话的协议。其中，甲拨通乙的电话后，乙的电话振铃，振铃是一个信号，表示有电话打进，乙选择接电话讲话，这一系列动作包括了控制信号、响应动作、讲话内容等，就是"语义"；电话号码就是"语法"；"时序"的概念更好理解，甲拨打了电话，乙的电话才会响，乙听到铃声后才会考虑要不要接电话，这一系列时间的顺序十分明确，不可能没人拨电话时乙的电话会响，也不可能在电话铃声没响的情况下，乙拿起电话却从话筒里传出甲的声音。

1.3.4　网络层次结构中的相关概念

网络层次结构中包含实体、接口、服务等相关概念。

1. 实体

在网络层次结构中，每一层中的活动元素通常称为实体（Entity），每一层都由一些实体组成，它们抽象地表示了通信时的软件元素（如进程或子程序）或硬件元素（如智能 I/O 芯片）。实体既可以是软件实体（如一个进程），又可以是硬件实体（如智能 I/O 芯片）。不同通信节点上的同一层实体称为对等实体（Peer Entity），实体是通信时能发送和接收信息的软硬件设施。

2. 接口

接口是指相邻两层之间交互的界面，每一对相邻层次之间都有一个接口，接口定义了下层向上层提供的命令和服务，相邻两个层次都是通过接口来交换数据的。

如果网络中每一层都有明确的功能，相邻层之间有清晰的接口，就能减少在相邻层之间传递的信息量，在修改本层的功能时也不会影响到其他各层。也就是说，只要能向上层提供完全相同的服务集，改变下层功能的实现方式就不会影响上层。

3. 服务

服务（Service）是指某一层及其以下各层通过接口提供给其相邻上层的一种能力。服务位于层次接口的位置，表示下层为上层提供哪些操作功能，至于这些功能是如何实现的，则不是服务考虑的范畴。

在计算机网络的层次结构中，层与层之间具有服务与被服务的单向依赖关系，下层向上层提供服务，而上层则调用下层的服务。因此，我们可称任意相邻层的下层为服务提供者（Service Provider），上层为服务的调用者（Service User）或使用者。

当 $n+1$ 层实体向 n 层实体请求服务时，服务的调用者与服务提供者之间通过服务访问点进行交互，在进行交互时所要交换的一些必要信息被称为服务原语。在计算机中，原语指一种特殊的广义指令（即不能中断的指令）。相邻层的下层对上层提供服务时，二者交互采用广义指令。当 n 层向 $n+1$ 层提供服务时，根据是否需建立连接可将服务分为两类：面向连接的服务（Connection-oriented Service）和无连接服务（Connectionless Service）。

（1）面向连接的服务。先建立连接，再进行数据交换。因此面向连接的服务具有建立连接、数据传输和释放连接这 3 个阶段，如打电话。这种服务的最大好处就是能够保证数据高速、可靠和顺序传输。

（2）无连接服务。两个实体之间的通信不需要先建立好连接，因此是一种不可靠的服务。这种服务常被描述为"尽最大努力交付"（Best Effort Delivery）或"尽力而为"，它不需要两个通信的实体同时是活跃的。例如，发电报时，发送方并不能马上确认对方是否已收到。因此，无连接服务不需要维护连接的额外开销，但是可靠性较低，也不能保证数据的顺序传输。

4. 层间通信

实际上每一层必须依靠相邻层提供的服务来与另一台主机的对应层通信，这包含了以下两方面的通信。

（1）相邻层之间通信。相邻层之间通信发生在相邻的上下层之间，通过服务来实现。上层使用下层提供的服务。

（2）对等层之间通信。对等层是指不同开放系统中的相同层次，对等层之间通信发生在不同开放系统的相同层次之间，通过协议来实现。对等层实体之间是虚通信，依靠下层向上层提供服务来完成，而实际的通信是在最底层完成的。

显然，通过相邻层之间的通信，可以实现对等层之间的通信。相邻层之间的通信是手段，对等层之间的通信是目的。

需要注意的是，服务与协议存在以下区别。

（1）协议是"水平的"，是对等实体间的通信规则。

（2）服务是"垂直的"，是下层向上层通过接口提供的。

5. 服务访问点

服务访问点（Service Access Point，SAP）是相邻两层实体之间通过接口调用服务或提供服务的联系点。

6. 协议数据单元

协议数据单元（Protocol Data Unit，PDU）是对等实体之间通过协议传送的数据单元。

7．接口数据单元

接口数据单元（Interface Data Unit，IDU）是相邻层次之间通过接口传送的数据单元，接口数据单元又称为服务数据单元（Service Data Unit，SDU）。

1.4 开放系统互联参考模型

为了使不同的计算机网络都能互联，20 世纪 70 年代末，ISO 提出了开放系统互联（Open System Interconnection，OSI）参考模型。所谓"开放"是指只要遵循 OSI 标准，一个系统就可以和位于世界上任何地方且遵循同一标准的其他任何系统进行通信。

1.4.1 OSI 参考模型

OSI 参考模型的层次是相互独立的，每一层都有各自独立的功能。OSI 参考模型将计算机网络协议分为 7 层，这 7 层由低至高分别是物理层、数据链路层、网络层、传输层、会话层、表示层和应用层，每一层完成通信中的一部分功能，并遵循一定的通信协议，该协议具有如下特点。

（1）网络中每个节点均有相同的层次。

（2）不同节点的同等层具有相同的功能。

（3）同节点内相邻层之间通过接口通信。

（4）每一层可以使用下层提供的服务，并向其上层提供服务。

（5）仅在最底层进行直接数据传送。

OSI 参考模型的网络体系架构如图 1.7 所示。当发送方（主机 A）的应用进程数据到达 OSI 参考模型的应用层时，网络中的数据将沿着垂直方向往下层传输，即由应用层向下经表示层、会话层一直到达物理层。到达物理层后，数据再经传输介质传到接收方（主机 B），由接收方的物理层接收，向上经数据链路层等到达应用层。数据在由发送进程交给应用层时，由应用层加上该层的有关控制和识别信息，再向下传送，这一过程一直重复到物理层；在接收方接收信息并向上传递时，各层的有关控制和识别信息被逐层剥去，最后数据传送到接收进程。

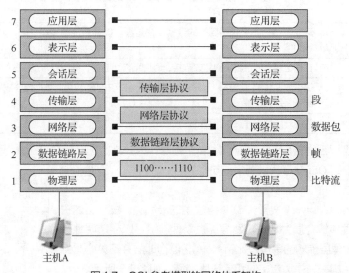

图 1.7　OSI 参考模型的网络体系架构

OSI 参考模型只给出了一些原则性的说明，并不是一个具体的网络。OSI 参考模型将整个网络的功能划分成 7 个层次，最顶层为应用层，面向用户提供网络应用服务；最底层为物理层，与通信介质相连实现真正的数据通信。在该参考模型中，两台用户计算机通过网络进行通信时，除物理层之外，其余各对等层之间均不存在直接的通信关系，而是通过各对等层的协议进行通信。

在 OSI 参考模型的制定过程中，采用的方法是将整个庞大而复杂的问题划分成若干个容易处理的小问题，这就是分层体系架构方法。

层次化的网络体系架构的优点在于每层实现相对独立的功能，层与层之间通过端口提供服务，每层都对上层屏蔽如何实现协议的具体细节，使网络体系架构做到与具体物理实现无关。这种层次结构允许连接到网络的主机和终端型号、性能不同，只要遵守相同的协议就可以实现互操作。上层用户可以从具有相同功能的协议层开始进行互联，使网络成为开放式系统。遵守相同协议的任意两个系统之间可以进行通信，因此层次结构便于系统的实现和维护。

1.4.2 OSI 参考模型各层的功能

OSI 参考模型并非指一个现实的网络，它仅规定了每一层的功能，为网络的设计规划出一张蓝图，各个网络设备或软件生产厂都可以按照这张蓝图来设计和生产自己的网络设备或软件。尽管设计和生产出的网络产品的样式、外观各不相同，但它们应该具有相同的功能。

OSI 参考模型的层次是相互独立的，每一层都有各自的功能。表 1.1 所示为 OSI 参考模型各层的主要功能。

表 1.1　OSI 参考模型各层的主要功能

OSI 参考模型各层	主要功能
物理层	提供适用于传输介质承载的物理信号的转换，实现物理信号的发送、接收，以及提供在物理传输介质上的数据比特流传输
数据链路层	在物理链路连接的相邻节点间建立逻辑通路，实现数据帧的点对点、点对多点方式的直接通信，能够进行编码和差错控制
网络层	将数据分为一定长度的分组，根据数据包中的地址信息，在通信子网中选择传输路径，将数据从一个节点发送到另一个节点
传输层	建立、维护和终止端到端的数据传输过程，能提供控制传输速率、调整数据的传输顺序等功能
会话层	在通信双方的进程间建立、维持、协调和终止会话，确定双方是否开始由一方发起的通信
表示层	提供数据转换、加密、压缩等，确保一个系统生成的应用层数据能够被另外一个系统的应用层所识别和理解
应用层	为用户应用程序提供丰富的系统接口

OSI 参考模型已经为各层制定了标准，各个标准作为独立的国际标准公布，下面以从底层到高层的顺序依次详细介绍 OSI 参考模型各层的功能。

1. 物理层

物理层（Physical Layer）处于 OSI 参考模型的最底层。物理层的主要功能是利用物理传输介质为数据链路层提供物理连接，以便透明地传送"比特"流，物理层传输的单位是比特（bit），但物理层并不关心比特流的实际意义和结构，只是负责接收和传送比特流，如图 1.8 所示。

信号的传输离不开传输介质，而传输介质两端必然有接口用于发送

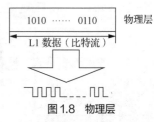

图1.8　物理层

和接收信号。因此，既然物理层主要关心如何传输信号，那么物理层的主要任务就是规定各种传输介质和接口与传输信号相关的一些特性，包括使用什么样的传输介质以及与传输介质连接的接口等物理特性，典型代表有 EIA/TIA RS-232、EIA/TIA RS-449、V.35、RJ-45 等。

除了不同的传输介质自身的物理特性之外，物理层还对通信设备和传输介质之间使用的接口做了详细规定，主要体现在以下 4 个方面。

（1）机械特性

机械特性确定了连接电缆材质、引线的数目及定义、电缆接头的几何尺寸、锁紧装置等，规定了物理连接时插头和插座的几何尺寸、插针或插孔芯数及排列方式、锁紧装置形式、接口形状，这很像平时常见的各种规格的电源插头，其尺寸都有严格的规定。

（2）电气特性

电气特性规定了在物理连接上导线的电气连接及有关的电路的特性，指明了在接口电缆的各条线上出现的电压的范围，一般包括接收器和发送器电路特性的说明、信号的识别、最大传输速率的说明、与互联电缆相关的规则、发送器的输出阻抗、接收器的输入阻抗等电气参数。

（3）功能特性

功能特性规定了接口信号的来源、作用以及其他信号之间的关系，即物理接口上各条信号线的功能分配和确切定义。物理接口信号一般分为数据线信号、控制线信号、定时线信号和地线信号。

（4）规程特性

规程特性定义了在信号线上进行二进制比特流传输的一组操作过程，包括各信号线的工作顺序和时序（使得比特流传输得以完成），数字终端设备/数据电路端接设备（Data Terminal Equipment/Data Circuit-terminating Equipment，DTE/DCE）双方在各自电路上的动作序列。

2. 数据链路层

数据链路层（Data Link Layer）是 OSI 参考模型中的第二层，位于物理层和网络层之间。数据链路层在物理层提供的服务的基础上向网络层提供服务，其最基本的服务是将源自物理层的数据可靠地传输到相邻节点的目标主机的网络层，如图 1.9 所示。

数据链路层通过在通信实体之间建立数据链路连接，传送以"帧"为单位的数据，使有差错的物理线路变成无差错的数据链路，保证点对点可靠地传输，如图 1.10 所示。

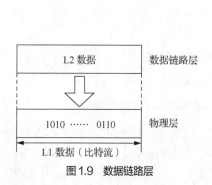

图 1.9　数据链路层

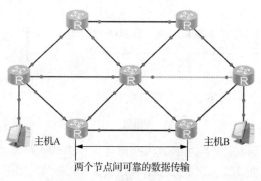

图 1.10　节点间可靠的数据传输

数据链路层定义了在单个链路上如何传输数据。数据链路层协议与被讨论的各种介质有关，如异步传输方式（Asynchronous Transfer Mode，ATM）、光纤分布式数据接口（Fiber Distributed Data Interface，FDDI）等。数据链路层必须具备一系列相应的功能，例如，如何将数据组合成数据块，在数据链路层中称这种数据块为帧，帧是数据链路层的传送单位；如何控制帧在物理信道上的传输，包括如何处理传输差错、如何调节发送速率使之与接收方的速率相匹配；以及如何在两个网络实体之间提供数据链路通路的建立、维持和释放的管理。

数据链路层的基本功能是向该层用户提供透明的和可靠的数据传送基本服务，同时提供差错控制和流量控制的方法。透明是指该层上传输的数据的内容、格式及编码没有限制，也没有必要解释信息结构的意义；可靠的传输使用户免去了对丢失信息、干扰信息及信息顺序不正确等的担心。在物理层中这些情况（指丢失信息、干扰信息及信息顺序不正确）都可能发生，在数据链路层中必须用纠错码来对这些情况进行检错与纠错。数据链路层对物理层传输原始比特流的功能进行了加强，将物理层提供的可能出错的物理线路改造成逻辑上无差错的数据链路，使自身对网络层表现为无差错的线路。

数据链路层主要有两个功能：帧编码和误差纠正控制。帧编码意味着定义一个包含信息频率、位同步、源地址、目的地址以及其他控制信息的数据包。数据链路层又被分为两个子层：逻辑链路控制（Logical Link Control，LLC）子层和介质访问控制（Medium Access Control，MAC）子层。

3. 网络层

网络层（Network Layer）是 OSI 参考模型中的第三层，位于传输层和数据链路层之间，它在数据链路层提供的两个相邻端点之间的数据帧的传送功能上，进一步管理网络中的数据通信，将数据设法从源端经若干个中间节点传送到目的端，从而向传输层提供最基本的端到端的数据传送服务，如图 1.11 所示。网络层在源端与目的端之间提供最佳路由传输数据，实现了两台主机之间的逻辑通信。网络层是处理端到端数据传输的最底层，体现了网络应用环境中资源子网访问通信子网的方式。网络层的主要内容包括虚电路分组交换和数据报分组交换、路由选择算法、阻塞控制方法、X.25 协议、综合业务数字网（Integrated Service Digital Network，ISDN）、ATM 及网际互联原理与实现。

网络层的目的是实现两个端系统之间的数据透明传送，具体功能包括寻址和路由选择以及连接的建立、保持和终止等，它提供的服务使传输层不需要了解网络中的数据传输和交换技术，如图 1.12 所示。

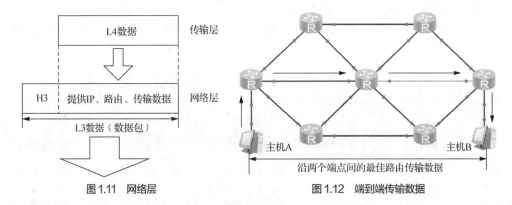

图 1.11　网络层　　　　　　　　　图 1.12　端到端传输数据

网络层主要为传输层提供服务，为了向传输层提供服务，网络层必须要使用数据链路层提供的服务。而数据链路层的主要作用是负责解决两个直接相邻节点之间的通信问题，并不负责解决数据经过通信子网中多个中间节点时的通信问题。因此，为了实现两个端系统之间的数据透明传送，让源端的数据能够以最佳路径透明地通过通信子网中的多个中间节点到达目的端，使得传输层不必关心网络的拓扑构型以及所使用的通信介质和交换技术，网络层必须具有以下功能。

（1）分组与分组交换

把从传输层接收到的数据报文封装成分组（Packet，也称为“包”）再向下传送到数据链路层。

（2）路由

通过路由选择算法为分组通过通信子网选择最适当的路径。

（3）网络连接复用

为分组在通信子网中节点之间的传输创建逻辑链路，在一条数据链路上复用多条网络连接（多采取时分复用技术）。

（4）差错检测与恢复

一般用分组中的头部校验和进行差错检测，使用确认和重传机制来进行差错恢复。

（5）服务选择

网络层可为传输层提供数据报和虚电路两种服务，但 Internet 的网络层仅为传输层提供数据报一种服务。

（6）网络管理

管理网络中的数据通信过程，将数据设法从源端经过若干个中间节点传送到目的端，为传输层提供最基本的端到端的数据传送服务。

（7）流量控制

通过流量整形技术来实现流量控制，以防止通信量过大造成通信子网的性能下降。

（8）拥塞控制

当网络的数据流量超过额定容量时，会引发网络拥塞，致使网络的吞吐能力急剧下降。因此需要采用适当的控制措施来进行疏导。

（9）网络互联

把一个网络与另一个网络互相连接起来，在用户之间实现跨网络的通信。

（10）分片与重组

如果要发送的分组超过了 PDU 允许的长度，则源节点的网络层要对该分组进行分片；分片到达目标主机之后，由目的节点的网络层再重新将其组装成原分组。

4．传输层

传输层（Transport Layer）是 OSI 参考模型中的第四层，是整个网络体系架构中的关键层次之一，主要负责向两台主机中进程之间的通信提供服务，如图 1.13 所示。由于一台主机同时运行多个进程，因此传输层具有复用和分用功能。传输层在终端用户之间提供透明的数据传输服务，向上层提供可靠的数据传输服务。传输层在给定的链路上通过流量控制、分段/重组和差错控制来保证数据传输的可靠性。传输层的一些协议是面向连接的，这就意味着传输层能保持对分段的跟踪，并且重传那些失败的分段。

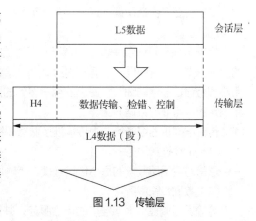

图 1.13　传输层

传输层协议为网络端点主机上的进程之间提供了可靠、有效的报文传送服务。其功能紧密地依赖于网络层的虚电路或数据报服务。传输层定义了主机应用程序之间端到端的连通性。传输层也称为运层，只存在于端开放系统中，是介于下 3 层通信子网和上 3 层之间的非常重要的一层，因为它是源端到目的端对数据传送进行控制时，从低到高的最后一层。

传输层的服务一般要经历传输连接建立阶段、数据传送阶段、传输连接释放阶段这 3 个阶段才算完成一个完整的服务过程。而数据传送阶段又分为一般数据传送和加速数据传送两种形式。传输层中最为常见的两个协议分别是传输控制协议（Transmission Control Protocol，TCP）和用户数据报协议（User Datagram Protocol，UDP）。传输层提供逻辑连接的建立、寻址、数据传送、传输连接释放、流量控制、拥塞控制、多路复用和解复用、崩溃恢复等服务。

传输层的任务是根据通信子网的特性，最佳地利用网络资源，为两个端系统的会话层之间提供建立、维护和取消传输连接的功能，负责端到端的可靠数据传输。在这一层，信息传送的 PDU 称为段或报文。

网络层只是根据网络地址将源节点发出的数据包传送到目的节点，而传输层则负责将数据可靠地传送到相应的端口。计算机网络中的资源子网是通信的发起者和接收者，其中的设备称为端点；通信子网提供网络中的通信服务，其中的设备称为节点。OSI 参考模型中用于通信控制的是下 4 层，但它们的控制对象不一样。

传输层提供了两个端点间可靠的透明数据传输，实现了真正意义上的"端到端"的连接，即应用进程间的逻辑通信，如图 1.14 所示。

图 1.14　传输层通信

传输层提供了主机应用程序进程之间的端到端的服务，其基本功能如下。

（1）分割与重组数据。

（2）按端口号寻址。

（3）连接管理。

（4）差错控制和流量控制，提供纠错的功能。

传输层要向会话层保证通信服务的可靠性，避免报文出现出错、丢失、延迟时间紊乱、重复、乱序等问题。

传输层既是 OSI 参考模型中负责数据通信的最高层，又是面向网络通信的下 3 层和面向信息处理的上 3 层之间的中间层。该层弥补了高层所要求的服务和网络层所提供的服务之间的差距，并向高层用户屏蔽通信子网的细节，使高层用户看到的只是在两个传输实体间的一条端到端的、可由用户控制和设定的、可靠的数据通路。

传输层提供的服务可分为传输连接服务和数据传输服务。

（1）传输连接服务

通常对会话层要求的每个传输连接，传输层都要在网络层上建立相应的连接。

（2）数据传输服务

传输层强调提供面向连接的可靠服务，并提供流量控制、差错控制和序列控制，以实现两个端系统间传输的报文无差错、无丢失、无重复、无乱序。

TCP 与 UDP 的区别如下。

（1）TCP 面向连接（如打电话要先拨号建立连接）；UDP 是无连接的，即发送数据之前不需要建立连接。

（2）TCP 提供可靠的服务，也就是说，通过 TCP 连接传送的数据无差错、不丢失、不重复，且按序到达，传输速度慢；UDP 尽最大努力交付，即不保证可靠交付，传输速度快。

（3）TCP 面向字节流，实际上 TCP 把数据看作一连串无结构的字节流；UDP 是面向报文的，UDP 没有拥塞控制，因此网络出现拥塞不会使源主机的发送速率降低（对实时应用很有用，如 IP 电话、实时视频会议等）。

（4）每一条 TCP 连接只能是点对点的；UDP 支持一对一、一对多、多对一和多对多的交互通信方式。

（5）TCP 首部开销为 20 字节；UDP 的首部开销小，只有 8 字节。

（6）TCP 的逻辑通信信道是全双工的可靠信道，UDP 则是不可靠信道。

5. 会话层

会话层（Session Layer）是 OSI 参考模型中的第五层，它建立在传输层之上，利用传输层提供的服务使应用建立和维持会话，并能使会话获得同步，如图 1.15 所示。会话层使用校验点，可使通信会话在通信失效时从校验点继续恢复通信。这种能力对于传送大的文件极为重要。

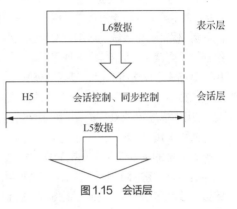

图 1.15 会话层

会话层、表示层、应用层构成 OSI 参考模型的上 3 层，面向应用进程提供分布处理、会话管理、信息表示、恢复最后的差错等。会话层同样要担负应用进程服务要求，完成传输层不能完成的那部分工作，由传输层功能差距加以弥补。其主要的功能是会话控制和同步控制。要完成这些功能，需要有大量的功能单元组合，已经制定的功能单元有几十种。

会话层各阶段的主要功能如下。

（1）建立连接阶段

为给两个对等会话服务用户建立一个会话连接，应该做如下几项工作。

① 将会话地址映射为传输地址。

② 选择需要的传输服务质量（Quality of Service，QoS）参数。

③ 对会话参数进行协商。

④ 识别各个会话连接。

⑤ 传送有限的透明用户数据。

（2）数据传输阶段

这个阶段是在两个会话服务用户之间实现有组织的、同步的数据传输。会话服务用户之间的数据传输过程是将会话服务数据单元（Session Service Data Unit，SSDU）转换为会话协议数据单元（Session Protocol Data Unit，SPDU）。

（3）连接释放阶段

连接释放是通过有序释放、废弃用户数据传送等功能单元来进行的。会话层标准为了能在会话连接建立阶段进行功能协商，也为了便于其他国际标准参考和引用，定义了 12 种功能单元。各个系统可根据自身情况和需要，以核心功能单元为基础，选配其他功能单元组成合理的会话服务子集。

会话层允许不同机器上的用户之间建立会话关系。会话层循序进行类似传输层的普通数据的传送，某些场合还提供了一些有用的增强型服务。它允许用户利用一次会话在远端的分时系统上登录，或者在两台机器间传递文件。会话层提供的服务之一是管理会话控制。会话层允许信息同时双向传输，或任一时刻只能单向传输。如果属于后者，则类似于物理信道上的半双工模式，会话层将记录此时该轮到哪一方。一种与会话控制有关的服务是令牌管理（Token Management）。有些协议会保证双方不能同时进行同样的操作，这一点很重要。为了管理会话活动，会话层提供了令牌，令牌可以在会话双方之间移动，只有持有令牌的一方可以执行某种关键性操作。另一种会话层服务是同步。假设在平均每小时出现一次大故障的网络上，两台机器之间要进行一次两小时的文件传输，试想会出现什么样的情况呢？每一次传输中途失败后，都不得不重新传送这个文件。当网络再次出现大故障时，传输可能又会半途而废。为解决这个问题，会话层提供了一种方法，即在数据中插入同步点。每次网络出现故障后，仅重传最后一个同步点以后的数据。

6. 表示层

表示层（Presentation Layer）是 OSI 参考模型中的第六层，它向上对应用层提供服务，向下接收来自会话层的服务。表示层为在应用进程之间传送的信息提供表示方法的服务，保证一个系统的应用层发出的信息能被另一个系统的应用层读出。表示层用一种通用的数据表示格式在多种数据格式之间进行转换，包括编码/解码、数据加密/解密、数据压缩/解压缩等功能，它只关心信息的语法和语义。应用层需要负责处理语义，而表示层需要负责处理语法，如图 1.16 所示。

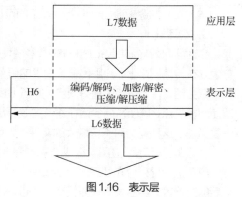

图 1.16　表示层

表示层的主要作用之一是为异种机通信提供一种公共语言，以便它们能进行互操作。这种类型的服务之所以被需要，是因为不同的计算机体系架构使用的数据表示方法不同。与会话层提供透明的数据传输不同，表示层处理所有与数据表示及传输有关的问题，包括转换、加密和压缩等。每台计算机可能有它自己表示数据的内部方法，如美国信息交换标准码（American Standard Code for Information Interchange，ASCII）与扩充的二−十进制交换码（Extended Binary Coded Decimal Interchange Code，EBCDIC），所以需要表示层协定来保证不同的计算机可以彼此理解。

表示层的功能如下。

（1）网络的安全和保密管理、文本的压缩与打包、虚拟终端协议（Virtual Terminal Protocol，VTP）。

（2）语法转换：将抽象语法转换为传送语法，并在对方实现相反的转换（即将传送语法转换为抽象语法）。涉及的内容有代码转换、字符转换、数据格式的修改，以及对数据结构操作的适应、数据压缩、数据加密等。

（3）语法协商：根据应用层的要求协商选用合适的上下文，即确定传送语法并传送数据。

（4）连接管理：包括利用会话层服务建立并表示连接，管理在这个连接之上的数据传输和同步控制（利用会话层相应的服务），以及正常地或异常地终止这个连接。

通过前面的介绍可以看出，包括会话层在内的下 5 层完成了端到端的数据传送，并且是可靠的、无差错的数据传送。但是数据传送只是手段而不是目的，最终要实现对数据的使用。由于各种系统对数据的定义并不完全相同（最好理解的例子是键盘，其上的某些键的含义在许多系统中有差异），这自然给使用其他系统的数据造成了障碍，表示层和应用层就担负了消除这种障碍的任务。

7. 应用层

应用层（Application Layer）是 OSI 参考模型的第七层。它是最靠近用户的一层，是用户应用程序与网络之间的接口。应用层和应用程序协同工作，直接向用户提供服务，如域名系统（Domain Name System，DNS）、FTP、HTTP 等服务，完成用户希望在网络上完成的各种工作。应用层是 OSI 参考模型的最高层，是直接为应用进程提供服务的，如图 1.17 所示。其作用是在实现多个系统应用进程相互通信的同时，完成一系列业务处理所需的服务。其服务元素分为两类：公共应用服务元素（Common Application Service Element，CASE）和特定应用服务元素（Special Application Service Element，SASE）。

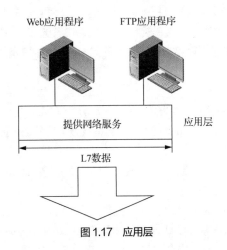

图1.17　应用层

CASE 提供最基本的服务，它成为应用层中任何用户和任何服务元素的用户，主要为应用进程通信、分布系统实现提供基本的控制机制；SASE 则要满足一些特定服务，如文件传送、访问管理、作业传送、银行事务、订单输入等。这些将涉及虚拟终端、作业传送与操作、文件传送及访问管理、远程数据库访问、图形核心系统、OSI 管理等。

从上面的讨论可以看出，只有下 3 层涉及与通信子网的数据传输，上 4 层是端到端的层次，因而通信子网只包括下 3 层的功能。OSI 参考模型规定的是两个开放系统进行互联要遵循的标准，对于上 4 层来说，这些标准是由两个端系统上的对等实体来共同执行的；对于下 3 层来说，这些标准是由端系统和通信子网边界上的对等实体来执行的，通信子网内部采用什么标准是任意的。

1.4.3　OSI 参考模型数据传输过程

OSI 参考模型的数据流向如图 1.18 所示。发送进程传输数据给接收进程，实际上数据是经过发送方各层从上到下传输到物理传输介质，通过物理传输介质传输到接收方，再经过从下到上各层的传递，最后到达接收进程。

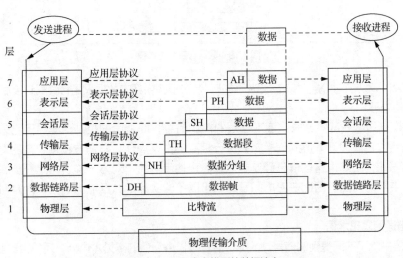

图1.18　OSI 参考模型的数据流向

在发送方从上到下逐层传输数据的过程中，每层都要加上适当的控制信息，如 AH、PH、SH、TH、NH、DH 等，它们统称为报文的头部。数据到最底层成为由 "0" 或 "1" 组成的数据比特流，再转换为电信号在物理传输介质上传输到接收方。接收方在向上传输数据的过程正好与此相反，要逐层剥去发送方加上的控制信息。

1. 数据解封装

在 OSI 参考模型中，对等层协议之间交换的信息单元为 PDU。传输层及以下各层的 PDU 都有各自特定的名称。传输层是数据段（Segment）、网络层是数据包或分组、数据链路层是数据帧（Frame）、物理层是比特流（Stream）。

下层为上层提供服务，就是对上层的 PDU 进行数据封装，然后加入本层的头部和尾部。头部中含有完成数据传输所需要的控制信息。

这样数据自上而下递交的过程实际上就是不断封装的过程，到达目的地后自下而上递交的过程就是不断解封装的过程，如图 1.19 所示。由此可知，在物理线路上传输的数据，其外面实际上被封装了多层报头。

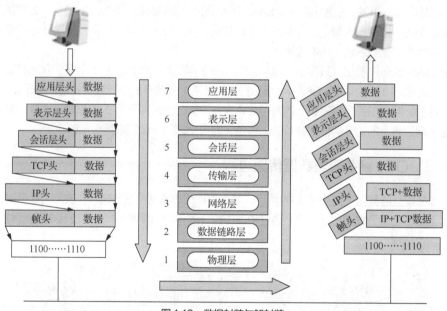

图 1.19　数据封装与解封装

某一层只能识别由对等层封装的报头，对被封装在报头内部的数据只是将其解封装后提交给上层，本层不做任何处理。

因为接收方的某一层不会收到底下各层的控制信息，而上层的控制信息对于它来说又只是透明的数据，所以它只阅读本层的信息，并进行相应的协议操作。发送方和接收方的对等实体看到的信息是相同的，就好像这些信息通过虚拟通信直接传输给了对方一样。这是开放系统在网络通信过程中最主要的特点，因此在考虑问题时，可以不管实际的数据流向，而认为是对等实体在进行直接通信。

2. 网络通信常见术语

网络通信中除了前面提到的信号、数据、信息等通俗易懂的常见术语外，还包含一些相对比较抽象的术语，表 1.2 所示为对常见术语的解释和说明。

表 1.2　常见术语的解释和说明

术语	解释和说明
数据载荷	根据快递服务的比喻，可以将数据载荷理解为最终想要传递的信息。而实际上在具有层次结构的网络通信过程中，上一层协议传递给下一层协议的数据单元（报文）都可以称为下一层协议的数据载荷
报文	报文是网络中交换与传输的数据单元，它具有一定的内在格式，并通常具有头部+数据载荷+尾部的基本结构。在传输过程中，报文的格式和内容可能会发生改变
头部	为了更好地传递信息，在组装报文时，在数据载荷的前面添加的信息段统称为报文的头部
尾部	为了更好地传递信息，在组装报文时，在数据载荷的后面添加的信息段统称为报文的尾部。注意，很多报文是没有尾部的
封装	对数据载荷添加头部和尾部，从而形成新的报文的过程
解封装	解封装是封装的逆过程，也就是去掉报文的头部和尾部，获取数据载荷的过程

1.5　TCP/IP 参考模型

OSI 参考模型的提出在计算机网络发展史上具有里程碑的意义，以至于提到计算机网络就不能不提 OSI 参考模型。但是，OSI 参考模型存在定义过于繁杂、实现困难等缺点，因此未能在市场中取得成功。与此同时，TCP/IP 参考模型的提出和广泛使用，特别是 Internet 用户的迅速增长，使用 TCP/IP 网络体系架构的用户越来越多。

1.5.1　TCP/IP 概述

TCP/IP 是目前较为流行的商业化网络协议，尽管它不是某一标准化组织提出的正式标准，但它已经被公认为目前的工业标准或"事实标准"。

1. TCP/IP 的特点

TCP/IP 能够迅速发展起来并成为事实上的标准，是因为它恰好适应了世界范围内数据通信的需求，它有以下特点。

（1）TCP/IP 不依赖于任何特定的计算机硬件或操作系统，提供开放的协议标准，即使不考虑 Internet，TCP/IP 也获得了广泛的支持，所以 TCP/IP 成为一种联合各种硬件和软件的实用协议。

（2）TCP/IP 并不依赖于特定的网络传输硬件，所以 TCP/IP 能够集成各种各样的网络。用户能够使用以太网（Ethernet）、令牌环网络（Token Ring Network）、拨号线路（Dial-up Line）、X.25 网以及所有的网络传输硬件。

（3）统一的网络地址分配方案，使得整个 TCP/IP 设备在网络中具有唯一的地址。

（4）标准化的高层协议可以提供多种可靠的用户服务。

2. TCP/IP 的缺点

（1）TCP/IP 参考模型没有明显地区分服务、接口和协议的概念。因此，对于使用新技术来设计新网络，TCP/IP 参考模型不是一个很好的模板。

（2）TCP/IP 参考模型完全不是通用的，并且不适合描述除 TCP/IP 参考模型之外的任何协议栈。

（3）链路层并不是通常意义上的一层。它是一个接口，处于网络层和数据链路层之间。接口和层间的区别是很重要的。

（4）TCP/IP 参考模型不区分物理层和数据链路层。这两层完全不同，物理层必须处理铜缆、光纤和无线通信的传输信号；而数据链路层的工作是确定帧的开始和结束，并且按照所需的可靠程度把帧从一端发送到另一端。

3. TCP/IP 参考模型的层次

与 OSI 参考模型不同，TCP/IP 参考模型将网络划分为 4 层，它们分别是应用层（Application Layer）、传输层（Transport Layer）、网际层（Internet Layer）和网络接口层（Network Interface Layer）。

实际上，TCP/IP 参考模型与 OSI 参考模型有一定的对应关系，如图 1.20 所示。

（1）TCP/IP 参考模型的应用层与 OSI 参考模型的应用层、表示层及会话层相对应。

（2）TCP/IP 参考模型的传输层与 OSI 参考模型的传输层相对应。

（3）TCP/IP 参考模型的网际层与 OSI 参考模型的网络层相对应。

（4）TCP/IP 参考模型的网络接口层与 OSI 参考模型的数据链路层及物理层相对应。

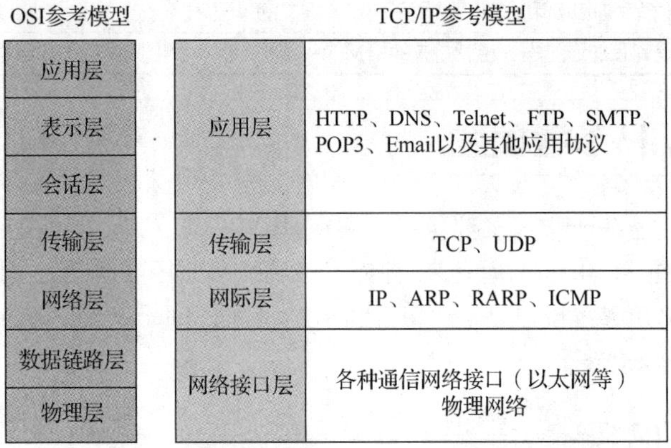

OSI参考模型	TCP/IP参考模型	
应用层	应用层	HTTP、DNS、Telnet、FTP、SMTP、POP3、Email以及其他应用协议
表示层		
会话层		
传输层	传输层	TCP、UDP
网络层	网际层	IP、ARP、RARP、ICMP
数据链路层	网络接口层	各种通信网络接口（以太网等）物理网络
物理层		

图 1.20　TCP/IP 参考模型与 OSI 参考模型的对应关系

1.5.2　TCP/IP 参考模型各层的功能

TCP/IP 参考模型各层的功能如下。

1. 网络接口层

TCP/IP 参考模型中没有详细定义网络接口层的功能，只是指出通信主机必须采用某种协议连接到网络上，并且能够传输网络数据分组。该层没有定义任何实际协议，只定义了网络接口，任何已有的数据链路层协议和物理层协议都可以用来支持 TCP/IP 参考模型的网络接口层。

V1-4　TCP/IP
参考模型各层的
功能

2. 网际层

网际层又称互联层，是 TCP/IP 参考模型的第二层，它实现的功能相当于 OSI 参考模型网络层的无连接网络服务，主要解决主机到主机的通信问题。它所包含的协议涉及数据包在整个网络中的逻辑传输，并主动重新赋予主机一个 IP 地址来完成对主机的寻址。它还负责数据包在多种网络中的路由。该层有 3 个主要协议：网际协议、互联网组管理协议和互联网控制报文协议。网际协议是网际层最重要的协议，它提供的是一个可靠、无连接的数据报传输服务。

3. 传输层

传输层位于网际层之上，它的主要功能是负责应用进程之间的端到端通信。在 TCP/IP 参考模型中，设计传输层的主要目的是在网际层中的源主机与目标主机的对等实体之间建立用于会话的端到端连接。该层定义了两个主要的协议：TCP 和 UDP。

TCP 提供的是一种可靠的、通过"三次握手"来连接的数据传输服务；而 UDP 提供的则是不保证可靠的、无连接的数据传输服务。

4. 应用层

应用层是最高层。它与 OSI 参考模型中的上 3 层相同，为用户提供所需要的各种网络服务，如文件传输、远程登录、域名服务和简单网络管理等。

1.5.3 OSI 参考模型与 TCP/IP 参考模型的比较

TCP/IP 参考模型与 OSI 参考模型在设计上都采用了层次结构的思想，不过层次划分及使用的协议有很大的区别。无论是 OSI 参考模型还是 TCP/IP 参考模型都不是完美的，都存在某些缺陷。

二者的区别主要如下。

（1）法律上的国际标准 OSI 参考模型并没有得到市场的认可，非国际标准 TCP/IP 参考模型现在获得了广泛的应用，TCP/IP 参考模型常被称为事实上的国际标准。

（2）OSI 参考模型的专家们在制定 OSI 参考模型时没有商业驱动力。

（3）OSI 参考模型的协议实现起来过分复杂，且运行效率很低。

（4）OSI 参考模型的制定周期太长，因而使得按 OSI 参考模型生产的设备无法及时进入市场。

（5）OSI 参考模型的层次划分不太合理，有些功能在多个层中重复出现。

（6）OSI 参考模型引入了服务、接口、协议、分层的概念，TCP/IP 参考模型借鉴了 OSI 参考模型的这些概念建模。

1. OSI 参考模型的优缺点

OSI 参考模型的主要问题是定义复杂、实现困难，有些同样的功能在多层重复出现，效率低下。人们普遍希望网络标准化，但 OSI 参考模型迟迟没有成熟的网络产品。因此，OSI 参考模型与协议没有像专家们所预想的那样风靡世界。

OSI 参考模型的优缺点如下。

（1）OSI 参考模型详细定义了服务、接口和协议 3 个概念，并对它们严格加以区分，实践证明这种做法是非常有必要的。

（2）OSI 参考模型产生在协议发明之前，这意味着该模型没有偏向于任何特定的协议，因此非常通用。

（3）OSI 参考模型的某些层次（如会话层和表示层）对于大多数应用程序来说没有用，而且某些功能（如寻址、流量控制和差错控制）在各层重复出现，影响了系统的工作效率。

（4）OSI 参考模型的结构和协议虽然大而全，但过于复杂和臃肿，因而效率较低，实现起来较为困难。

2. TCP/IP 参考模型的优缺点

TCP/IP 参考模型的缺陷是网络接口层本身并不是实际的一层，网络接口层、网际层、传输层和应用层的功能定义与实现方法没能区分开来，从而使得 TCP/IP 参考模型不适用于非 TCP/IP 协议簇。TCP/IP 参考模型与协议在 Internet 中经受了几十年的风风雨雨，得到了 IBM、微软、Novell 及 Oracle 等大型网络公司的支持，成为计算机网络中的主要标准体系。

TCP/IP 参考模型的优缺点如下。

（1）TCP/IP 参考模型产生在协议出现以后，其实际上是对已有协议的描述，因此协议和该参考模型匹配得相当好。

（2）TCP/IP 参考模型并不是作为国际标准开发的，它只是对一种已有标准的概念性描述。因此，它的设计目的单一，影响因素少，协议简单高效，可操作性强。

（3）TCP/IP 参考模型没有明显地区分服务、接口和协议的概念。因此，对于使用新技术来设计新网络，TCP/IP 参考模型不是一个很好的模板。

（4）TCP/IP 参考模型是对已有协议的描述，因此通用性较差，不适合描述除 TCP/IP 协议簇之外的其他任何协议。

（5）TCP/IP 参考模型的某些层次的划分不尽合理，如网络接口层。

1.5.4 TCP/IP 网际层协议

在计算机网络的众多协议中，TCP/IP 是应用最广泛的。在 TCP/IP 层次结构包含的 4 个层次中，只有 3 个层次包含实际的协议。TCP/IP 网际层的协议主要包括网际协议、地址解析协议、互联网控制报文协议和互联网组管理协议。

1. 网际协议

Internet 是由许多网络相互连接之后构成的集合，将整个 Internet 互联在一起的正是网际协议（Internet Protocol，IP）。设计 IP 的目的是提高网络的可扩展性，这需要解决两个问题：一是解决互联网问题，实现大规模、异构网络的互联互通；二是降低顶层网络应用和底层网络技术之间的耦合，以利于两者的独立发展。根据端到端的设计原则，IP 只为主机提供一种无连接的、不可靠的、尽力而为的数据包传输服务。

IP 是整个 TCP/IP 协议簇的核心，也是构成互联网的基础。IP 位于 TCP/IP 参考模型的网际层（相当于 OSI 参考模型的网络层），它可以向传输层提供各种协议的信息，如 TCP、UDP 等；对下可将 IP 数据包放到网络接口层，通过以太网、令牌环网络等各种技术传送。为了能适应异构网络，IP 强调适应性、简洁性和可操作性，并在可靠性方面做了一定的牺牲。IP 不保证数据包的交付时限和可靠性，所传输数据包有可能出现丢失、重复、延迟或乱序等问题。

2. 地址解析协议

IP 数据包常通过以太网发送。以太网设备并不识别 32 位 IP 地址，它们是以 48 位的以太网地址（即 MAC 地址或硬件地址）传输以太网数据包的。因此，必须把 IP 目的地址转换为以太网目的地址。地址解析协议（Address Resolution Protocol，ARP）就是用来确定 IP 地址与物理地址之间的映射关系的。

反向地址解析协议（Reverse Address Resolution Protocol，RARP）负责完成从物理地址到 IP 地址的转换。

3. 互联网控制报文协议

互联网控制报文协议（Internet Control Message Protocol，ICMP）是 TCP/IP 协议簇的一个子协议，用于在 IP 主机、路由器之间传递控制消息。控制消息是指网络通不通、主机是否可达、路由是否可用等网络本身的消息。这些控制消息虽然并不传输用户数据，但是对于用户数据的传递起着重要的作用。

IP 是一种不可靠的协议，无法进行差错控制，但 IP 可以借助 ICMP 来实现这一功能。ICMP 允许主机或路由器报告差错或异常情况，提供有关情况的报告。

4. 互联网组管理协议

互联网组管理协议（Internet Group Management Protocol，IGMP）是 TCP/IP 协议簇中的一个组播协议。该协议运行在主机和组播路由器之间。IGMP 共有 3 个版本，即 IGMPv1、IGMPv2 和 IGMPv3。

IP 只是负责网络中点对点的数据包传输，而点对多点的数据包传输要依靠 IGMP 来完成，它主要负责报告主机组之间的关系，以便相关的设备可支持多播发送。主机 IP 软件需要进行组播扩展，才能使主机在本地网络中收发组播分组。但仅靠这一点是不够的，因为跨越多个网络的组播转发必须依赖路由器。路由器为建立组播转发路由必须了解每个成员在 Internet 中的分布，这要求主机必须能将其所在的组播组通知给本地路由器，这也是建立组播转发路由的基础。主机与本地路由器之间使用 IGMP 来进行组播组成员信息的交互。在此基础上，本地路由器再将信息与其他组播路由器通信，传播组播组的成员信息，并建立组播路由。这个过程与路由器之间的常规单播路由的传播十分相似。IGMP 是 TCP/IP 中的重要协议之一，所有 IP 组播系统（包括主机和路由器）都需要支持 IGMP。

组播协议包括组成员管理协议和组播路由协议。组成员管理协议用于管理组播组成员的加入和离开，组播路由协议负责在路由器之间交互信息来建立组播树。IGMP 属于前者，是组播路由器用来维护组播组成员信息的协议，运行于主机和组播路由器之间。IGMP 信息封装在 IP 报文中，其 IP 的协议号为 2。

IGMPv1 只定义了主机加入组播组的信息，但没有定义离开组播组的信息，路由器基于组播组的超时机制发现离线的组成员。IGMPv1 主要基于查询和响应机制来完成对组播组成员的管理。当一个网段内有多台组播路由器时，由于它们都能从主机那里收到 IGMP 成员关系报告报文，因此只需要其中一台路由器发送 IGMP 查询报文就足够了。这就需要有一个查询器的选举机制来确定由哪台路由器作为 IGMP 查询器。对于 IGMPv1 来说，由组播路由协议选举出唯一的组播信息转发者指定路由器（Designated Router，DR）作为 IGMP 查询器。IGMPv1 没有专门定义离开组播组的报文。当运行 IGMPv1 的主机离开某组播组时，将不会向其要离开的组播组发送报告报文。当网段中不再存在该组播组的成员后，IGMP 路由器将收不到任何发往该组播组的报告报文，于是 IGMP 路由器在一段时间之后便删除该组播组所对应的组播转发项。

IGMPv2 在 IGMPv1 的基础上增加了主机离开组播组的信息，允许成员迅速向组播路由协议报告组成员离开情况，这对高带宽组播组或易变型组播组成员而言是非常重要的。另外，若一个子网内有多个组播路由器，那么多个路由器同时发送 IGMP 查询报文不仅浪费资源，还会引起网络的堵塞。为了解决这个问题，IGMPv2 使用了路由选举机制，使其能在一个子网内查询多个路由器。

IGMPv3 在兼容和继承 IGMPv1 和 IGMPv2 的基础上，进一步增强了主机的控制能力，并增强了查询和报告报文的功能。

1.5.5　TCP/IP 传输层协议

TCP/IP 传输层的协议主要包括 TCP 和 UDP。

1. TCP

TCP 是传输层的一种面向连接的通信协议，它提供可靠的、按序传送数据的服务。对于大量数据的传输，通常要求可靠的数据传送，TCP 提供的连接是双向的，即全双工的。

TCP 旨在适应支持多网络应用的分层协议层次结构。连接到不同但互联的计算机通信网络的主机中的成对进程之间依靠 TCP 提供可靠的通信服务。TCP 假设它可以从较低级别的协议获得简单的、可能不可靠的数据报服务。原则上，TCP 应该能够在从硬件连接到分组交换或电路交换网络的各种通信系统之上进行操作服务。

TCP 是为了在不可靠的互联网络中提供可靠的端到端字节流传输而专门设计的一个协议。互联网络与单个网络有很大的不同，因为互联网络的不同部分可能有截然不同的拓扑结构、带宽、延迟、数据包大小和其他参数。TCP 的设计目标是能够动态地适应互联网络的这些特性，而且具备面对各种故障时的健壮性。

TCP 在传输之前会进行 3 次沟通，一般称为"3 次握手"，如图 1.21 所示；传完数据断开的时候要进行 4 次沟通，一般称为"4 次挥手"。TCP 传输过程涉及两个序号和 6 个标志位。

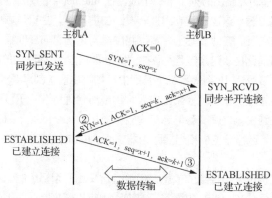

图 1.21 "3 次握手"建立 TCP 连接

（1）发送序号：seq 序号，占 32 位，用来标识从 TCP 源端向目的端发送的字节流，发送方发送数据时对此进行标记。

（2）确认序号：ack 序号，占 32 位，只有 ACK 标志位为 1 时，确认序号字段才有效，ack=seq+1。

（3）标志位：共 6 个，即 URG、ACK、PSH、RST、SYN、FIN，具体含义分别如下。

① URG：紧急指针（Urgent Pointer）有效。

② ACK：确认序号有效。

③ PSH：接收方应该尽快将这个报文交给应用层。

④ RST：重置连接。

⑤ SYN：发起一个新连接。

⑥ FIN：释放一个连接。

需要注意以下两点。

（1）不要混淆确认序号 ack 与标志位中的 ACK。

（2）接收方 ack=发送方 seq+1，两端配对。

在第一次消息发送中，主机 A 随机选取一个 seq 作为自己的初始序号发送给主机 B，且主机 A 进入同步已发送状态（SYN_SENT）。

在第二次消息发送中，主机 B 使用 ack 对主机 A 的数据包进行确认。因为主机 B 已经收到了序号为 x 的数据包，准备接收序号为 $x+1$ 的数据包，所以 ack=$x+1$，同时主机 B 告诉主机 A 自己的初始序号，即 seq=k，主机 B 进入同步半开连接状态（SYN_RCVD）。

在第三次消息发送中，主机 A 告诉主机 B 已经收到了主机 B 的确认消息并准备建立连接，主机 A 此条消息的序号是 $x+1$，所以 seq=$x+1$，而 ack=$k+1$ 表示主机 A 正准备接收主机 B 序号为 $k+1$ 的数据包，这时，主机 A 进入已建立连接状态（ESTABLISHED），当主机 B 收到信息之后，也进入已建立连接状态（ESTABLISHED）。

2. UDP

UDP 的创立是为了向应用程序提供一条访问 IP 的无连接功能的途径。

使用该协议，源主机有数据就发出，它不管发送的数据包是否到达目标主机、数据包是否出错，收到数据包的主机也不会告诉发送方是否收到。因此，它是一种不可靠的数据传输协议。

UDP 不为 IP 提供可靠性、流控或差错恢复功能。一般来说，TCP 对应的是可靠性要求高的应用，而 UDP 对应的则是可靠性要求低、传输经济的应用。TCP 支持的应用层协议主要有远程登录（Telnet）协议、FTP、简单邮件传送协议（Simple Mail Transfer Protocol，SMTP）等；UDP 支持的应用层协议主要有网络文件系统（Network File System，NFS）协议、简单网络管理协议（Simple Network Management Protocol，SNMP）、DNS 简单文件传输协议（Trivial File Transfer Protocol，TFTP）等。

1.5.6　TCP/IP 应用层协议

TCP/IP 应用层的协议主要包括以下几种。

1. 超文本传输协议

超文本传输协议（Hypertext Transfer Protocol，HTTP）是 WWW 浏览器和 WWW 服务器之间的应用层通信协议，它保证正确传输超文本文档，是一种最基本的客户机/服务器（Client/Server，C/S）访问协议。该协议可以使浏览器更加高效，使网络传输流量减少。通常，它通过浏览器向服务器发送请求，而服务器则回应相应的网页。基于 TCP/IP 的技术，HTTP 在短短的 10 年时间内迅速成为已经发展了几十年的 Internet 中的规模最大的协议，它的成功归结于它的简单、实用。在 WWW 的背后有一系列的协议和标准支持它完成如此宏大的工作，即 Web 协议簇，其中就包括 HTTP。HTTP 是应用层协议，同其他应用层协议一样，它是为了实现某一类具体应用而开发的协议，并由某一运行在用户空间的应用程序来实现其功能。HTTP 是一种协议规范，这种规范记录在文档上，是真正通过 HTTP 进行通信的实现程序。

2. 文件传送协议

文件传送协议（File Transfer Protocol，FTP）用来实现主机之间的文件传送，它采用了 C/S 模式，使用 TCP 提供可靠的传输服务，是一个面向连接的协议。FTP 的主要功能就是减少或消除在不同操作系统中处理文件的不兼容性。

FTP 允许用户以文件操作的方式（如文件的增、删、改、查、传送等）与另一主机相互通信。然而，用户并不需要真正登录到自己想要存取的计算机上成为完全用户，而可用 FTP 程序访问远程资源，实现用户往返传输文件、管理目录以及访问电子邮件等，即使双方计算机可能配有不同的操作系统和文件存储方式。

3. 远程登录协议

远程登录（Telnet）协议是一个简单的远程终端协议，采用了 C/S 模式。用户利用 Telnet 程序可通过 TCP 连接注册（即登录）到远地的另一台主机上（使用主机名或 IP 地址）。

Telnet 协议是 TCP/IP 协议簇中的一员，是 Internet 远程登录服务的标准协议和主要方式。它为用户提供了在本地计算机上完成远程主机工作的能力。在终端使用者的计算机上使用 Telnet 程序，用它连接到服务器。终端使用者可以在 Telnet 程序中输入命令，这些命令会在服务器上运行，就像直接在服务器的控制台上输入一样，以在本地控制服务器。要开始一个 Telnet 会话，必须输入用户名和密码登录服务器。Telnet 是常用的远程控制 Web 服务器的方法。

4. SMTP

SMTP 是一种提供可靠且有效电子邮件传输的协议，建立在 FTP 服务上，主要用于传输系统之间的邮件信息，并提供与来信有关的通知。SMTP 独立于特定的传输子系统，且只需要可靠、有序的数据流信道支持。SMTP 的重要特性之一是其能跨越网络传输邮件，即"SMTP 邮件中继"。使用 SMTP，可实现相同网络处理进程之间的邮件传输，也可通过中继器或网关实现某处理进程与其他网络之间的邮件传输。

5. 域名解析协议

DNS 用来把便于人们记忆的主机域名和电子邮件地址映射为计算机易于识别的 IP 地址。DNS 采用了 C/S 模式，客户机通常用于用户查找名称对应的地址，而服务器通常用于为用户提供查询服务。

DNS 是互联网的一项服务，它作为将域名和 IP 地址相互映射的分布式数据库，能够使人们更方便地访问互联网。DNS 使用了 TCP 和 UDP 的 53 号端口。当前，其对于每一级域名长度的限制是 63 个字符，域名总长度则不能超过 253 个字符。

DNS 采用递归查询请求的方式来响应用户的查询，为互联网的运行提供关键的基础服务。目前绝大多数的防火墙和网络都会开放 DNS 服务，DNS 数据包不会被拦截，因此可以基于 DNS 建立隐蔽信道，从而顺利穿过防火墙，在客户机和服务器之间传输数据。

常用的 DNS 地址如下。

首选 DNS 地址 114.114.114.114（备用地址 114.114.115.115）是国内移动、电信和联通公司通用的 DNS 地址，解析成功率相对其他 DNS 服务器来说更高，国内用户使用得比较多，速度相对快，是国内用户上网常用的 DNS 地址。

首选地址 8.8.8.8（备用地址 8.8.4.4）是谷歌公司提供的 DNS 地址，该地址是全球通用的，相对来说更适合国外以及访问国外网站的用户使用。

首选地址 119.29.29.29（备用地址 119.28.28.28）是公共 DNS 服务器的 IPv4 地址。

首选地址 180.76.76.76 是百度公司公共 DNS 服务器的 IPv4 地址。

首选地址 223.5.5.5（备用地址 223.6.6.6）是阿里巴巴集团公共 DNS 服务器的 IPv4 地址。

6. SNMP

SNMP 是专门用于 IP 网络管理网络节点（服务器、工作站、路由器、交换机及集线器等）的一个标准协议。SNMP 使网络管理员能够管理网络，发现并解决网络问题及规划网络。通过 SNMP 接收随机消息（及事件报告），网络管理系统可以获知网络出现问题。

7. 动态主机配置协议

动态主机配置协议（Dynamic Host Configuration Protocol，DHCP）可以为计算机自动配置 IP 地址。

DHCP 服务器能够从预先设置的 IP 地址池中自动为主机分配 IP 地址，不仅能够保证 IP 地址不重复分配，还能及时回收 IP 地址，以提高 IP 地址的利用率。

DHCP 使用 UDP 的 67、68 号端口进行通信，从 DHCP 客户端到达 DHCP 服务器的报文使用的目的端口号为 67，从 DHCP 服务器到达 DHCP 客户端使用的源端口号为 68。其工作过程如下：DHCP 客户端以广播的形式发送一个 DHCP Discover 报文，用来发现 DHCP 服务器；DHCP 服务器接收到客户端发来的 DHCP Discover 报文之后，就单播一个 DHCP Offer 报文来回复客户端，DHCP Offer 报文中包含 IP 地址和租约信息；客户端收到服务器发送的 DHCP Offer 报文之后，以广播的形式向服务器发送 DHCP Request 报文，用来请求服务器将该 IP 地址分配给它（客户端之所以以广播的形式发送报文，是为了通知其他 DHCP 服务器，它已经接

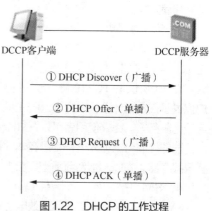

图1.22　DHCP 的工作过程

收这个 DHCP 服务器的信息了，不再接收其他 DHCP 服务器的信息）；服务器接收到 DHCP Request 报文后，以单播的形式发送 DHCP ACK 报文给客户端，如图 1.22 所示。

DHCP 租期更新：当客户端的租期剩下 50%时，客户端会向服务器单播一个 DHCP Request 报文，请求续约；服务器接收到 DHCP Request 报文后，会单播一个 DHCP ACK 报文表示延长租期。

DHCP 重绑定：如果客户端剩下的租期超过 50%且原先的 DHCP 服务器并没有同意客户端续约 IP 地址，那么当客户端的租期只剩下 12.5%时，客户端会向网络中其他的 DHCP 服务器发送 DHCP Request 报文，请求续约。如果其他服务器有关于客户端当前的 IP 地址信息，则单播一个 DHCP ACK 报文回

复客户端以续约；如果没有，则回复一个 DHCP NAK 报文，此时，客户端会申请重新绑定 IP 地址。

DHCP IP 地址的释放：当客户端直到租期满却还没收到服务器的回复时，会停止使用该 IP 地址；当客户端租期未满却不想使用服务器提供的 IP 地址时，会发送一个 DHCP Release 报文，告知服务器清除相关租约信息，释放该 IP 地址。

1.6　网络安全模型与体系架构

网络拓扑结构图是指由网络节点设备和通信介质构成的网络结构图。网络拓扑定义了各种计算机、打印机、网络设备和其他设备的连接方式。换句话说，网络拓扑描述了线缆和网络设备的布局以及数据传输时采用的路径。网络拓扑会在很大程度上影响网络的工作方式。

网络拓扑包括物理拓扑和逻辑拓扑。物理拓扑是指物理结构上各种设备和传输介质的布局，物理拓扑通常有总线型、星形、环形、网状、树形等几种结构。逻辑拓扑描述的是设备之间是如何通过物理拓扑进行通信的。

1.6.1　PDRR 安全模型

PDRR 即美国国防部提出的常见的"信息安全保障体系"，它概括了网络安全的所有环节，包括防护（Protection）、检测（Detection）、响应（Response）和恢复（Recovery）。PDRR 安全模型的名称也由这 4 个环节的英文单词首字母结合而来，这 4 个环节构成了一个动态的信息安全周期，如图 1.23 所示。

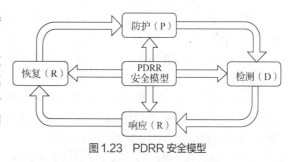

图 1.23　PDRR 安全模型

1. 防护

防护是 PDRR 安全模型最重要的环节之一。防护是指预先阻止使入侵可能发生的条件产生，让攻击者无法顺利入侵。防护可以抵御大多数的入侵事件，它包括缺陷扫描、访问控制、防火墙、数据加密及鉴别等。

2. 检测

PDRR 安全模型的第二个环节是检测。上面提到防护是消除入侵事件发生的条件，可以阻止大多数入侵事件的发生，但是它不能阻止所有入侵事件的发生，特别是那些利用新的系统缺陷、采用新的攻击手段的入侵。因此需要进行检测，即如果入侵发生就检测出来。这种检测入侵的工具就是 IDS。通常采用 IDS 来检测系统漏洞和缺陷，增强系统的安全性能，从而消除攻击和入侵的条件。

3. 响应

PDRR 安全模型的第三个环节是响应。响应就是指已知一个入侵（攻击）事件发生之后对其进行处理。在一个大规模的网络中，响应工作都由一个特殊部门负责，那就是计算机响应小组（Computer Emergency Response Team，CERT）。它是世界上最著名的计算机响应小组之一。从 CERT 建立之后，世界各国以及各机构也纷纷建立了自己的计算机响应小组。我国第一个计算机响应小组 CCERT 于 1999 年建立，主要服务于中国教育和科研计算机网。

4. 恢复

恢复是 PDRR 安全模型中的最后一个环节。恢复是指事件发生后，把系统恢复到原来的状态，或者比原来更安全的状态。恢复可以分为两个方面：信息恢复和系统恢复。信息恢复一般指恢复丢失的数据，优先恢复影响日常生活和工作的信息。系统恢复指的是修补该事件所利用的系统缺陷，不让黑客再次利用这样的缺陷入侵。系统恢复通常包括系统升级、软件升级和修复漏洞等。系统恢复的另一个重要工作是除去后门。一般来说，黑客在第一次入侵的时候利用了系统的缺陷，在一次入侵成功之后，黑客会在系统中打开一些后门，如安装一个木马。

1.6.2 PPDR 安全模型

PPDR 安全模型是一种常用的网络安全模型，如图 1.24 所示。

PPDR 安全模型包含 4 个主要部分：安全策略（Policy）、防护（Protection）、检测（Detection）和响应（Response）。防护、检测和响应组成了一个完整的、动态的安全循环。在整体安全策略的控制和指导下，在综合运用防护工具（如防火墙、身份认证和加密等手段）的同时，利用检测工具（如网络安全评估、入侵检测等系统）掌握系统的安全状态，并通过适当的响应将网络系统调整到"最安全"或"风险最低"的状态。该模型认为，安全技术措施围绕安全策略的具体需求有序地组织在一起，构成一个动态的安全防范体系。

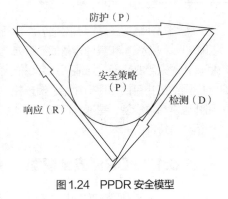

图 1.24　PPDR 安全模型

防护：防护通常是通过采用一些传统的静态安全技术及方法来实现的，主要有防火墙、加密和认证等方法。

检测：在 PPDR 安全模型中，检测是非常重要的一个环节。检测是动态响应和加强防护的依据，也是强制落实安全策略的有力工具。通过不断地检测和监控网络及系统，可以发现新的威胁和弱点，通过循环反馈来及时作出有效的响应。

响应：响应在 PPDR 安全模型中占有重要地位，是解决潜在安全问题的最有效办法之一。从某种意义上讲，解决安全问题就是要解决响应和异常处理问题。要解决响应问题，就要指定好响应的方案，做好响应方案中的一切准备工作。

安全策略：安全策略是整个网络安全的依据。不同的网络需要不同的安全策略，在制定安全策略以前，需要全面考虑局域网中如何在网络层实现安全性，如何保证远程用户访问的安全性，以及如何使在广域网中进行的数据传输实现安全加密和用户认证等。对这些问题做出详细回答，并确定相应的防护手段和实施办法，就是针对网络系统的一份完整的安全策略。策略一旦制定，应当作为整个网络系统安全行为的准则。

PPDR 安全模型有一套完整的理论体系，以数学模型作为其论述基础——基于时间的安全（Time Based Security）理论。该理论的基本思想认为与信息安全有关的所有活动，包括攻击行为、防护行为、检测行为和响应行为等都要消耗时间，可以用时间来衡量一个体系的安全性和安全能力。

1.6.3 网络安全体系架构

所谓安全体系架构，指的是一个计划和一套原则，它应该描述如下。

（1）为满足用户需求而必须提供的一套安全服务。

（2）要求所有系统元素都要实现的服务。

（3）为应对威胁环境而要求系统元素达到的安全级别。

安全体系架构是采用系统工程过程的结果，一个完整的安全体系架构包括管理安全、通信安全、计算机安全、辐射安全、人员安全和物理安全等。它既要应付恶意威胁，又要应付意外的威胁。与 OSI 参考模型对应的网络安全体系架构三维模型如图 1.25 所示。其中，x 轴表示安全机制，y 轴表示 OSI 参考模型，z 轴表示安全服务。

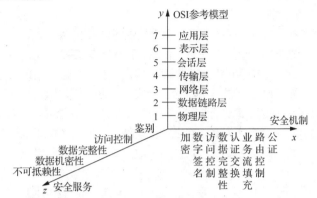

图 1.25　与 OSI 参考模型对应的网络安全体系架构三维模型

与安全体系架构相关的概念还有安全机制、安全模型、安全服务和安全策略等。

（1）安全机制：安全机制是一个过程（或与该过程绑定的一种设备）。它能用于一个系统，使该系统能够对外或对内提供安全服务。安全机制的实例有加密、数字签名、访问控制、数据完整性等。

（2）安全模型：它描述了一个系统对外或对内提供的一套规定的安全服务。

（3）安全策略：安全策略指一套规则和惯例，它详细说明了系统或者组织如何提供安全服务去保护敏感的关键系统资源，如基于身份的安全策略、基于规则的安全策略等。

（4）安全服务：安全服务指系统提供的一种处理服务或通信服务。它能够为系统资源提供特定的保护，如鉴别服务、访问控制服务等。安全服务实现了安全策略，并且由安全机制实现。

计算机网络安全技术主要分为实时扫描技术、实时监测技术、防火墙技术、完整性检验保护技术、病毒情况分析报告技术和系统管理技术。综合起来，可以采取以下方法对这些技术进行管理。

（1）建立安全管理制度

提高包括系统管理员和用户在内的人员的技术素质和职业道德修养，对重要部门和重要信息，严格做好计算机开机查毒，及时备份数据。这是一种简单有效的方法。

（2）网络访问控制

网络访问控制是网络安全防范和保护的主要方法。它的主要任务是保证网络资源不被非法使用和访问，是保证网络安全的核心方法之一。

（3）数据库的备份与恢复

数据库的备份与恢复是数据库管理员维护数据安全性和完整性的重要操作。备份是恢复数据库最容易也最能防止意外的操作。恢复指在意外发生后利用备份来恢复数据的操作。有 3 种主要的备份策略：只备份数据库、备份数据库和事务日志、增量备份。

（4）应用密码技术

密码技术是信息安全核心技术，密码手段为信息安全提供了可靠保证。基于密码的数字签名和身份认证是当前保证信息完整性的最重要的方法之一。密码技术主要包括古典密码体制、单钥体制、公钥体制、数字签名及密钥管理等。

（5）切断传播途径

对被感染的硬盘和计算机进行彻底杀毒处理，不使用来历不明的 U 盘和程序，不随意下载网络可疑信息。

（6）提高网络防病毒技术能力

安装病毒防火墙，进行实时过滤，对网络服务器中的文件进行频繁扫描和监测，在工作站上使用防病毒卡，加强网络目录和文件访问权限的设置。

（7）研发并完善高安全性的操作系统

研发并完善具有高安全性的操作系统，不给病毒提供得以滋生的温床。

综合安全保障体系由实时防御系统、常规评估系统和基础设施系统 3 部分组成。实时防御系统由入侵检测、应急响应、灾难恢复和防守反击功能模块构成，入侵检测功能模块对通过防火墙的数据流进行进一步的检查，以阻止恶意的攻击行为；应急响应功能模块对攻击事件进行应急处理；灾难恢复功能模块按照策略对遭受破坏的信息进行恢复；防守反击功能模块按照策略实施反击。常规评估系统利用脆弱性数据库检测与分析网络系统本身存在的安全隐患，为实时防御系统提供策略调整依据。基础设施系统由攻击特征库、隐患数据库以及威胁评估数据库等基础数据库组成，支撑实时防御系统和常规评估系统的工作。

计算机网络安全是一项复杂的系统工程，涉及技术、设备、管理和制度等多方面的因素，安全解决方案的制定需要从整体上进行把握。网络安全解决方案是综合各种计算机网络信息系统安全技术，将安全操作系统技术、防火墙技术、病毒防护技术、入侵检测技术、安全扫描技术等综合起来，形成的一套完整的、协调一致的网络安全防护体系。我们必须做到管理和技术并重，安全技术必须结合安全措施，加强计算机立法和执法的力度，建立备份和恢复机制，制定相应的安全标准。此外，计算机病毒、计算机犯罪等是不分国界的，因此必须进行充分的国际合作，共同应对日益猖獗的计算机犯罪和计算机病毒等问题。

本章小结

本章包含 6 节。

1.1 节网络安全简介，主要讲解了网络安全的定义、网络安全的重要性、网络安全脆弱性的原因、网络安全的基本要素、网络安全面临的威胁、网络安全发展趋势。

1.2 节网络安全的发展阶段，主要讲解了通信安全阶段、计算机安全阶段、信息技术安全阶段、信息保障阶段。

1.3 节网络体系架构与协议，主要讲解了网络体系架构的概念、网络体系的分层结构、网络协议的概念、网络层次结构中的相关概念。

1.4 节开放系统互联参考模型，主要讲解了 OSI 参考模型、OSI 参考模型各层的功能、OSI 参考模型数据传输过程。

1.5 节 TCP/IP 参考模型，主要讲解了 TCP/IP 概念、TCP/IP 参考模型各层的功能、OSI 参考模型与 TCP/IP 参考模型的比较、TCP/IP 网际层协议、TCP/IP 传输层协议、TCP/IP 应用层协议。

1.6 节网络安全模型与体系架构，主要讲解了 PDRR 安全模型、PPDR 安全模型、网络安全体系架构。

课后习题

1. 选择题

（1）对企业网络最大的威胁是（   ）。

    A．黑客攻击   B．外国政府   C．竞争对手   D．内部员工的恶意攻击

（2）以下对 TCP 和 UDP 两种协议区别的描述中正确的是（　　）。

  A. UDP 用于帮助 IP 确保数据传输，而 TCP 无法实现

  B. UDP 提供了一种传输不可靠的服务，主要用于可靠性高的局域网中，TCP 的功能与之相反

  C. TCP 提供了一种传输不可靠的服务，主要用于可靠性高的局域网中，UDP 的功能与之相反

  D. 以上说法都错误

（3）计算机网络威胁按威胁对象大体可分为两种：一种是对网络中信息的威胁；另一种是（　　）。

  A. 人为破坏   B. 对网络中设备的威胁

  C. 病毒威胁   D. 对网络人员的威胁

（4）在 OSI 参考模型的（　　）实现数据格式转换、数据加密/解密、数据压缩/解压缩等功能。

  A. 应用层   B. 会话层   C. 表示层   D. 传输层

（5）IP 是位于 OSI 参考模型（　　）的协议。

  A. 网络层   B. 数据链路层   C. 应用层   D. 会话层

（6）计算机网络安全的目标不包括（　　）。

  A. 可移植性   B. 保密性   C. 可控性   D. 可用性

（7）在网络安全中，修改指未授权的实体不仅得到了访问权，还篡改了网络系统的资源，这是对（　　）。

  A. 可用性的攻击   B. 保密性的攻击   C. 完整性的攻击   D. 可靠性的攻击

（8）在网络安全中，中断指攻击者破坏网络系统的资源，使之变成无效的或无用的，这是对（　　）。

  A. 可用性的攻击   B. 保密性的攻击   C. 完整性的攻击   D. 真实性的攻击

（9）在网络安全中，截取指未授权的实体得到了资源的访问权，这是对（　　）。

  A. 可用性的攻击   B. 保密性的攻击   C. 完整性的攻击   D. 真实性的攻击

（10）网络攻击的发展趋势是（　　）。

  A. 黑客技术与网络病毒日益融合   B. 攻击工具日益先进

  C. 病毒攻击   D. 黑客攻击

（11）信息在存储或传输过程中保持不被修改、不被破坏和不被丢失的特性是指信息的（　　）。

  A. 保密性   B. 完整性   C. 可用性   D. 可控性

（12）计算机网络安全是指（　　）。

  A. 网络使用者的安全   B. 网络中设备设置环境的安全

  C. 网络的财产安全   D. 网络中信息的安全

（13）（　　）用来保证硬件和软件本身的安全。

  A. 运行安全   B. 实体安全   C. 信息安全   D. 系统安全

（14）被黑客搭线窃听属于（　　）风险。

  A. 信息访问安全   B. 信息存储安全   C. 信息传输安全   D. 以上都不正确

（15）【多选】网络安全主要包括（　　）。

  A. 物理安全   B. 软件安全   C. 信息安全   D. 运行安全

（16）【多选】网络安全脆弱性的原因是（　　）。

  A. 开放性的网络环境   B. 操作系统的缺陷

  C. 应用软件的漏洞   D. 人为因素

（17）【多选】网络安全的基本要素有（　　）。

  A. 保密性   B. 完整性   C. 可靠性

  D. 可用性   E. 不可抵赖性

（18）【多选】网络安全的发展阶段包括（　　　）。

    A．通信安全阶段　　B．计算机安全阶段　　C．信息技术安全阶段　　D．信息保障阶段

2. 简答题

（1）简述网络安全的定义及重要性。

（2）简述网络安全脆弱性的原因。

（3）简述网络安全的基本要素。

（4）简述网络安全面临的威胁。

（5）简述网络安全的发展阶段。

（6）简述网络体系架构与协议。

（7）简述 OSI 参考模型与 TCP/IP 参考模型。

（8）简述网络安全模型。

第2章
网络攻击与防御

本章主要讲解黑客的定义和行为以及黑客攻击的常用手段和对应的防御方法，主要内容包括网络扫描器的使用、网络监听的工作原理与防御方法、口令破解的应用、拒绝服务攻击的工作原理与防御方法、ARP 欺骗的工作原理与防御方法、缓冲区溢出的工作原理与防御方法、木马的工作原理与防御方法等，每部分的知识点都通过具体的实验操作来进行分析讲解。

【学习目标】

① 了解黑客的定义。
② 掌握黑客入侵攻击的过程。
③ 掌握常见扫描工具、嗅探工具的使用。
④ 掌握黑客攻击的常用手段和方法。

【素养目标】

① 培养实践动手能力，以解决工作实际问题，树立爱岗敬业精神。
② 培养自我学习的能力和习惯。
③ 树立团队互助、合作进取的意识。

2.1 黑客概述

"黑客"一词在信息安全领域一直是一个敏感的词语，一方面，黑客对信息系统的安全造成了威胁；另一方面，黑客技术促进了信息安全防御技术的发展，从而提高了网络的安全性。

2.1.1 黑客的由来与分类

"黑客"一词源自英文 Hacker，原指热心于计算机技术、水平高超的计算机高手，尤其是程序设计人员。随着"灰鸽子"病毒的出现，很多人假借黑客名义控制他人计算机，于是出现了"骇客"与"黑客"的区分。实际上，黑客（或骇客）与英文原文 Hacker（或 Cracker）等的含义不能够达到完全对译，这是中英文词汇在各自发展中形成的差异。

V2-1 黑客的
由来与分类

黑客的概念逐渐细分，出现了白帽黑客、灰帽黑客、黑帽黑客等区别。其中，白帽黑客是指有能力破坏计算机安全但无恶意目的的黑客，白帽黑客一般有清楚的道德规范，并常常试图通过企业合作弥补被发现的安全漏洞；而灰帽黑客是指对于伦理和法律"暧昧不清"的黑客；黑帽黑客是从事恶意破解商业软件、恶意入侵别人的网站等非法活动的黑客。

1. 黑客的定义

美国的《发现》杂志对黑客有以下 5 种定义。

（1）研究计算机程序并以此加强自身技术能力的人。

（2）对编程有无穷兴趣和热忱的人。

（3）能快速编程的人。

（4）某操作系统方面的专家，如"UNIX 操作系统黑客"。

（5）恶意闯入他人计算机或系统，意图盗取敏感信息的人。其最合适的用词是骇客，而非黑客。二者之间最主要的不同是，黑客创造新东西，骇客破坏东西，也可以用"白帽黑客""黑帽黑客"来区分。

早期许多非常出名的黑客虽然做了一些破坏，但同时推动了计算机技术的发展，有些甚至成为 IT 界的著名企业家或者安全专家。例如，莱纳斯·托瓦兹（Linus Torvalds）是非常著名的计算机程序员、黑客，与他人合作开发了 Linux 的内核，创造出了当今全球最流行的操作系统之一。

现在的一部分黑客成了计算机入侵者与破坏者，以进入他人防范严密的计算机系统为乐趣，他们构成了一个复杂的黑客群体，对国内外的计算机系统和信息网络构成了极大的威胁。

通常情况下黑客有自己的"职业"标准并受相关法律的约束，下面是一些比较公认的黑客准则。

（1）不恶意破坏系统。

（2）不修改系统文档。

（3）不在网络论坛公告板系统（Bulletin Board System，BBS）上谈论入侵事项。

（4）入侵时不随意离开用户主机。

（5）不入侵或破坏政府机关系统的主机，不破坏互联网的基础结构和基础建设。

（6）不在电话中谈论入侵事项。

（7）不删除或涂改已入侵的主机的账号。

（8）不与朋友分享已破解的账号。

2. 黑客的行为发展趋势

步入 21 世纪以后，黑客群体又有了新的变化和新的特征，主要表现在以下几个方面。

（1）黑客群体的扩大化。由于计算机和网络技术的普及，一大批没有受过系统的计算机教育和网络技术教育的黑客涌现出来，他们中的很多人不是计算机专业的毕业生，甚至有一些是十几岁的中学生。

（2）黑客的组织化和团体化。黑客界已经意识到单靠一个人的力量远远不够了，并逐步形成了一些团体，利用网络进行交流和团体攻击，互相交流经验和分享自己编写的工具。由于组织化和团体化特征的出现，黑客攻击的威胁性逐渐增大，黑客攻击的总体水平迅速提高。

（3）动机更加复杂化。黑客的动机目前已经不再局限于为了金钱和刺激，已经和国际的政治变化、经济变化紧密地结合在一起。

2.1.2 黑客攻击的主要途径

黑客攻击时主要借助计算机网络系统的漏洞。漏洞又称系统缺陷（Bug），是在硬件、软件、协议的具体实现或系统安全策略上存在的缺陷，它们可使攻击者能够在未授权的情况下访问或破坏系统。

1. 黑客攻击的漏洞

黑客的出现和存在是由于计算机及网络系统存在漏洞和隐患，这使黑客攻击有机可乘。漏洞产生并为黑客所利用的原因如下。

（1）计算机网络协议本身的缺陷。网络采用的 Internet 基础协议 TCP/IP 在设计之初就没有重点考虑安全方面的问题，TCP/IP 注重开放和互联而过分信任协议，使协议的缺陷更加突出。

（2）系统研发的缺陷。软件研发没有很好地解决大规模软件可靠性问题，致使系统存在缺陷，主要是程序在设计、编写、测试、设置或维护时产生的问题或漏洞。

（3）系统配置不当。有许多软件是针对特定环境配置和研发的，当环境变换或资源配置不当时，就可能使本来很小的缺陷变成漏洞。

（4）系统安全管理的问题。快速提升的软件复杂性、训练有素的安全技术人员不足以及系统安全策略的配置不当，都增加了系统被攻击的机会。

2. 黑客入侵通道

计算机是通过网络端口实现外部通信的，黑客攻击时将系统和网络设置中的各种端口作为入侵通道。当网络中的两台计算机进行通信时，除了确定计算机在网络中的 IP 地址外，还需要确定计算机中的一个端口。端口并不是实际的物理设备，它是一个应用程序，这个应用程序负责两台计算机的通信，如图 2.1 所示。

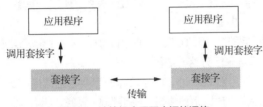

图 2.1　计算机应用程序间的通信

一个 IP 地址标识了一台主机（服务器），主机可以提供多种服务，如 Web 服务、FTP 服务、远程桌面服务等。主机的每个服务都会等待客户端的连接，客户端如何区分这些服务呢？这就需要使用端口来区分了。

下面来介绍端口号、套接字及常见的端口号及其对应的协议。

（1）端口号

端口号被规定为一个 0～65535 的整数，这个整数和提供服务的应用程序关联。例如，Web 服务一般使用 80 号端口，FTP 服务一般使用 21 号端口，远程桌面服务一般使用 3389 号端口。

当我们通过客户端浏览器访问一个网站时，在浏览器地址栏中输入该网站的网址即可，并不需要输入端口号 80。这是因为 Web 服务默认使用 80 号端口，当客户端以 HTTP 访问主机时，主机会默认这是在访问 Web 服务。

端口号被划分为以下 3 段，如图 2.2 所示，端口号在同一台计算机上不能重复，否则会产生端口号冲突。

图 2.2　端口号的划分

① 公认端口号为 0～1023。这些端口号由互联网数字分配机构（Internet Assigned Numbers Authority，IANA）负责协调。如果可能，相同端口号会被分配给同一服务。例如，不论是 TCP 还是 UDP，端口号 80 都被赋予 Web 服务器，尽管 Web 服务器目前的所有实现都只使用 TCP。

② 注册的端口号为 1024～49151。这些端口号不受 IANA 控制，但由 IANA 登记并提供它们的使用情况清单。如果可能，相同端口号会被分配给 TCP 和 UDP 的同一给定服务。

③ 49152～65535 是动态或私有端口号。这些端口号不受 IANA 管理，它们就是人们所称的临时端口号。

（2）套接字

套接字（Socket）是支持 TCP/IP 网络通信的基本操作单元。多个 TCP 连接或多个应用程序进程可能需要通过同一个 TCP 端口传输数据。为了区分不同的应用程序进程和连接，许多计算机操作系统为应用程序与 TCP/IP 交互提供了称为套接字的接口。

套接字可理解为 IP 地址+端口号（如 192.168.100.100:6688），它们都是传输层以上的概念。一个 TCP 连接的套接字对是一个定义该连接的两个端点的四元组：本地 IP 地址、本地 TCP 端口号、外地 IP 地址、外地 TCP 端口号。套接字对用于唯一标识一个网络中的每个 TCP 连接。就流控制传输协议（Stream Control Transmission Protocol，SCTP）而言，一个关联由一组本地 IP 地址、一个本地端口号、一组外地 IP 地址、一个外地端口号标识。在两个端点均非多宿这一简单的情形下，SCTP 与 TCP 所用的四元组套接字对一致。然而，在某个关联的任何一个端点为多宿的情形下，同一关联可能需要多个连接。

在一台计算机中，端口号和进程之间是一一对应的关系，所以，使用端口号和 IP 地址的组合可以唯一地确定整个网络中的一个进程。

任何时候，多个进程可能同时使用 TCP、UDP 和 SCTP 这 3 个传输层协议中的任何一种。这 3 个协议都使用 16 位整数的端口号来区分这些进程。

当一个客户想要与一个服务器联系时，其必须标识想要与之通信的这个服务器。TCP、UDP 和 SCTP 定义了一组众所周知的端口号，用于标识众所周知的服务。

另外，客户通常使用短期存活的临时端口号。这些端口号通常由传输层协议自动赋予客户，客户通常不关心其临时端口号的具体值，而只需确认该端口号在所在主机中是唯一的。传输协议的代码确保这种唯一性。网络通信，归根结底是进程间的通信（不同计算机上的进程间通信）。

（3）常见的 UDP 端口号及其对应的协议

常见的 UDP 端口号、对应的协议及其功能描述如表 2.1 所示。

表 2.1 常见的 UDP 端口号、对应的协议及其功能描述

端口号	协议	功能描述
7	Echo	Echo 服务
9	discard	用于连接测试的空服务
37	time	时间协议
42	nameserver	主机名服务
53	DNS	域名系统
69	TFTP	简单文件传送协议
137	netbios-ns	NETBIOS 名称服务
138	netbios-dgm	NETBIOS 数据报服务
139	netbios-ssn	NETBIOS 会话服务
161	SNMP	简单网络管理协议
434	mobilip-ag	移动 IP 代理
435	mobilip-mn	移动 IP 管理
513	who	登录的用户列表
517	talk	远程对话服务器和客户端
520	RIP	路由信息协议

（4）常见的 TCP 端口号及其对应的协议

常见的 TCP 端口号、对应的协议及其功能描述如表 2.2 所示。

表 2.2　常见的 TCP 端口号、对应的协议及其功能描述

端口号	协议	功能描述
7	Echo	Echo 服务
9	discard	用于连接测试的空服务
20	FTP-Data	FTP 数据端口
21	FTP	FTP 端口
23	Telnet	Telnet 服务
25	SMTP	简单邮件传送协议
37	time	时间协议
43	whois	目录服务
53	DNS	域名系统
80	HTTP	万维网服务的 HTTP，用于网页浏览
109	POP2	邮件协议版本 2
110	POP3	邮件协议版本 3
179	BGP	边界网关协议
513	login	远程登录
514	cmd	远程命令，不必登录的远程 shell（rshell）和远程复制（rcp）
517	talk	远程对话服务和用户
543	klogin	Kerberos 版本 5（v5）远程登录
544	kshell	Kerberos 版本 5（v5）远程 shell

2.1.3　黑客攻击的目的及过程

下面介绍黑客攻击的目的以及攻击的过程。

1. 黑客攻击的目的

黑客攻击的目的主要有以下两种。

（1）得到物质利益。物质利益是指获得钱和其他财物。

（2）满足精神需要。精神需要是指满足个人心理欲望。

常见的黑客攻击行为有攻击网站、盗窃密码或重要资源、篡改信息、恶作剧、探寻网络漏洞、获取目标主机系统的非法访问权、非授权访问或恶意破坏等。

实际上，黑客攻击是利用被攻击方网络系统自身存在的漏洞，使用网络命令和专用软件侵入网络系统实施攻击的，具体攻击的目的与攻击手段有关。

2. 黑客攻击手段的类型

黑客攻击手段的类型主要有以下几类。

（1）网络监听。网络监听指利用监听嗅探技术获取对方网络中传输的信息。网络监听最开始应用于网络管理，后来其强大的功能逐渐被黑客所利用。

（2）拒绝服务攻击。拒绝服务攻击是指利用发送大量数据包而使服务器因疲于处理相关服务而无法运行、系统崩溃或资源耗尽，最终使网络连接堵塞、暂时或永久性瘫痪的攻击手段。拒绝服务攻击是最常见的一种攻击类型，目的是利用拒绝服务攻击破坏网络的正常运行。

V2-2　黑客攻击
手段的类型

（3）欺骗攻击。欺骗攻击主要包括源 IP 地址欺骗攻击和源路由欺骗攻击。

① 源 IP 地址欺骗攻击。一般认为若数据包能使其自身沿着路由到达目的地，且应答包可回到源地，则源 IP 地址一定是有效的。盗用或冒用他人的 IP 地址即可进行源 IP 地址欺骗攻击。

② 源路由欺骗攻击。数据包通常从起点到终点，经过的路径由位于两个端点间的路由器决定，数

据包本身只知去处，而不知其路径。源路由欺骗攻击可使数据包的发送者将此数据包要经过的路径写在数据中，使数据包循着一个对方不可预料的路径到达目标主机。

（4）缓冲区溢出。向程序的缓冲区写入超长内容会造成缓冲区溢出，从而破坏程序的堆栈，使程序转而执行其他指令。如果这些指令是放在有 root 权限的内存中，那么一旦这些指令运行，黑客就可获得程序的控制权，以 root 权限控制系统，达到入侵的目的。

（5）病毒及密码攻击。攻击方法包括暴力攻击、木马程序、IP 欺骗和报文嗅探。尽管报文嗅探和 IP 欺骗可捕获用户账号及密码，但病毒及密码攻击常以暴力攻击反复试探、验证用户账号或密码。黑客也常用木马病毒等进行攻击，获取资源的访问权，窃取账户用户的权限，为以后再次入侵创建后门。

（6）应用层攻击。应用层攻击可使用多种不同的方法实施，常见方法是利用服务器上的应用软件（如 FTP、SQL Server 等）的缺陷，获得计算机的访问权和应用程序所需账户的许可权。

3. 黑客攻击的过程

进行网络攻击并不是一项简单的工作，它是一项复杂且步骤性很强的工作。黑客攻击的一般过程大致可分为 3 个阶段，即攻击的准备阶段、攻击的实施阶段、攻击的善后阶段，如图 2.3 所示。

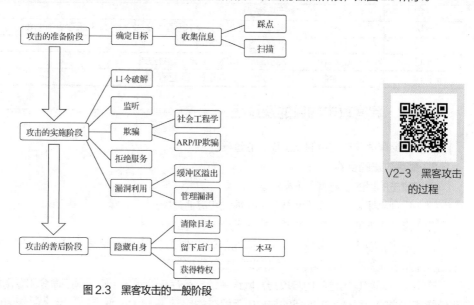

V2-3　黑客攻击
的过程

图 2.3　黑客攻击的一般阶段

（1）攻击的准备阶段

① 确定攻击的目标。攻击者在进行一次完整的攻击之前，首先要确定攻击要达到什么样的目标，或者说想要给受侵者造成什么样的后果，攻击目标不同，攻击的方案也不同。

② 收集目标信息。在确定了攻击的目标之后，最重要的工作就是收集尽量多的关于攻击目标的信息，这些信息包括公开的信息和主动探测的信息。公开的信息包括单位信息、管理人员信息、域名信息等，但是有些信息，如目标网络拓扑结构、目标网络中是否有主机存活，需要自行探测才能收集到。黑客在获取了目标主机及所在的网络类型后，还需要进一步获取有关信息，如主机 IP 地址、操作系统类型和版本等信息，根据这些信息进行分析，可得到被攻击系统中可能存在的漏洞。

③ 利用适当工具进行扫描。收集或编写适当的工具，并在操作系统分析的基础上，对工具进行评估，判断有哪些漏洞和区域没有被覆盖。在尽可能短的时间内完成对目标主机的扫描，通过工具来分析目标主机中可以被利用的漏洞，因为漏洞分析过程复杂、技术含量高，所以一般借助软件自动分析，如 X-Scan、Nmap、Nessus 等综合型漏洞检测工具。

（2）攻击的实施阶段

本阶段实施具体的攻击行为，对于破坏性攻击，利用工具发动攻击即可；而对于入侵性攻击，往往需要利用收集到的信息找到系统漏洞，然后利用该漏洞获取一定的权限。大多数攻击成功的范例都利用了被攻击系统本身的漏洞。能够被攻击者利用的漏洞不仅包括系统软件设计上的漏洞，还包括由于管理配置不当而造成的漏洞。

攻击的实施阶段的一般步骤如下。

① 隐藏自己的位置。攻击者利用隐藏 IP 地址等方式保护自己不被追踪。

② 利用收集到的信息获取账号和密码，登录主机。攻击者要想入侵主机，仅仅知道它的 IP 地址、操作系统信息是不够的，还必须有该主机的账号和密码，否则连登录都无法进行。

③ 利用漏洞或者其他方法获得控制权并窃取网络资源的特权。攻击者使用安全外壳（Secure Shell，SSH）、Telnet 等远程登录工具并利用系统漏洞进入目标主机系统获得控制权后，就可以做他们想做的事情了。例如，下载敏感信息、窃取账号密码和信用卡号、使网络瘫痪等。他们也可以更改某些系统设置，在系统中放置木马或其他远程操作程序，以便日后不被察觉地再次进入系统。

（3）攻击的善后阶段

对于攻击者来讲，完成前两个阶段的工作就基本上达成了攻击的目标，所以，攻击的善后阶段往往会被忽视。如果完成攻击后不做任何善后工作，那么攻击者的行踪会很快被细心的系统管理员发现，因为所有的操作系统一般都会提供日志记录功能，以记录所执行的操作。

为了保障自身的隐蔽性，"高水平"的攻击者会抹掉在日志中留下的痕迹。最简单的方法就是清除日志，这样做虽然避免了自己的信息被系统管理员追踪到，但是也明确无误地告诉了对方系统被入侵了，所以较常见的方法是对日志文件中有关自己操作的那一部分进行修改、删除。

清除完日志后，需要植入后门程序，因为一旦系统被攻破，攻击者就希望日后能够不止一次地进入该系统，为了方便下次攻击，攻击者都会留下一个后门，如创建一个额外的账号、提升来宾账号的权限等。充当后门的工具种类非常多，如传统的木马程序。为了能够将受害主机作为跳板去攻击其他目标，攻击者还会在其上安装各种工具，包括扫描器、嗅探器、代理等工具，为下次入侵系统提供便利。

2.2 网络信息收集

提到网络安全就不得不提黑客，即网络中最主要的"玩家"之一。有了网络，有了黑客，也就有了网络安全的概念。了解黑客的来源后，按照黑客攻击的过程，可以解析其所用的技术，增强网络的防御能力，提升网络的安全性。

2.2.1 常见的网络信息收集技术

信息收集是指黑客为了更加有效地实施攻击而在攻击前或攻击过程中对目标主机进行的所有探测活动。信息收集有时也被称为"踩点"。通常"踩点"包括获取以下内容：目标主机的域名、IP 地址、操作系统类型、开放了哪些端口、这些端口后面运行着什么样的应用程序以及这些应用程序有没有漏洞等。黑客收集信息一般利用与技术无关的"社会工程学"、搜索引擎及扫描工具等。

1."社会工程学"

"社会工程学"是黑客攻击网络的主要手段之一，近几年来，"社会工程学"攻击越来越猖獗，所以了解"社会工程学"是很有必要的。

V2-4 "社会工程学"

凯文·米特尼克（Kevin Mitnick）在《反欺骗的艺术》中曾提到，人为因素才是安全的软肋。很多企业、公司在信息安全上投入大量的资金，最终导致数据泄露的原因往往是人本身。一种无须依托任何黑客软件，更注重研究人性弱点的黑客手法正在兴起，这就是"社会工程学"黑客技术。

"社会工程学"是一种通过对受害者的本能反应、好奇心、信任、贪婪等心理弱点实施诸如欺骗、伤害等危害手段来取得自身利益的手法，被黑客大量采用甚至有滥用的趋势。那么，什么算是"社会工程学"呢？它并不能等同于一般的欺骗手法，"社会工程学"尤其复杂，即使自认为最警惕、最小心的人，一样可能会被高明的"社会工程学"手法损害利益。"社会工程学"陷阱就是通常以交谈、欺骗、冒充等方式，从合法用户中套取用户系统的秘密的圈套。"社会工程学"是需要收集大量的信息来针对对方的实际情况进行心理战术的一种手法。系统以及程序所带来的安全往往是可以避免的，而从人性以及心理的方面来说，"社会工程学"是防不胜防的。

我们可以从现有的社会工程学攻击的手法来进行分析，来提高我们对"社会工程学"攻击的防范意识。熟练的"社会工程师"大多是擅长进行信息收集的身体力行者。很多表面上看起来一点用都没有的信息可能会被这些人利用进行渗透。例如，一个电话号码，一个人的名字或者工作 ID，都可能会被"社会工程师"所利用。它并不单纯是一种控制意志的途径，不能帮助"社会工程师"掌握人们在非正常意识以外的行为，学习与运用它一点也不容易。因为"社会工程学"主导着非传统信息安全，所以对它进行研究可以提高我们应对非传统信息安全事件的能力。

2. Web 搜索与挖掘

Web 搜索与挖掘可使用百度搜索引擎来进行，是利用搜索引擎针对性地搜索信息以进行网络入侵的技术和行为。搜索引擎对于搜索的关键词提供了多种语法，其构造出的特殊关键词能够快速、全面地让攻击者挖掘到有价值的信息，可以直接在搜索栏中使用百度支持的语法，获得更精准的内容，如图 2.4 所示。

图 2.4 百度搜索页面

使用搜索引擎时，需注意以下几方面的操作。

（1）精准匹配。需要加上双引号，不加双引号搜索的结果中关键词可能会被拆分，如"网络信息"。

（2）使用文件类型查询指定的文件格式。支持的文件格式包括 PDF、TXT、DOC 等，如"信息:pdf"。

（3）使用 Intitle 将搜索范围限制在网页的标题内，如"Intitle:信息"。

（4）使用 Intext 将搜索范围限制在网页的文本内，如"Intext:信息"。

3. DNS 和 IP 地址查询

DNS 和 IP 地址查询可以使用 whois 命令，whois 可以用来查询域名的 IP 地址以及所有者等信息。简单来说，whois 是一个数据库，可以用来查询域名是否已经被注册，以及注册域名的详细信息，如域名所有人、域名注册商。whois 查询也可以通过 Web 的方式实现，如当已知 IP 地址时，可以查询该 IP

地址登记的信息，也可以查询该 IP 地址的地理位置。例如，输入网址 http://whois.ipcn.org 并登录，在页面中输入相应的 IP 地址信息，可以查看相关信息，如图 2.5 所示。

图 2.5　查询 IP 地址相关信息

输入 https://whois.aliyun.com 并登录这里不仅提供.cn 的域名注册信息，还提供.com、.net 等的域名注册信息，如图 2.6 所示。例如，查询 www.163.com 网站的域名注册信息，相关结果如图 2.7 所示。

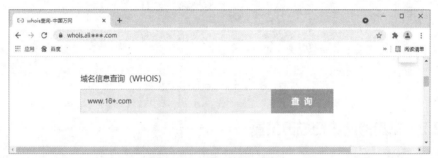

图 2.6　查询域名注册信息

图 2.7　查询 www.163.com 网站的域名注册信息

4．网络结构探测

对于 Windows 平台，使用相关工具软件可以大体上推断目标网络的基本结构。VisualRoute 是网络路径节点回溯分析工具，它通过在世界地图上显示联结路径，让用户知道当无法连接某些 IP 地址时的真正问题所在。VisualRoute 将 traceroute、ping 以及 whois 等功能集合在一个简单易用的图形界面中，它可以用来分析互联网的连通性，并找到快速、有效的数据点以解决相关的问题。此外，该工具还具有一个独特的功能，即它能够找到路由器或者服务器的地理位置。例如，探测网站 www.lncc.edu.cn 的网络结构，可以在 VisualRoute 中输入相关信息，进行跟踪分析。图 2.8 所示为 VisualRoute 探测视图。

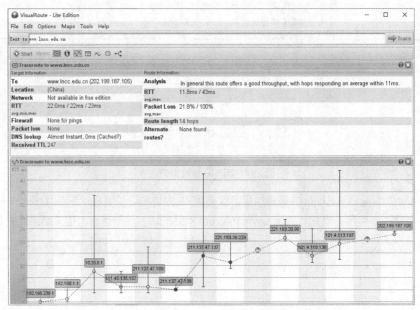

图 2.8　VisualRoute 探测视图

2.2.2　常见的网络扫描器工具

网络扫描作为网络信息收集中最主要的一个环节，其主要目的是探测目标网络，找出尽可能多的连接目标，进一步探测并获取目标系统的开放端口、操作系统类型、运行的网络服务、存在的安全漏洞等信息，这些工作可以通过网络扫描器来完成。

实训 1　使用 X-Scan 综合扫描器工具

【实训目的】
- 了解 X-Scan 综合扫描器工具的扫描原理。
- 熟悉 X-Scan 综合扫描器工具的扫描步骤和方法。
- 掌握 X-Scan 综合扫描器工具的使用。

【实训环境】
分组进行操作，一组 5 台计算机，安装 Windows 10 操作系统，测试环境。

【实训原理】
X-Scan 是国内最著名的综合扫描器之一，它完全免费，是不需要安装的绿色软件，其界面支持中文和英文两种语言，包括图形界面和命令行方式。其主要由国内民间黑客组织“安全焦点”完成，从 2000 年的内部测试版 X-Scan v0.2 到目前的最新版 X-Scan 3.3-cn，其得到了较好的完善。值得一提的是，X-Scan 把扫描报告和安全焦点网站相连接，对扫描到的每个漏洞进行“风险等级”评估，并提供漏洞描述、漏洞溢出程序等，方便网络管理员测试、修补漏洞。

X-Scan 无须注册，无须安装（解压缩即可运行，其会自动检查并安装 WinPcap 驱动程序）。

【实训步骤】 X-Scan 综合扫描器工具的使用方法如下。

（1）双击桌面上的 X-Scan 快捷方式图标，打开软件，其主界面如图 2.9 所示。

（2）在打开的 X-Scan 主界面中，选择"设置"→"扫描参数"命令，如图 2.10 所示。

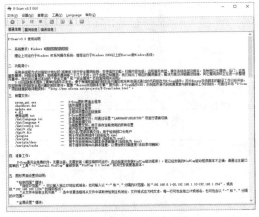

图 2.9　X-Scan 的主界面　　　　　　　　　　　图 2.10　选择"扫描参数"命令

（3）在打开的"扫描参数"窗口中，选择"检测范围"选项，对 IP 地址范围进行指定，如图 2.11 所示。

指定 IP 范围：可以输入独立的 IP 地址或域名，也可输入以"-""，"分隔的 IP 地址范围，如 "192.168.0.1-20,192.168.1.10-192.168.1.254"，还可以输入类似"192.168.100.1/24"的掩码格式的 IP 地址。

从文件获取主机列表：选中该复选框将从文件中读取待检测主机地址，文件格式应为纯文本格式，每一行可包含独立 IP 地址或域名，也可包含以"-""，"分隔的 IP 地址范围。

（4）选择"全局设置"→"扫描模块"选项，选择相关服务、口令、漏洞等进行扫描，如图 2.12 所示。

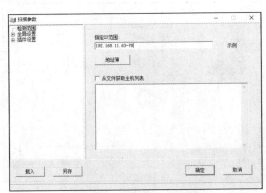

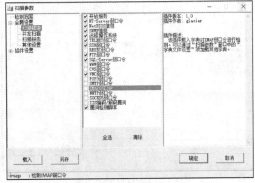

图 2.11　指定 IP 地址范围　　　　　　　　　　　图 2.12　设置扫描模块

（5）选择"全局设置"→"并发扫描"选项，设置"最大并发主机数量""最大并发线程数量"等，如图 2.13 所示。

（6）选择"全局设置"→"扫描报告"选项，进行相关设置，如图 2.14 所示。

（7）选择"全局设置"→"其他设置"选项，进行相关设置，如图 2.15 所示。

（8）选择"插件设置"→"端口相关设置"选项，进行相关设置，如图 2.16 所示。

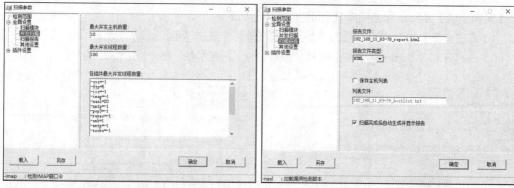

图 2.13　设置并发扫描　　　　　　　　图 2.14　设置扫描报告

图 2.15　其他设置　　　　　　　　图 2.16　端口相关设置

（9）选择"插件设置"→"SNMP 相关设置"选项，进行相关设置，如图 2.17 所示。

（10）选择"插件设置"→"NetBIOS 相关设置"选项，进行相关设置，如图 2.18 所示。

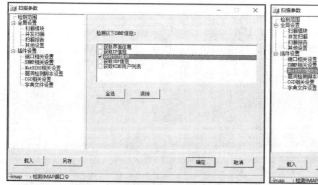

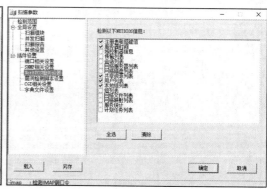

图 2.17　SNMP 相关设置　　　　　　　　图 2.18　NetBIOS 相关设置

（11）选择"插件设置"→"漏洞检测脚本设置"选项，进行相关设置，如图 2.19 所示。

（12）选择"插件设置"→"CGI 相关设置"选项，进行相关设置，如图 2.20 所示。

（13）选择"插件设置"→"字典文件设置"选项，进行相关设置，如图 2.21 所示。

（14）设置完成后，在 X-Scan 主界面中，单击"开始"按钮进行扫描，如图 2.22 所示。

（15）扫描完成，检测结果如图 2.23 所示。

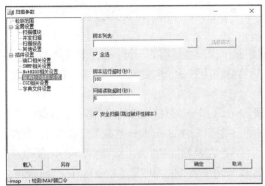

图 2.19 漏洞检测脚本设置

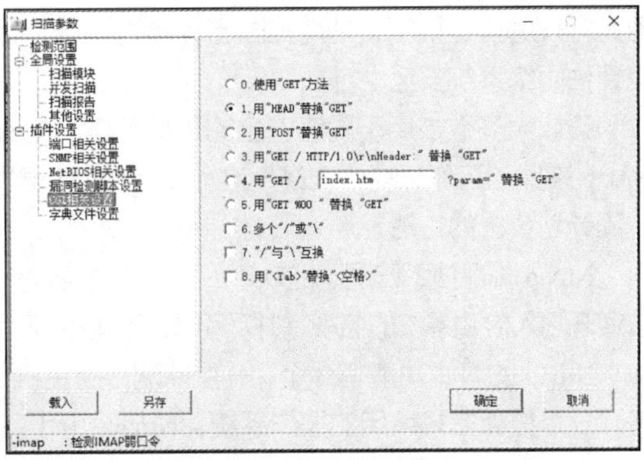

图 2.20 CGI 相关设置

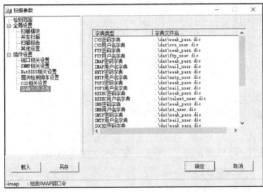

图 2.21 字典文件设置

图 2.22 进行扫描

图 2.23 检测结果

实训 2 使用 Nmap 扫描器工具

【实训目的】

- 了解 Nmap 扫描器工具的扫描原理。
- 熟悉 Nmap 扫描器工具的扫描步骤和方法。
- 掌握 Nmap 扫描器工具的使用。

【实训环境】

分组进行操作，一组 5 台计算机，安装 Windows 10 操作系统，测试环境。

【实训原理】

Nmap 是一款网络连接端扫描软件，用来扫描网络中计算机开放的网络连接端。它可以确定哪些服务运行在哪些连接端，并能推断出计算机运行了哪种操作系统。它是网络管理员必用的软件之一，用以评估网络系统安全。

正如大多数被用于网络安全的工具那样，Nmap 也是不少黑客爱用的工具。系统管理员可以利用 Nmap 来探测工作环境中未经批准而使用的服务器；黑客会利用 Nmap 来搜集目标计算机的网络设定，从而计划攻击的方法。

Nmap 和评估系统漏洞的软件 Nessus 常被混为一谈。Nmap 是一款网络连接端扫描软件，以隐秘的手法避开闯入检测系统的监视，并尽可能不影响目标系统的日常操作。Nessus 是一款漏洞扫描与分析软件。

Nmap 的基本功能有 3 个，一是探测一组主机是否在线；二是扫描主机端口，嗅探所提供的网络服务；三是推断主机所用的操作系统。Nmap 可用于扫描仅有两个节点的局域网（Local Area Network，LAN），也可用于扫描拥有 500 个节点以上的网络。Nmap 允许用户定制扫描方法，通常使用 ICMP 的 ping 操作就可以满足一般需求；也可以深入探测 UDP 或者 TCP 端口，扫描出主机所使用的操作系统；还可以将所有探测结果记录到各种格式的日志中，供用户进一步分析和操作。

Nmap 常见的操作命令如下。

（1）进行 ping 扫描，输出对扫描做出响应的主机，不做进一步测试（如进行端口扫描或者操作系统探测）。

```
nmap -sP 192.168.1.0/24
```

（2）仅列出指定网络中的每台主机，不发送任何报文到目标主机。

```
nmap -sL 192.168.1.0/24
```

（3）探测目标主机开放的端口，可以指定一个以逗号分隔的端口列表（如-PS 22,23,25,80）。

```
nmap -PS 25 192.168.1.234
```

（4）使用 UDP ping 探测主机。

```
nmap -PU 192.168.1.0/24
```

（5）使用频率最高的扫描选项是 SYN（同步）扫描。SYN 扫描又称为半开放扫描，它不用打开一个完全的 TCP 连接，执行速度很快。

```
nmap -sS 192.168.1.0/24
```

（6）当 SYN 扫描不能使用时，TCP connect()扫描就是默认的 TCP 扫描。

```
nmap -sT 192.168.1.0/24
```

（7）UDP 扫描使用-sU 参数，UDP 扫描发送空的（没有数据的）UDP 报头到每个目标端口。

```
nmap -sU 192.168.1.0/24
```

（8）确定目标主机支持哪些协议（TCP、ICMP、IGMP 等）。

```
nmap -sO 192.168.1.19
```

（9）探测目标主机的操作系统。

```
nmap -O 192.168.1.19
nmap -A 192.168.1.19
```

图形用户界面（Graphical User Interface，GUI）版本的功能基本上和命令行版本的一样，鉴于许多人更喜欢使用命令行版本，本书后面的说明以命令行版本为主。下面是 Nmap 支持的 4 种基本的扫描方式。

（1）TCP connect()扫描（-sT 参数）。

（2）TCP SYN 扫描（-sS 参数）。

（3）UDP 扫描（-sU 参数）。

（4）ping 扫描（-sP 参数）。

如果要勾画一个网络的整体情况，则 ping 扫描和 TCP SYN 扫描最为实用。ping 扫描通过发送 ICMP

回应请求数据包和 TCP 应答（Acknowledge，ACK）数据包确定主机的状态，非常适合用于检测指定网段内正在运行的主机数量。

TCP SYN 扫描不太好理解，但如果将它与 TCP connect()扫描进行比较，就能够看出这种扫描方式的特点。在 TCP connect()扫描中，扫描器利用操作系统本身的系统调用打开一个完整的 TCP 连接——也就是说，扫描器建立了两台主机之间的完整握手过程（SYN、SYN-ACK 和 ACK）。一次完整执行的握手过程表明远程主机端口是打开的。

TCP SYN 扫描创建的是半打开的连接，它与 TCP connect()扫描的不同之处在于，TCP SYN 扫描发送的是复位（RST）标记而不是结束 ACK 标记（即 SYN、SYN-ACK 或 RST）。如果远程主机正在监听并且端口是打开的，则远程主机用 SYN-ACK 应答，Nmap 发送一个 RST 标记；如果远程主机的端口是关闭的，则它的应答将是 RST，此时 Nmap 转入下一个端口。

【实训步骤】

Nmap 扫描器工具的使用方法如下。

（1）双击桌面上的 Nmap-Zenmap GUI 快捷方式图标，打开 Nmap 的主界面，如图 2.24 所示，在左侧"目标"文本框中输入所要扫描的目标 IP 地址或目标网络的网段，在右侧的"配置"下拉列表中选择扫描的类型。

图 2.24　Nmap 的主界面

（2）在右侧的"配置"下拉列表中选择扫描的类型时，选择"Quick scan"选项，单击"扫描"按钮，开始进行快速扫描。在"Nmap 输出"选项卡中，单击"明细"按钮，查看扫描的详细信息，如图 2.25 所示。

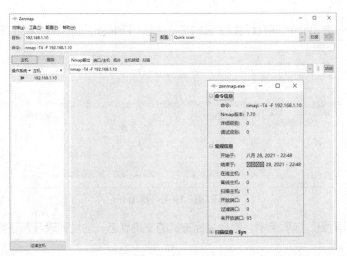

图 2.25　快速扫描

（3）在右侧的"配置"下拉列表中选择扫描的类型，选择"Regular scan"选项，单击"扫描"按钮，开始进行常规扫描，在"Nmap 输出"选项卡中，单击"明细"按钮，查看扫描的详细信息，如图 2.26 所示。

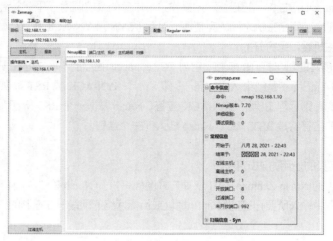

图 2.26　常规扫描

（4）在"端口/主机"选项卡中，查看目标主机的端口、协议、状态、服务及版本等信息，如图 2.27 所示。

图 2.27　"端口/主机"选项卡

（5）在"拓扑"选项卡中，查看目标主机的主机信息、Fisheye、操作面板等信息，如图 2.28 所示。

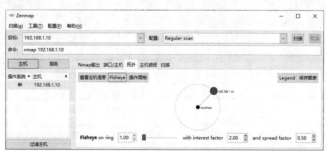

图 2.28　"拓扑"选项卡

（6）在"主机明细"选项卡中，查看目标主机的主机状态、地址列表及备注等信息，如图 2.29 所示。

（7）在"扫描"选项卡中，查看目标主机的状态、命令等信息，如图 2.30 所示。

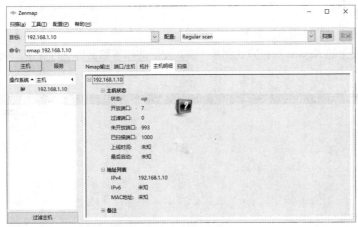

图 2.29 "主机明细"选项卡

图 2.30 "扫描"选项卡

实训 3　使用 Nessus 扫描器工具

【实训目的】

- 了解 Nessus 扫描器工具的扫描原理。
- 熟悉 Nessus 扫描器工具的扫描步骤和方法。
- 掌握 Nessus 扫描器工具的使用。

【实训环境】

分组进行操作，一组 5 台计算机，安装 Windows 10 操作系统，测试环境。

【实训原理】

Nessus 是著名信息安全服务公司 Tenable 推出的一款漏洞扫描与分析软件。它是一种功能强大而易于使用的远程安全扫描器，免费且更新极快。其功能是对指定网络进行安全检查，找出该网络是否存在可能被对手攻击的安全漏洞。Nessus 系统被设计为 C/S 模式，服务器端负责进行安全检查，客户端用来配置、管理服务器端，在服务器端采用了 plugins 的体系，允许用户加入执行特定功能的插件，这些插件可以进行更快速和更复杂的安全检查。Nessus 中还采用了一个共享的信息接口，称为知识库，其中保存了之前进行检查的结果。检查的结果可以保存为 HTML、纯文本等格式。

在未来的新版本中，Nessus 将会支持更快速的安全检查，且这种检查将会占用更少的带宽，其中可能会用到集群的技术来提高系统的运行效率。

Nessus 的优点如下。

（1）它采用了基于多种安全漏洞的扫描，避免了扫描不完整的情况出现。

（2）它是免费的，与商业的安全扫描工具（如 ISS）相比，Nessus 价格优势明显。

（3）Nessus 扩展性强、容易使用、功能强大，可以扫描出多种安全漏洞。

【实训步骤】

Nessus 扫描器工具的使用方法如下。

（1）双击桌面上的 Nessus 快捷方式图标，输入注册的账号和密码进行登录，Nessus 的主界面如图 2.31 所示。

图 2.31　Nessus 的主界面

（2）单击右侧的"New Scan"按钮，打开新建扫描窗口，新建一个扫描，如图 2.32 所示。

图 2.32　新建扫描窗口

（3）在新建扫描窗口中，选择"Basic Network Scan"选项，进行项目名称配置、对项目进行描述以及输入目标 IP 地址等，如图 2.33 所示。

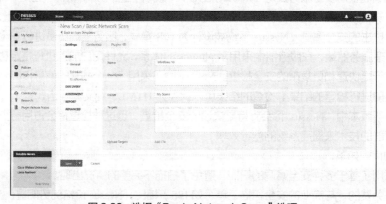

图 2.33　选择"Basic Network Scan"选项

（4）在新建扫描窗口中，如果已经知道目标主机的账号、密码，则可以打开"Credentials"选项卡进行配置。如果是 Linux 操作系统，则需配置 SSH；如果是 Windows 操作系统，则需配置 Windows，如图 2.34 所示。

图 2.34 "Credentials"选项卡

（5）在新建扫描窗口中，可以查看插件，打开"Plugins"选项卡即可进行查看，如图 2.35 所示。

图 2.35 "Plugins"选项卡

（6）全部配置完成之后，单击"Save"按钮进行保存，这样在"My Scans"标签页中就能看见之前配置过的 Windows 10 扫描参数了，如图 2.36 所示。

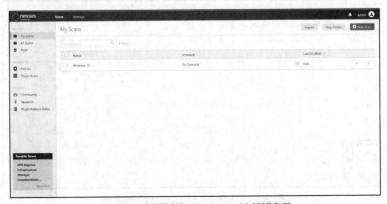

图 2.36 配置过的 Windows 10 扫描参数

（7）在"My Scans"窗口中，单击右侧的" ▶ "按钮即可进行扫描。在"Windows 10"窗口右侧可以查看扫描的详细信息，如图2.37所示。

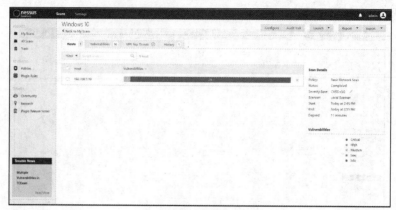

图2.37　查看扫描的详细信息

（8）在"Windows 10"窗口中，打开"Vulnerabilities"选项卡，可以查看发现的漏洞，如图2.38所示。

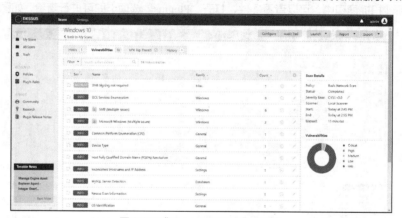

图2.38　"Vulnerabilities"选项卡

（9）在"Windows 10"窗口中，打开"VPR Top Threats"选项卡，可以查看扫描的详细信息，如图2.39所示。

图2.39　"VPR Top Threats"选项卡

（10）在"Windows 10"窗口中，打开"History"选项卡，可以查看历史详细信息，如图 2.40 所示。

图 2.40 "History"选项卡

实训 4 使用 PortScan&Stuff 扫描器工具

【实训目的】

- 了解 PortScan&Stuff 扫描器工具的扫描原理。
- 熟悉 PortScan&Stuff 扫描器工具的扫描步骤和方法。
- 掌握 PortScan&Stuff 扫描器工具的使用。

【实训环境】

分组进行操作，一组 5 台计算机，安装 Windows 10 操作系统，测试环境。

【实训原理】

PortScan&Stuff 扫描器是一款十分专业的 IP 扫描器，也是一种黑客常用的端口扫描工具，它能够帮助用户找到当前网络中正在运行的所有设备，并显示每台设备的 MAC 地址，非常实用。其可以用于扫描目标土机的开放端口、猜测日标主机的操作系统，支持增强型数据速率 GSM 演进（Enhanced Data Rate for GSM Evolution，EDGE）、Wi-Fi 和 3G 网络，拥有 200 多个线程，且可以搜索支持通用即插即用（Universal Plug and Play，UPnP）的设备、Bonjour 服务、NETGEAR 路由器、Synology 网络附接存储（Network Attached Storage，NAS）设备、BUFFALO NAS 设备、爱普生投影仪等多种设备，即使不知道 IP 地址，也可以轻松找到它们。同时，PortScan &Stuff 具有速度测试功能，它通过将数据下载并上传到各种服务器来测试 Internet 连接速度。另外，它主要依靠简洁的界面信息来支持 HTTP、FTP、SMTP 和服务器信息块（Server Message Block，SMB）服务，并采用了选项卡式布局方式，只需单击即可轻松访问所需的功能，是企业用户扫描 IP 地址的首选扫描器工具。

【实训步骤】

PortScan&Stuff 扫描器工具的使用方法如下。

（1）双击桌面上的 PortScan&Stuff 快捷方式图标，打开 PortScan&Stuff 软件的主界面，其主界面中默认显示的是"扫描端口"选项卡，如图 2.41 所示。

（2）在其主界面中，打开"搜索设备"选项卡，如图 2.42 所示。

（3）在其主界面中，打开"Ping 工具"选项卡，如图 2.43 所示。

（4）在其主界面中，打开"路由跟踪"选项卡，如图 2.44 所示。

（5）在其主界面中，打开"速度测试"选项卡，如图 2.45 所示。

（6）在其主界面中，打开"Whois 域名注册信息"选项卡，如图 2.46 所示。

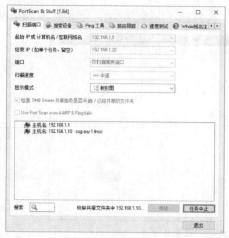

图 2.41 "扫描端口"选项卡

图 2.42 "搜索设备"选项卡

图 2.43 "Ping 工具"选项卡

图 2.44 "路由跟踪"选项卡

图 2.45 "速度测试"选项卡

图 2.46 "Whois 域名注册信息"选项卡

（7）在其主界面中，打开"DNS 域名解析"选项卡，如图 2.47 所示。

（8）在其主界面中，打开"关于"选项卡，如图 2.48 所示。

图 2.47 "DNS 域名解析"选项卡

图 2.48 "关于"选项卡

实训 5　使用 ScanPort 和 Free Port Scanner 端口扫描工具

【实训目的】

- 了解 ScanPort 和 Free Port Scanner 端口扫描工具的扫描原理。
- 熟悉 ScanPort 和 Free Port Scanner 端口扫描工具的扫描步骤和方法。
- 掌握 ScanPort 和 Free Port Scanner 端口扫描工具的使用。

【实训环境】

分组进行操作，一组 5 台计算机，安装 Windows 10 操作系统，测试环境。

【实训原理】

ScanPort 端口扫描工具是一种小巧的网络探测工具。其中文版已经完全汉化，是一种绿色无毒的、便于使用的小工具。ScanPort 不仅可以迅速找回曾经设置的被遗忘的端口，还可以检测本地开放的全部网络端口，方便进行安全维护，并可以关闭不必要的端口。

Free Port Scanner 是一种小巧、高速、使用简单、免费的端口扫描工具。

【实训步骤】

（1）ScanPort 端口扫描工具界面简洁，操作简单，可以对局域网、公网的开放网络端口进行遍历扫描，得到的端口结果将会在 ScanPort 主界面的右侧显示，如图 2.49 所示。

（2）Free Port Scanner 端口扫描工具可以用来快速扫描全部端口，也可以指定扫描范围，如图 2.50 所示。

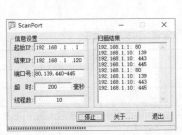

图 2.49　ScanPort

图 2.50　Free Port Scanner

2.2.3　常用的网络命令

在网络设备调试的过程中，经常会使用网络命令对网络进行测试，以查看网络的运行情况。下面介绍一下网络中常用命令的用法。

1. ping 命令

ping 用来探测本机与网络中另一主机或节点之间是否可达，如果两台主机或两个节点之间 ping 不通，则表明这两台主机或两个节点间不能建立起连接。ping 命令是测试网络连通性的一个重要命令，如图 2.51 所示。ping 命令的用法如下。

```
ping [-t] [-n count] [-l size] [-4] [-6] target_name
```

ping 命令各选项功能描述如表 2.3 所示。

表 2.3　ping 命令各选项功能描述

选项	功能描述
-t	ping 指定的主机，直到 ping 命令停止。若要查看统计信息并继续操作，则要按"Ctrl+Break"快捷键；若要停止，则要按"Ctrl+C"快捷键
-n count	要发送的回显请求数
-l size	发送缓冲区大小
-4	强制使用 IPv4
-6	强制使用 IPv6

2. tracert 命令

tracert（路由跟踪）命令是路由跟踪的实用命令，用于确定 IP 数据包访问目标时采取的路径。tracert 命令使用 IP 存活时间（Time To Live，TTL）字段和 ICMP 错误消息来确定从一台主机到网络中其他主机的路由，如图 2.52 所示。tracert 命令的用法如下。

```
tracert [-d] [-h maximum_hops] [-j host-list] [-w timeout]
        [-R] [-S srcaddr] [-4] [-6] target_name
```

图 2.51　使用 ping 命令测试网络连通性

图 2.52　使用 tracert 命令进行路由跟踪测试

tracert 命令各选项功能描述如表 2.4 所示。

表 2.4　tracert 命令各选项功能描述

选项	功能描述
-d	不将地址解析成主机名
-h maximum_hops	搜索目标的最大跃点数
-j host-list	与主机列表一起的松散源路由（仅适用于 IPv4）（松散源路由只给出 zp 数据报必须经过的节点，并不给出一条完备的路径）

选项	功能描述
-w *timeout*	等待每个回复的超时时间（以毫秒为单位）
-R	跟踪往返行程路径（仅适用于 IPv6）
-S *srcaddr*	要使用的源地址（仅适用于 IPv6）
-4	强制使用 IPv4
-6	强制使用 IPv6

3. nslookup 命令

nslookup（域名查询）命令用于查询指定类型的域名，可以查到 DNS 记录的生存时间，还可以指定使用某台 DNS 服务器进行解释。在已安装 TCP/IP 的计算机上均可以使用这个命令，它主要用来查询 DNS 基础结构的信息，是查询 Internet 域名信息或诊断 DNS 服务器问题的工具，如图 2.53 所示。nslookup 命令的用法如下。

```
nslookup [-option ...] # 使用默认服务器的交互模式
```

nslookup 命令各选项功能描述如表 2.5 所示。

表 2.5 nslookup 命令各选项功能描述

选项	功能描述
- server	使用 "server" 的交互模式
host	仅查找使用默认服务器的 *host*
host server	仅查找使用 *server* 的 *host*

4. netstat 命令

netstat 命令用于显示协议统计和当前 TCP/IP 网络连接、路由表、端口状态（Port Status）、masquerade 连接、多播成员（Multicast Membership）等，如图 2.54 所示。netstat 命令的用法如下。

```
netstat [-a] [-e] [-f] [-n] [-o] [-p proto] [-r] [-s] [-t] [interval]
```

图 2.53 使用 nslookup 命令查看域名信息

图 2.54 使用 netstat 命令显示协议统计和当前
TCP/IP 网络连接

netstat 命令各选项功能描述如表 2.6 所示。

表 2.6　netstat 命令各选项功能描述

选项	功能描述
-a	显示所有连接和监听端口
-e	显示以太网统计。此选项可以与-s 选项结合使用
-f	显示外部地址的全限定域名（Fully Qualified Domain Name，FQDN）
-n	以数字形式显示地址和端口号
-o	显示拥有的与每个连接关联的进程 ID
-p proto	显示 proto 指定的协议的连接，proto 可以是 TCP、UDP、TCPv6 或 UDPv6。如果与-s 选项结合使用来显示每个协议的统计，则 proto 可以是 IP、IPv6、ICMP、ICMPv6、TCP、TCPv6、UDP 或 UDPv6
-r	显示路由表
-s	显示每个协议的统计。默认情况下，显示 IP、IPv6、ICMP、ICMPv6、TCP、TCPv6、UDP 和 UDPv6 的统计
-t	显示当前连接的卸载状态
interval	重新显示选定的统计时，各个显示间的间隔秒数。按"Ctrl+C"快捷键可以停止并重新显示统计。如果省略该选项，则 netstat 命令将输出当前的配置信息

5. ipconfig 命令

当使用 ipconfig 命令且不带任何选项时，它将显示每个已经配置了端口的网卡的 IP 地址、子网掩码和默认网关值，如图 2.55 所示。

当使用 ipconfig /all 命令时，可以为 DNS 和 Windows 网络名称服务（Windows Internet Name Service，WINS）服务器显示它已配置且要使用的附加信息（如 IP 地址等），并且能显示内置于本地网卡中的 MAC 地址。如果 IP 地址是从 DHCP 服务器租用的，那么 ipconfig 命令将显示 DHCP 服务器的 IP 地址和租用地址预计失效的日期（DHCP 服务器的相关内容详见其他有关服务器的图书）。

/release 和/renew 是 ipconfig 命令的附加选项，只能在向 DHCP 服务器租用其 IP 地址的计算机上起作用。如果用户输入"ipconfig /release"，那么所有端口的租用 IP 地址便会重新交付给 DHCP 服务器（归还 IP 地址）。如果用户输入"ipconfig /renew"，那么本地计算机便会设法与 DHCP 服务器取得联系，并租用一个 IP 地址。请注意，大多数情况下网卡将被重新赋予和以前相同的 IP 地址。

ipconfig 命令各选项功能描述如表 2.7 所示。

表 2.7　ipconfig 命令各选项功能描述

选项	功能描述
/?	显示帮助消息
/all	显示完整配置信息
/release	释放指定适配器的 IPv4 地址
/release6	释放指定适配器的 IPv6 地址
/renew	更新指定适配器的 IPv4 地址
/renew6	更新指定适配器的 IPv6 地址
/flushdns	清除 DNS 解析程序的缓存
/registerdns	刷新所有 DHCP 租约并重新注册 DNS 名称
/displaydns	显示 DNS 解析程序缓存的内容
/showclassid	显示适配器允许的所有 DHCP 类 ID
/setclassid	修改 DHCP 类 ID
/showclassid6	显示适配器允许的所有 IPv6 DHCP 类 ID
/setclassid6	修改 IPv6 DHCP 类 ID

默认情况下，主机仅显示绑定到 TCP/IP 的适配器的 IP 地址、子网掩码和默认网关。

对于/release 和/renew，如果未指定适配器名称，则会释放或更新所有绑定到 TCP/IP 的适配器的 IP 地址租约。对于/setclassid 和/setclassid6，如果未指定类标识符 classid，则会删除类标识符 classid。

6. arp 命令

arp 命令用于显示和修改 ARP 缓存中的项目。ARP 缓存中包含一个或多个表，它们用于存储 IP 地址及其经过解析后的以太网或令牌环网络物理地址。计算机上安装的每一个以太网或令牌环网络适配器都有自己单独的表。如果在没有任何选项的情况下执行该命令，则 arp 命令将显示帮助信息，如图 2.56 所示。

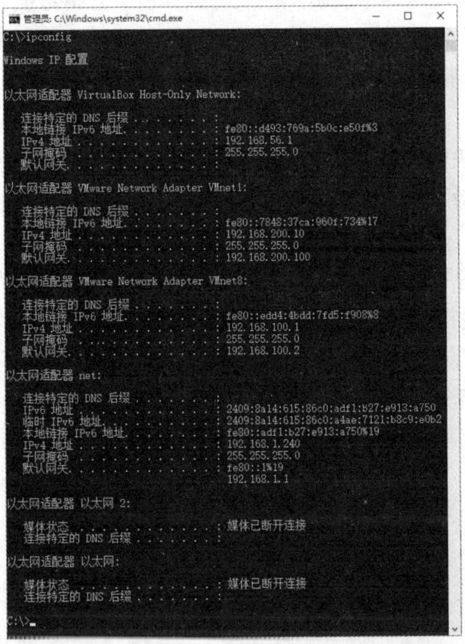

图 2.55　使用 ipconfig 命令获取本地网卡的所有配置信息 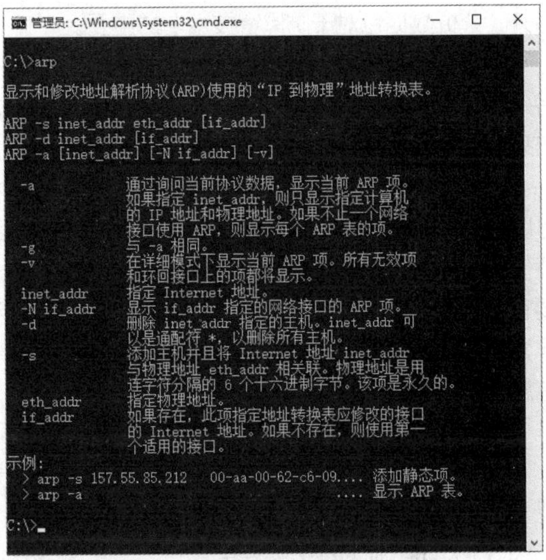　　图 2.56　使用 arp 命令显示帮助信息

显示和修改 ARP 使用的"IP 地址到物理地址"地址转换表的 arp 命令的用法如下。

```
arp -s inet_addr eth_addr [if_addr]
arp -d inet_addr [if_addr]
arp -a [inet_addr] [-N if_addr] [-v]
```

arp 命令各选项功能描述如表 2.8 所示。

表 2.8　arp 命令各选项功能描述

选项	功能描述
-a	通过询问当前协议数据显示当前 ARP 项。如果指定 *inet_addr*，则只显示指定计算机的 IP 地址和物理地址。如果不止一个网络端口使用 ARP，则显示每个 ARP 表的各项
-g	与-a 选项相同
-v	在详细模式下显示当前 ARP 项，所有无效项和环回端口上的项都将显示
inet_addr	指定 Internet 地址
-N *if_addr*	显示 *if_addr* 指定的网络端口的 ARP 项
-d	删除 *inet_addr* 指定的主机。*inet_addr* 可以是通配符"*"，表示删除所有主机
-s	添加主机并将 Internet 地址 *inet_addr* 与物理地址 *eth_addr* 相关联。物理地址是用连字符（-）分隔的 6 个十六进制字节。该项是永久的

续表

选项	功能描述
eth_addr	指定物理地址
if_addr	如果此项存在，则此项用于指定地址转换表中应修改的端口的 Internet 地址。如果此项不存在，则使用第一个适用的端口

2.3 网络监听

网络监听是黑客在局域网中常用的一种技术，黑客在网络中监听其他人的数据包，分析数据包，从而获得一些敏感信息，如账号和密码等。网络监听原来是网络管理员经常使用的工具，主要用来监听网络的流量、状态、数据等信息，例如，Wireshark（前称 Ethereal）就是许多网络管理员的必备工具。另外，分析数据包对于防黑客技术非常重要。

网络分析器（Network Analyzer）是具有发现并解决各种故障特性的硬件或软件设备，其功能包括特殊协议包的解码、特殊的编程前的故障测试、包过滤和包传输等。网络分析器可以用来加强防火墙、防病毒软件以及间谍软件的检测能力。

网络分析器运行在混杂模式下，它们收听网络中的所有通信，不止是寻址它们的通信。技术人员可以有选择地捕获由某特定网络计算机发送的帧或运载特定应用/业务信息的帧。捕获的帧被监测，以评价网络性能、定位瓶颈位置或追踪安全缺口。考虑到通过网络分析器的信息量，通信筛选器是必须要有的。网络分析器有低端和高端之分，一些高端网络分析器可能花费数万美元。网络分析器是可以作为免费软件使用的。实际上，许多网络分析器被黑客群体散布在网络中，目的是捕获网络中的敏感信息，如口令。

网络分析器能够提供如下功能。

（1）详细统计资料，对当前网络中的近期活动状况进行记录。

（2）测试恶意软件以及网络中的潜在漏洞。

（3）及时发现网络传输异常。

（4）及时发现可疑特殊包。

（5）确定数据包的来源和目的地。

（6）配置、定义危险警报。

（7）搜索特定数据包。

（8）以特定时间为单位检测网络带宽使用率。

（9）创建具体应用插件。

（10）灵活调用和检查统计数据，方便用户管理。

网络分析器的存在并不是为了取代防火墙、防病毒程序和间谍软件检测程序，但它的存在可以在很大程度上减小攻击发生的概率，并使用户在发生攻击之前迅速做出反应。

为了防范网络监听行为，最有效的方式之一是在网络中使用加密的数据，这样即便攻击者嗅探到数据，也无法获知数据的真实信息。网络监听的一个前提条件是将网卡设置为混杂模式，因此，通过检测网络中主机的网卡是否运行在混杂模式下，用户可以发现正在进行网络监听的嗅探器。另外，在交换式网络中，攻击者除非借助 ARP 欺骗等方法，否则无法直接嗅探到他人的通信数据，因此采用安全的网络拓扑，尽量将共享式网络升级为交换式网络，并通过划分虚拟局域网（Virtual Local Area Network，VLAN）等技术手段对网络进行合理分段，可以有效防范网络监听。

2.3.1 Wireshark 网络分析器

Wireshark 是一款网络封包分析软件。网络封包分析软件的功能是获取网络封包，并尽可能显示出最为详细的网络封包资料。Wireshark 使用 WinPcap 作为接口，直接与网卡进行数据报文交换。

网络封包分析软件以前是非常昂贵的，或属于营利性质的软件。Wireshark 的出现改变了这一状况。在 GNU 通用公共许可证（GNU General Public License，GPL）的保障范围内，使用者可以以免费的途径取得 Wireshark 软件及其源代码，并拥有针对其源代码进行修改及定制化的权限。Wireshark 是世界上使用最广泛的网络封包分析软件之一。

1. Wireshark 工具的使用

双击桌面上的 Wireshark 快捷方式图标，打开 Wireshark 的主界面，如图 2.57 所示。

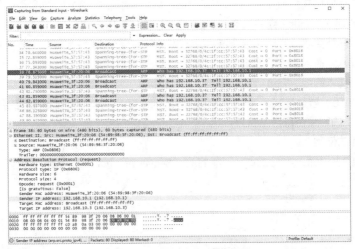

图 2.57　Wireshark 的主界面

2. Wireshark 的工作流程

Wireshark 的工作流程如下。

（1）确定 Wireshark 的位置。如果没有正确的位置，则启动 Wireshark 后会花费很长的时间捕获一些与所需无关的数据。

（2）选择捕获接口。一般是选择连接到 Internet 的接口，这样才可以捕获到与网络相关的数据。否则，捕获到的无关数据对用户没有任何用处。

（3）使用捕获过滤器。通过设置捕获过滤器，可以避免产生过大的捕获文件。这样用户在分析数据时不会受无关数据干扰，可以为用户节约大量的时间。

（4）使用显示过滤器。通常使用捕获过滤器过滤后的数据仍然很复杂。为了使过滤的数据更细致，可以使用显示过滤器进行过滤。

（5）使用着色规则。通常使用显示过滤器过滤后的数据都是有用的数据。如果想更加突出地显示某个会话，则可以使用着色规则高亮显示。

（6）构建图表。如果用户想要更明显地看到一个网络中数据的分布情况，则使用图表的形式可以很方便地展现。

（7）重组数据。Wireshark 的重组功能可以重组一个会话中不同数据包的信息，或者重组一个完整的图片或文件。因为传输的文件往往较大，所以信息分布在多个数据包中。为了能够查看到整个图片或文件，就需要使用重组数据的方法来实现。

2.3.2　Charles 网络分析器

Charles 是常用的截取网络封包的工具，为了分析服务器端的网络协议，常常需要截取网络封包并对网络封包进行分析。Charles 通过把自己设置为系统的网络访问代理服务器，使得所有的网络访问请求都通过它来完成，从而实现网络封包的截取和分析。

1. Charles 主要功能

（1）支持 SSL 代理，可以截取并分析 SSL 的请求。

（2）支持流量控制，可以模拟慢速网络以及等待时间较长的请求。

（3）支持异步 JavaScript 和 XML（Asynchronous JavaScript And XML，AJAX）调试，可以自动将 JSON 或 XML 数据格式化，以方便查看。

（4）支持操作信息格式（Action Message Format，AMF）调试，AMF 主要用于数据交互和远程过程调用，可以将 Flash Remoting 或 Flex Remoting 信息格式化，以方便查看。

（5）支持重发网络请求，方便后端调试。

（6）支持修改网络请求参数/返回参数。

（7）支持网络请求的截取并进行动态修改。

（8）检查 HTML、层叠样式表（Cascading Style Sheets，CSS）和简易信息聚合（Really Simple Syndication，RSS）内容是否符合 W3C 标准。

2. Charles 的使用

打开 Charles 的主界面，如图 2.58 所示，打开"Sequence"选项卡，如图 2.59 所示。

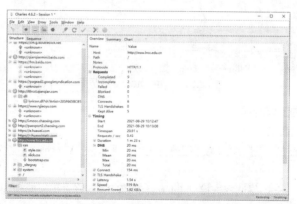

图 2.58　Charles 的主界面

图 2.59　"Sequence"选项卡

2.3.3 Fiddler 调试代理分析器

Fiddler 是一种 HTTP 调试代理工具，它能够记录并检查所有用户的计算机和互联网之间的 HTTP 通信，设置断点，查看所有"进出"Fiddler 的数据（Cookie、HTML 文件、JavaScript 文件、CSS 文件等）。Fiddler 比其他的网络调试器更加简单，它不仅可以显示 HTTP 通信，还提供了对用户而言比较友好的格式。

Fiddler 支持断点调试技术，当用户在软件中选择"Rules"→"Automatic breakpoints"→"Before request"命令，或者当执行的请求或响应的属性能够与目标的标准相匹配时，Fiddler 就能够暂停 HTTP 通信，并且允许修改请求和响应。这种功能对于安全测试是非常有用的。它也可以用来做一般的功能测试，因为所有的代码路径都可以用来演习。

通过显示所有的 HTTP 通信，Fiddler 可以轻松地生成一个页面。通过 Fiddler 界面左侧的统计栏，用户可以很轻松地使用多选来得到一个 Web 页面的"总重量"（页面文件以及相关 JavaScript、CSS 文件等）。用户也可以很轻松地看到自己请求的某个页面总共被请求了多少次，以及多少字节被转换了。用户还可以加入一个 Inspector 插件对象，以使用 .net 下的任何语言编写 Fiddler 扩展。RequestInspectors 和 ResponseInspectors 提供格式规范的，或者是被指定的（用户自定义）HTTP 请求和响应视图。

另外，通过暴露 HTTP 头，用户可以看见哪些页面被允许在客户端或代理端进行缓存。如果一个响应不包含 Cache-Control 头，则它不会被缓存在客户端。

Fiddler 的主界面如图 2.60 所示，打开"HexView"选项卡，如图 2.61 所示。

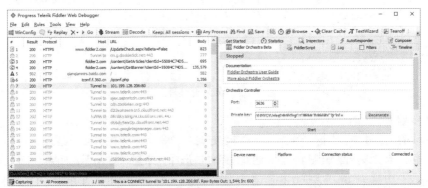

图 2.60　Fiddler 的主界面

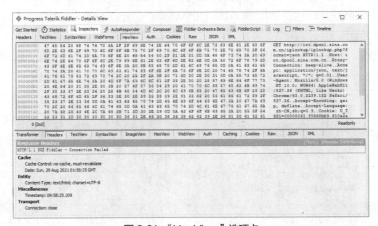

图 2.61　"HexView"选项卡

实训 6 使用 Iptool 网路岗抓包工具

【实训目的】

- 了解 Iptool 网路岗抓包工具的工作原理。
- 熟悉 Iptool 网路岗抓包工具的抓包步骤和方法。
- 掌握 Iptool 网路岗抓包工具的使用。

【实训环境】

分组进行操作，一组 5 台计算机，安装 Windows 10 操作系统，测试环境。

【实训原理】

智能平台管理接口（Intelligent Platform Management Interface，IPMI）是一个简单的命令行接口。Iptool 用于管理基于 IPMI 启用的设备。通过内核设备驱动程序或 LAN 接口，用户可使用此实用程序执行 IPMI 功能。Iptool 使用户不依赖操作系统也能管理系统的现场可更换部件、监视系统健康状态以及监视并管理系统环境。Iptool 的主界面如图 2.62 所示。

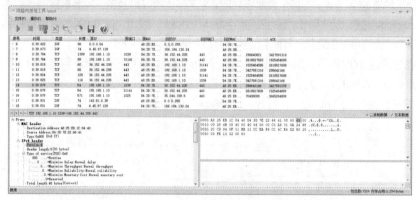

图 2.62 Iptool 的主界面

【实训步骤】

在 Iptool 的主界面中，选择"操作"→"捕包过滤"命令，可以进行以下设置。

（1）捕包网卡。该界面右侧有一些其他捕包条件供选择，如图 2.63 所示。如果当前所选网卡不支持"杂项接收"功能，则系统会提示相应信息，出现该情况时，用户将无法获取与本地网卡无关的数据包。不支持"杂项接收"功能的网卡多数为无线网卡，少数为专用服务器/笔记本电脑网卡。单击"高级"按钮，弹出"捕包过滤设置"对话框，如图 2.64 所示；单击"信息"按钮，弹出"网卡信息"对话框，如图 2.65 所示。

（2）协议过滤。除非对协议类型较为熟悉，否则通常情况下可不设置，如图 2.66 所示。

图 2.63 捕包网卡

图 2.64 "捕包过滤设置"对话框

图 2.65　"网卡信息"对话框

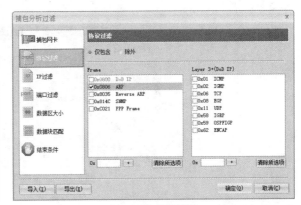

图 2.66　协议过滤

（3）IP 过滤。在 IP 过滤中可以设置想要捕包的 IP 地址或设置要排除过滤的 IP 地址等信息，如图 2.67 所示。

（4）端口过滤。在端口过滤中可以设置想要捕包的端口或设置要排除过滤的端口等信息，如图 2.68 所示。

图 2.67　IP 过滤

图 2.68　端口过滤

（5）数据区大小。在数据区大小中可以设置 IP 包数据区长度范围，如图 2.69 所示。

（6）数据块匹配。在数据块匹配中可以选择特定位置的数据块进行匹配或选择任意位置的数据块进行匹配，如图 2.70 所示。

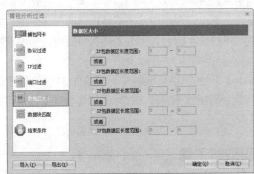

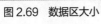

图 2.69　数据区大小

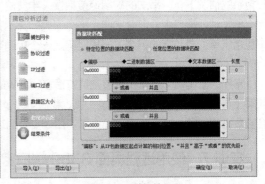

图 2.70　数据块匹配

（7）结束条件。在结束条件中可以选择用户手动停止，进行占用空间容量、捕包数量、捕包时间、结束时间点的设置等，如图 2.71 所示。

图 2.71　结束条件

2.4　网络入侵实施

为了保障安全，几乎所有的系统都通过访问控制来保护自己的数据。访问控制最常用的方法之一是口令保护（密码保护）。口令被视为用户最重要的一道防护措施，如果口令被破解了，那么用户的信息将很容易被窃取。因此，口令破解是黑客入侵系统比较常用的方法。例如，当某公司的某个系统管理员离职，而其他人都不知道该管理员账户的口令时，该公司可能会雇用渗透测试人员来破解该管理员的口令。

2.4.1　口令破解

入侵者攻击目标时通常将破解用户的口令作为攻击的起点。只要入侵者能通过猜测或者试验确定用户的口令，就能获得机器或者网络的访问权，并访问到用户能访问的任何资源。如果这个用户有域管理员或 root 用户权限，那将是极其危险的。口令攻击是黑客较喜欢采用的入侵网络的方法。黑客通过获取系统管理员或其他特殊用户的口令来获得系统的管理权，窃取系统信息、磁盘中的文件甚至对系统进行破坏。

入侵者常常通过下面几种方法获取用户的口令：暴力破解、密码嗅探、"社会工程学"、木马程序或键盘记录程序等。

系统用户的账户口令的暴力破解主要基于密码匹配的破解方法，基本方法有两种：穷举法和字典法。穷举法是效率极低的方法，其将字符或数字按照穷举的规则生成口令字符串进行遍历，在口令比较复杂的情况下，穷举法的破解速度很慢。字典法相对来说效率较高，它用口令字典中事先定义的常用字符尝试匹配口令，口令字典是一个很大的文本文件，可以通过用户编辑或者由字典工具生成，其中包含了单词或数字的组合。如果密码是一个单词或简单的数字组合，那么入侵者可以很轻易地破解密码。

常用的密码破解工具和审核工具有很多，如 Windows 平台的 SAMInside、远程桌面 3389 端口密码破解工具（frdpb2）等。通过这些工具，我们可以了解到随着网络黑客攻击技术的提高，许多口令可能会被攻击和破解，这就要求我们提高对口令安全的认识。

实训 7　使用远程桌面 3389 端口密码破解工具

【实训目的】
- 了解远程桌面 3389 端口密码破解工具的扫描原理。
- 了解远程桌面 3389 端口密码破解工具的使用步骤和方法。

- 了解远程桌面 3389 端口密码破解工具的使用。

【实训环境】

分组进行操作，一组 5 台计算机，安装 Windows 10 操作系统，测试环境。

【实训原理】

3389 是一个远程桌面的端口，很多人为了更方便地管理服务器、更新服务器中的资源等，会开启 3389 端口，可以使用 netstat -an 命令或端口扫描工具查看该端口是否开启。如果一个账户的密码过于弱，则很容易被破解，一般默认账号为 administrator，极少会是 admin。过于简单的密码在 3389 端口密码破解工具的密码字典中均可找到。下面来讲解通过 3389 端口破解服务器的全过程。

【实训步骤】

（1）安装远程桌面 3389 端口密码破解工具（frdpb2）。

（2）打开可执行文件，其运行界面如图 2.72 所示。

图 2.72　运行界面

（3）设置用户名文件"user.txt"，如图 2.73 所示；设置密码字典文件"pass.txt"，如图 2.74 所示。

图 2.73　用户名文件"user.txt"

图 2.74　密码字典文件"pass.txt"

（4）设置相关参数，在 IP 设置中输入相应的 IP 地址，单击"开始爆破"按钮，可以查看相关信息，如图 2.75 所示。

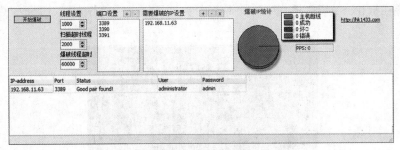

图 2.75　查看相关信息

（5）可以在安装目录中查看结果，打开"good.txt"文件，如图2.76所示。

图 2.76 查看结果

2.4.2 主机 IPC$ 入侵

主机 IPC$ 入侵即使用 Windows 操作系统中默认启动的 IPC$（用于共享命名管道的资源）来达到入侵主机、获得计算机控制权的目的。此类入侵主要利用了计算机使用者对计算机安全知识的匮乏，一些计算机使用者通常不会给计算机设置密码或者密码设置过于简单，因此才导致黑客有机可乘。IPC$ 是 Windows 的默认共享。其实，这个共享并没有什么漏洞。我们可以用主机的管理员用户名和密码进行连接，问题就出在管理员密码。直至今日，世界上起码有 20% 的人会把主机密码设置为"空"或者类似"123"等的简单密码。

实训 8 主机 IPC$ 入侵实例应用

【实训目的】
- 了解主机 IPC$ 入侵的原理。
- 了解主机 IPC$ 入侵的步骤和方法。
- 了解主机 IPC$ 入侵使用的命令。

【实训环境】
分组进行操作，一组 5 台计算机，安装 Windows 10 操作系统，测试环境。

【实训步骤】

（1）打开"运行"对话框（按"Windows+R"组合键），输入 cmd 命令，如图2.77 所示。

图 2.77 "运行"对话框

（2）查看主机 IPC$ 共享情况。执行 net share 命令，并查看命令执行结果，如图2.78 所示。

图 2.78 查看命令执行结果

（3）建立 IPC\$ 连接。假如 192.168.1.10 这台主机的"administrator"用户的密码为"305_305"，映射网络驱动器将网络主机 D 盘映射为本地主机 K 盘的命令如下。

```
net use \\192.168.1.10\ipc$ "305_305" /user:"administrator"
net use k: \\192.168.1.10\d$
```

命令执行结果如图 2.79 所示。

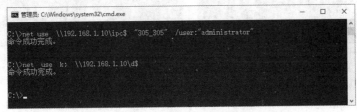

图 2.79　建立 IPC\$ 连接并映射网络驱动器

（4）查看映射网络驱动器结果，如图 2.80 所示，移动网络驱动器的文件、文件夹到本地磁盘。

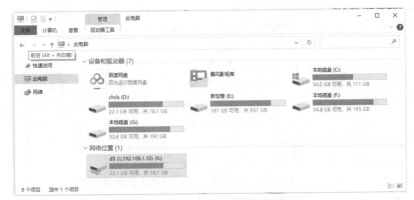

图 2.80　查看映射网络驱动器结果

（5）编写 BAT 文件。打开记事本，创建用户名"sysback"，其密码为"123456"，并把用户添加到管理员组中，如图 2.81 所示，编写完成后，将其另存为"hacker.bat"文件。

```
net user sysback 123456 /add
net localgroup administrators sysback /add
```

复制文件到目标主机上，如图 2.82 所示。查看目标主机的时间，如图 2.83 所示，执行命令如下。

```
copy hacker.bat \\192.168.1.10\d$
net time \\192.168.1.10
```

（6）断开连接并删除默认共享，执行命令如下。

```
net use k: /del          //可以执行 net use * /del 命令断开所有的 IPC$ 连接
net share d$ /delete      //删除默认共享的 D 盘
```

命令执行结果如图 2.84 所示。

图 2.81　编写 BAT 文件

图 2.82　复制文件到目标主机上

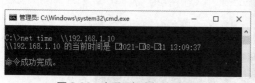

图 2.83　查看目标主机的时间

图 2.84　断开连接并删除默认共享

（7）防范主机 IPC$ 入侵的措施有以下几种。

① 禁止空连接进行枚举。首先打开"运行"对话框，输入 regedit 命令打开注册表，找到组件[HKEY_LOCAL_MACHINE\SYSTEM\CurrentControlSet\Control\LSA]，把 RestrictAnonymous = DWORD 的键值改为 00000001（如果将其值设置为 00000002，则会导致一些 Windows 的服务出现问题等）。

② 禁止默认共享。

a. 查看本地共享资源。在命令行窗口中，执行 net share 命令进行查看。

b. 删除共享（每次输入一行命令），命令如下。

```
net share ipc$ /delete      //删除默认共享
net share admin$ /delete     //删除 admin 目录共享
net share c$ /delete         //删除 C 盘默认共享
net share d$ /delete         //删除 D 盘默认共享
//如果有其他盘符，则可以继续删除
```

c. 停止 Server 服务，命令如下。

```
net stop server /y    //重新启动计算机后，Server 服务会重新开启
```

③ 永久关闭 IPC$ 和默认共享依赖的服务 lanmanserver，即 Server 服务。打开控制面板，选择"管理工具"→"服务"选项，找到 Server 服务并单击鼠标右键，选择"属性"命令，弹出"Server 的属性"对话框，在"常规"选项卡中，设置"启动类型"为"禁用"，即可永久关闭 IPC$ 和默认共享。

④ 安装防火墙（选中相关设置），或者进行端口过滤（过滤 139、445 端口等），还可以使用新版本的优化大师等。

⑤ 避免设置弱密码，防止黑客通过主机 IPC$ 入侵破解密码。

2.5　拒绝服务攻击

拒绝服务攻击即攻击者想办法让目标机器停止提供服务，是黑客常用的攻击手段之一。对网络带宽进行的消耗性攻击只是拒绝服务攻击的一小部分，只要能够对目标造成麻烦，使某些服务被暂停甚至主机死机，都属于拒绝服务攻击。拒绝服务攻击问题一直得不到合理解决，究其原因是网络协议本身存在安全缺陷，因此拒绝服务攻击成为攻击者的终极手法之一。攻击者进行拒绝服务攻击时，会导致服务器产生两种后果：一是迫使服务器的缓冲区被填满，不接收新的请求；二是使用 IP 欺骗，迫使服务器把非法用户的连接复位，影响合法用户的连接。

2.5.1　拒绝服务攻击概述

拒绝服务（Denial of Service，DoS）是指任何对服务的干涉，使得服务可用性降低或者失去可用性。

例如，一个计算机系统由于其带宽耗尽或其硬盘被填满而崩溃，导致其不能提供正常的服务，就构成拒绝服务。

1. 拒绝服务攻击的定义

拒绝服务攻击（DoS 攻击）是指黑客利用合理的服务请求来占用过多的服务资源，使合法用户无法得到服务的响应，直至计算机瘫痪而停止提供正常的服务的攻击方式。

常见的 DoS 攻击有计算机网络带宽攻击和连通性攻击。带宽攻击指以极大的通信量冲击网络，使得所有可用网络资源都被消耗殆尽，最终导致合法的用户请求无法通过。连通性攻击指使用大量的连接请求冲击计算机，使得所有可用的操作系统资源都被消耗殆尽，最终计算机无法再处理合法用户的请求。

DoS 攻击的原理是借助网络系统或协议的缺陷和配置漏洞进行网络攻击，使网络拥塞、系统资源耗尽或系统应用死锁，妨碍目标主机和网络系统对正常用户服务请求的及时响应，造成服务的性能受损甚至导致服务中断。

DoS 攻击的基本过程：攻击者向服务器发送众多带有虚假地址的请求，服务器发送回复信息后等待回传信息，因为地址是虚假的，所以服务器一直等不到回传信息，分配给这次请求的资源就始终没有被释放；服务器等待一定的时间后，连接会因超时而被切断，攻击者会再传送一批新的请求，在这种反复发送虚假地址请求的情况下，服务器资源最终会被耗尽，从而导致服务中断，如图 2.85 所示。

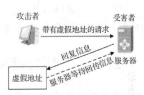

图 2.85　DoS 攻击的基本过程

2. DoS 攻击的目的

简单来说，DoS 攻击即想办法让目标主机停止提供服务或访问资源，这些资源包括磁盘空间、内存、进程，甚至网络带宽，从而阻止正常用户的访问，最终会使部分 Internet 连接和网络系统失效。DoS 攻击虽然不会直接导致系统被渗透，但是有些网络或者服务器的首要安全特性就是可用性，黑客通过 DoS 攻击可以使可用性失效。DoS 攻击还用于以下情况。

（1）为了冒充某台服务器，黑客对其进行 DoS 攻击，使之瘫痪。

（2）为了启动安装的木马，黑客要求系统重新启动，DoS 攻击可以用于强制服务器重新启动。

3. DoS 攻击的分类

近年来，人们不断加强对 DoS 攻击的防御，设计出了应对 DoS 攻击的各种技术手段。同时，DoS 攻击的手段在不断变化、增多，即使是同一种攻击手段，攻击者改变某些攻击特征后，就可以躲过某些防御措施，从而衍生出了各种各样的 DoS 攻击模式。这些问题一方面阻碍了研究者对 DoS 攻击现象与特征的深入理解；另一方面，也对人们根据攻击特征的异同来实施不同的防御措施，并对防御措施的有效性进行评估带来了困难。

了解攻击者使用的攻击类型，就可以有针对性地应对这些攻击。对 DoS 攻击的分类研究则是深入了解 DoS 攻击的有效途径。DoS 攻击的分类方法有很多种，从不同的角度可以进行不同的分类，而不同的应用场合也需要采用不同的分类。

（1）按攻击方式分类

按攻击方式分类，DoS 攻击可以分为资源消耗、服务中止和物理破坏。

① 资源消耗：指攻击者试图消耗目标的合法资源，如网络带宽、内存和磁盘空间、CPU 利用率等。根据资源类型的不同，资源消耗可分为带宽耗尽和系统资源耗尽两类。

② 服务中止：指攻击者利用服务中的某些缺陷导致服务崩溃或中止。

③ 物理破坏：指雷击、电流、水、火等物理接触方式导致的 DoS 攻击。

（2）按攻击的目标分类

按攻击的目标分类，DoS 攻击可以分为节点型和网络连接型。

① 节点型：旨在消耗节点资源，节点型又可以进一步分为主机型和应用型。

主机型：其目标主要是主机中的公共资源，如 CPU、磁盘等，使得主机对所有的服务都不能响应。

应用型：其目标是网络中特定的应用，如邮件服务、DNS 服务、Web 服务等，受攻击时，受害者使用的其他服务可能不受影响或者受影响的程度较小。

② 网络连接型：旨在消耗网络连接和带宽。

（3）按受害者类型分类

按受害者类型分类，DoS 攻击可以分为服务器端和客户端 DoS 攻击。

① 服务器端 DoS 攻击：指攻击的目标是特定的服务器，使之不能提供服务（或者不能向某些客户端提供某种服务），如攻击一台 FTP 服务器使之不能被访问。

② 客户端 DoS 攻击：针对特定的客户端，使之不能使用某种服务，如游戏、聊天室中的"踢人"，就是使某个特定的用户不能登录游戏或聊天室，使之不能使用系统的服务。

2.5.2 常见的 DoS 攻击

下面来介绍几种常见的 DoS 攻击。

1. 死亡之 ping

死亡之 ping（ping of Death）是最古老、最简单的 DoS 攻击之一，它会发送畸形的、超大的，通常大于 65536B 的 ICMP 数据包，造成操作系统内存溢出、系统崩溃、重启、内核失败等，从而达到攻击的目的。在早期阶段，路由器对包的最大尺寸都有限制。许多操作系统的 TCP/IP 堆栈规定将 ICMP 包的大小限制在 64KB 以内，并且在对包的报头进行读取之后，要根据该报头中包含的信息来为有效载荷生成缓冲区。当产生畸形的、声称自己的尺寸超过 ICMP 上限的包，也就是加载的尺寸超过 64KB 上限时，就会出现内存分配错误，导致 TCP/IP 堆栈崩溃，致使接收方死机。

正确地配置操作系统、阻断 ICMP 报文及未知协议，都可以防止此类攻击。

2. LAND 服务攻击

局域网拒绝（Local Area Network Denial，LAND）服务攻击是利用向目标主机发送大量的源地址和目的地址相同的数据包，造成目标主机解析 LAND 包时占用大量的系统资源，从而使网络功能完全瘫痪的攻击手段。其方法是将一个特别设计的 SYN 包中的源地址和目的地址都设置为某个被攻击的服务器的地址，这样服务器接收到该数据包后会向自己发送一个 SYN-ACK 回应包，SYN-ACK 回应包又会发送给自己一个 ACK 包，并创建一个空连接。每个这样的空连接都将暂存在服务器中，当空连接队列足够长时，正常的连接请求将被丢弃，造成服务器拒绝服务的现象出现。

适当配置防火墙设备或过滤路由器的过滤规则可以防止这种攻击行为（一般是丢弃该数据包），并对这种攻击进行审计（记录事件发生的时间，以及源主机和目标主机的 MAC 地址与 IP 地址）。

3. IP 欺骗攻击

这种攻击利用 RST 位来实现。假设有一个合法用户（IP 地址为 20.1.1.1）已经同服务器建立了正常的连接，攻击者构造攻击的 TCP 数据，伪装自己的 IP 地址为 20.1.1.1，并向服务器发送一个带有 RST 位的 TCP 数据段。服务器接收到这样的数据段后，认为从 IP 地址 20.1.1.1 发送的连接有错误，就会清空缓冲区中建立好的连接。此时，如果合法用户再次发送合法数据，服务器就已经没有这样的连接了，该用户必须重新建立连接。攻击时，攻击者会伪造大量的 IP 地址，向目标发送 RST 数据，使服务器不对合法用户提供服务，从而实现对受害服务器的 DoS 攻击。

保护自己或者单位免受 IP 欺骗攻击的最好方法之一是通过 ip source-route 命令设置路由器禁止使用源路由。事实上，人们很少使用源路由进行正常的业务通信，因而阻塞源路由类型的流量进入或者离开网络通常不会影响正常业务。

4. 泪滴攻击

泪滴（Teardrop）攻击利用在 TCP/IP 堆栈中实现信任 IP 碎片中包的报头中所包含的信任信息来实现自己的攻击。泪滴攻击是针对 IP 报文进行的攻击，数据链路层的帧长度存在限制，如以太网的帧长度不能超过 1500B，过大的 IP 报文会分片传送。攻击者利用这个原理，给被攻击者发送一些存在错误的分片偏移字段的 IP 报文，如当前的分片与上一分片的数据重叠，被攻击者在组合这种含有重叠偏移的伪造分片报文时，会导致系统崩溃、重启等。如图 2.86 所示，数据 A 的报文长度是 1450B，所以第二片报文的正确偏移量为 1450，如果攻击者将偏移量设置为错误值 950，则报文重组会出现错误。

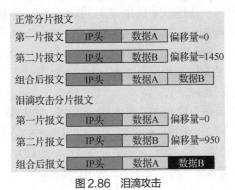

图 2.86　泪滴攻击

现在的操作系统都升级了协议栈，对重组重叠的 IP 报文会直接丢弃，能有效防御泪滴攻击。

5. SYN Flood 攻击

SYN 洪水（SYN Flood）攻击是当前最流行的 DoS 攻击方式之一，是一种利用 TCP 缺陷，发送大量伪造的 TCP 连接请求，使被攻击者资源耗尽（CPU 满负荷或内存不足）的攻击方式。

SYN Flood 攻击是利用 TCP 连接的 3 次握手过程的特性实现的。通常一次 TCP 连接的建立包括 3 个步骤：客户端发送 SYN 包给服务器端；服务器端分配一定的资源并返回 SYN-ACK 包，等待连接建立的最后的 ACK 包；客户端发送 ACK 包，这样两者之间就建立了连接，并可以通过连接传送数据。SYN Flood 攻击的过程就是疯狂地发送 SYN 包，而不返回 ACK 包，如图 2.87 所示，当服务器端未收到客户端的 ACK 确认包时，规范标准规定必须重发 SYN-ACK 包，一直到超时，才将 SYN ACK 条目从未连接队列中删除。这段时间的长度被称为 SYN 超时，一般来说这个时间以分钟为数量级来计算。一个用户出现异常导致服务器的一个线程等待 1min 并不是很大的问题，但如果有一个恶意的攻击者大量模拟这种情况

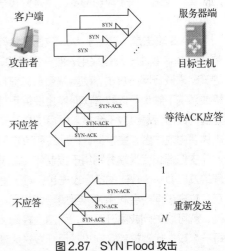

图 2.87　SYN Flood 攻击

（通过伪造 IP 地址实现），服务器端将为了维护一个非常大的半连接队列而消耗非常多的资源。即使是简单地保存并遍历半连接队列也会消耗非常多的 CPU 时间和内存，何况还要不断对队列中的 IP 报文重新发送 SYN-ACK 包。实际上，如果服务器的 TCP/IP 堆栈不够强大，最后的结果往往是堆栈溢出而

导致系统崩溃，即使服务器端的系统足够强大，服务器端也将忙于处理攻击者伪造的 TCP 连接请求而无暇顾及正常用户的正常请求。此时，从正常用户的角度来看，服务器失去响应，这种情况就称为服务器端受到了 SYN Flood 攻击。

防御 SYN Flood 攻击的方法是当接收到大量的 SYN 包时，通知防火墙和路由器阻断连接请求或丢弃这些数据包，并进行系统审计。

6. UDP Flood 攻击

UDP Flood 攻击是流量型的 DoS 攻击，常见的情况是利用大量 UDP 包冲击某些基于 UDP 的服务器，如 DNS 服务器、远程身份证拨号用户服务（Remote Authentication Dial-in User Service，RADIUS）服务器。攻击者通过僵尸网络向目标服务器发送大量的 UDP 包，这种 UDP 包通常为大包，且发送速率非常快，从而造成服务器资源耗尽，无法响应正常的请求，性能降低甚至会话耗尽，严重时会导致网络瘫痪，影响正常业务。UDP 是一种无连接的服务，因此在 UDP Flood 攻击中，攻击者可发送大量伪造 IP 地址的 UDP 包。但是，也正是因为 UDP 是无连接的，所以只要设置一个 UDP 端口来提供相关服务，就可以针对相关的服务进行攻击。因为大多数 IP 并不提供 UDP 服务，而是直接丢弃 UDP 包，所以现在纯粹的 UDP Flood 攻击比较少见，取而代之的是 UDP 承载的域名系统查询泛洪攻击 DNS Query Flood 攻击。简单地说，在越上层协议上发动的攻击越难以防御，因为越上层的协议与业务的关联性越大，防御系统面临的情况也越复杂。

防火墙在默认的设置下就能很有效地防御 UDP Flood 攻击。防火墙的防护参数面板中的"UDP 保护触发"和"碎片保护触发"这 2 个设置项就是专门针对此类攻击的防御设置，其中"碎片保护触发"是专门针对 UDP 碎片攻击的防御设置，默认配置下能有效地防御 UDP Flood 类型的攻击。对于 53 号端口（DNS 服务器）的 UDP 攻击，也可以使用防火墙进行防御。

2.5.3 分布式拒绝服务攻击

分布式拒绝服务（Distributed Denial of Service，DDoS）攻击是指处于不同位置的多个攻击者同时向一个或数个目标发动攻击，或者一个攻击者控制了位于不同位置的多台机器并利用这些机器对目标同时实施攻击。由于攻击的发出点是分布在不同地方的，这类攻击称为 DDoS 攻击，其中的攻击者可以有多个。

DDoS 攻击是一种基于 DoS 攻击的特殊形式的 DoS 攻击，是一种分布的、协同的大规模攻击方式。单一的 DoS 攻击一般是采用一对一方式的，它利用网络协议和操作系统的一些缺陷，采用欺骗和伪装的策略来进行网络攻击，使网站服务器充斥大量要求回复的信息，消耗网络带宽或系统资源，导致网络或系统不胜负荷以致瘫痪而停止提供正常的网络服务。与 DoS 攻击由单台主机发起攻击相比，DDoS 是借助数百台甚至数千台被入侵后安装了攻击进程的主机同时发起的集体行为。一个完整的 DDoS 攻击体系由攻击者、主控端、代理端和攻击目标 4 部分组成，如图 2.88 所示。

主控端和代理端分别用于控制和实际发起攻击，其中主控端只发布命令而不参与实际的攻击，代理端发出 DDoS 攻击的实际攻击包。对于主控端和代理端的计算机，攻击者有控制权或者部分控制权，它在攻击过程中会利用各种手段隐藏自己不被别人发现。真正的攻击者一旦将攻击的命令传送到主控端，就可以关闭或离开网络，而由主控端将命令发布到各个代理端上。这样攻击者就可以逃避追踪。每一个攻击代理端都会向攻击目标发送大量的服务请求数据包，这些数据包经过伪装，让人无法识别其来源，且这些数据包所请求的服务往往要消耗大量的系统资源，使得攻击目标无法为用户提供正常服务，甚至导致系统崩溃。

下面介绍几种常见的 DDoS 攻击。

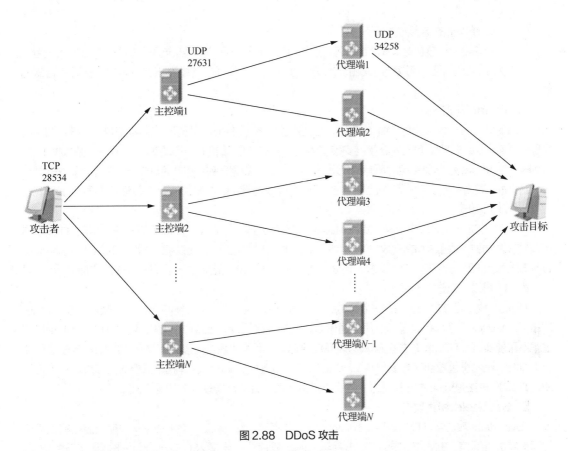

图 2.88　DDoS 攻击

1. Smurf 攻击

Smurf 攻击是一种简单但有效的 DDoS 攻击，该攻击会导致计算机网络停止服务。Smurf 程序通过利用 IP 和 ICMP 的漏洞来实现其攻击目的。这种攻击方法结合了 IP 欺骗攻击和 ICMP 回复实现方式，使大量网络传输充斥目标系统，使目标系统拒绝为正常系统提供服务。该攻击向一个子网的广播地址发送一个带有特定请求（如 ICMP 回应请求）的包，并将源地址伪装为想要攻击的主机地址，子网上的所有主机都回应广播包请求而向被攻击主机发送数据包，使该主机受到攻击，如图 2.89 所示。为了完成攻击，Smurf 程序必须要找到攻击平台，这个攻击平台就是路由器上启动的 IP 广播功能。此功能允许 Smurf 发送一个伪造的 ping 包，并将其传播到整个计算机网络中。

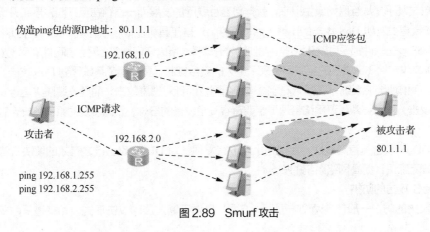

图 2.89　Smurf 攻击

针对 Smurf 攻击的防御方法如下。

（1）在路由器上设置检查 ICMP 应答包，拒绝目的地址为子网广播地址或子网的网络地址的数据包。

（2）为了保护内网，可以使用路由器的访问控制列表，保证内网中发出的所有信息都具有合法的源地址。

2. Trinoo 攻击

Trinoo 攻击是一种复杂的 DDoS 攻击，它使用管理者（Master）程序对实际实施攻击的任何数量的代理程序实现自动控制。攻击者连接到安装了 Master 程序的计算机时，启动 Master 程序，并根据 IP 地址列表，由 Master 程序负责启动所有的代理程序。此后，代理程序用 UDP 包冲击网络，从而攻击目标。在攻击之前，攻击者为了安装软件，会控制安装有 Master 程序的计算机和所有安装有代理程序的计算机。

3. TFN 攻击

TFN 攻击与 Trinoo 攻击一样，使用 Master 程序与位于多个网络中的代理程序进行通信。TFN 攻击可以并行发动数不胜数的 DoS 攻击，类型多种多样，还可建立带有伪装源 IP 地址的信息包。可以由 TFN 攻击发动的攻击包括 UDP 攻击、TCP SYN 攻击、ICMP 回应请求攻击以及 ICMP 广播。

4. TFN2K 攻击

TFN2K 攻击是 TFN 攻击的一个更高级的版本，它"修复"了 TFN 攻击的某些缺点。在 TFN2K 攻击下，Master 程序与代理程序之间的通信可以使用许多协议，如 TCP、UDP 和 ICMP，这使得协议过滤不可能实现。TFN2K 攻击能够发送破坏信息包，从而导致系统瘫痪或不稳定。TFN2K 攻击会伪造 IP 源地址，让信息包看起来好像是从 LAN 上的一个临近机器来的，这样就可以挫败出口过滤和入口过滤。TFN2K 攻击是近期才被识破的，因此还没有一项研究能够发现它的明显弱点。

5. Stacheldraht 攻击

Stacheldraht 攻击与 TFN 攻击和 Trinoo 攻击一样基于 C/S 模式，其中 Master 程序与潜在的上千个代理程序进行通信。在发动攻击时，攻击者与 Master 程序进行连接。Stacheldraht 攻击增加了新的功能，其内嵌了一个代理升级模块，可以自动下载并安装最新的代理程序，攻击者与 Master 程序之间的通信是加密的，Stacheldraht 对命令源作假，可以防范一些路由器的过滤，并使用远程复制技术对代理程序进行更新。Stacheldraht 攻击同 TFN 攻击一样，可以并行发动数不胜数的 DoS 攻击，类型多种多样，还可建立带有伪装源 IP 地址的信息包。Stacheldraht 攻击所发动的攻击包括 UDP 攻击、TCP SYN 攻击、ICMP 回应攻击以及 ICMP 广播。

2.5.4　DoS 攻击与 DDoS 攻击的防护

DoS 攻击几乎是从互联网诞生以来，就伴随着互联网的发展而一直存在且不断发展和升级的。值得一提的是，要查找发动 DoS 攻击的工具一点也不难，这些工具可以很轻松地从 Internet 中获得，前文提到的这些 DoS 攻击软件都是可以从网络中找到的公开软件。所以任何一名上网者都可能对网络安全构成潜在威胁，DoS 攻击给飞速发展的互联网带来了重大的安全威胁。要想避免系统受到 DoS 攻击，网络管理员要积极、谨慎地维护系统，确保无安全隐患和漏洞；而针对恶意攻击，需要安装防火墙等安全设备来过滤 DoS 攻击，同时强烈建议网络管理员定期查看安全设备的日志，及时发现对系统的安全存在威胁的行为。

因为 DDoS 攻击具有隐蔽性，目前为止还没有发现针对 DDoS 攻击行之有效的解决方法，所以要加强安全防范意识，提高网络系统的安全性。

1. DoS 攻击的防护

DoS 攻击的防护一般包含两个方面：一方面是针对不断发展的攻击形式，尤其是采用多种欺骗技术的攻击，能够有效地进行检测；另一方面是降低攻击对业务系统或者网络的影响，从而保证业务系统或网络的连续性和可用性。

针对上述两个方面的要求，一个完善的 DoS 攻击防护措施应该从以下几方面入手。

（1）能够从网络流量中精确地区分攻击流量并阻断。

（2）通过检测发现攻击，降低攻击对服务的影响。

（3）能够在网络多个边界上进行部署，阻断内外不同类型的攻击。

（4）保障网络系统具备很强的扩展性和良好的可靠性。

通常建议用户采取以下手段来帮助网络抵御 DoS 攻击。

（1）增加网络核心设备的冗余性，提高主机对网络流量的处理能力和负载均衡能力。

（2）为路由器配置访问控制列表，过滤掉非法流量。

（3）部署防火墙设备，提高网络抵御攻击的能力。

（4）部署入侵检测系统、入侵防御系统设备，提高对不断更新的 DoS 攻击的识别和控制能力。

2. DDoS 攻击的防护

针对 DDoS 攻击，可采取的安全防护措施如下。

（1）及早发现系统存在的攻击漏洞，及时安装系统补丁程序。对一些重要的信息建立完善的备份机制，如系统配置信息的备份。对一些特权账号（如管理员账号）的密码设置要谨慎，最好采用强密码机制，通过这样一系列措施可以把攻击者的可乘之机减少到最少。

（2）在网络管理方面，要经常检查系统的物理环境，禁止不必要的网络服务。经常检测系统配置信息，并注意查看每天的安全日志。

（3）利用网络安全设备（如防火墙）来加强网络的安全性，配置好它们的安全规则，过滤掉所有可能的伪造的数据包。

（4）比较好的防护措施就是和网络服务提供商协调工作，让它们帮助实现路由访问控制和对带宽的限制。

（5）当发现主机正在遭受 DDoS 攻击时，应当及时启动应对策略，尽可能快地追踪攻击包，并要及时联系因特网服务提供方（Internet Service Provider，ISP）和有关应急组织，分析受影响的系统，确定涉及的其他节点，从而阻挡已知攻击节点的流量。

（6）如果是潜在的 DDoS 攻击受害者，则当发现计算机被攻击者作为主控端和代理端时，不能因为系统暂时没有受到损害而掉以轻心，攻击者已发现系统的漏洞，这对于系统来说是一个很大的威胁。一旦发现系统中存在 DDoS 攻击的工具，要及时将其清除，以免留下后患。

2.6　ARP 欺骗

ARP 欺骗（ARP Spoofing）又称 ARP 毒化（ARP Poisoning）或 ARP 攻击，是针对以太网 ARP 的一种攻击技术，通过欺骗局域网内访问者主机的网关 MAC 地址，使访问者主机错以为攻击者更改后的 MAC 地址是网关的 MAC 地址，导致网络不通。此种攻击可让攻击者获取局域网中的数据包甚至可篡改数据包，并可以让网络中的特定计算机或所有计算机无法正常连线。

2.6.1　ARP 的工作原理

ARP 用于解析 IP 地址与 MAC 地址的对应关系，即将 IP 地址解析为 MAC 地址。ARP 的基本功能就是查询目标设备的 MAC 地址，完成数据封装。ARP 是一种利用网络层地址来取得数据链路层地址的协议，如果网络层使用 IP，数据链路层使用以太网，那么当我们知道某台设备的 IP 地址时，就可以利用 ARP 来取得对应的以太网 MAC 地址。网络设备在发送数据时，在网络层信息要封装为数据链路层信息之前，需要先取得目标设备的 MAC 地址。因此，ARP 在网络数据通信中是非常重要的。ARP 的工作原理如图 2.90 所示。

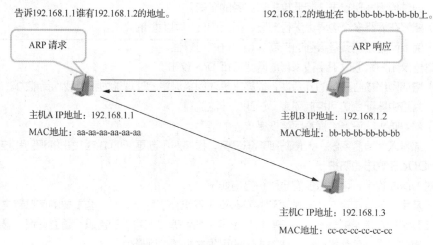

图 2.90　ARP 的工作原理

正常情况下，主机 A 与主机 B 通信，主机 A 向主机 B 发送报文时会查询本地的 ARP 缓存表，找到主机 B 的 IP 地址对应的 MAC 地址后，将主机 B 的 MAC 地址封装到数据链路层的帧头，并进行数据传输。如果未找到对应的 MAC 地址，则主机 A 会以广播的方式发送一个 ARP 请求（Request）报文，携带主机 A 的 IP 地址 A_IP 和 MAC 地址 A_MAC，请求 IP 地址为 B_IP 的主机 B 回答其 MAC 地址 B_MAC。这时网络中的所有主机，包括主机 B、主机 C 都收到这个 ARP 广播请求报文，但只有主机 B 识别出了自己的 IP 地址，于是主机 B 以单播的形式向主机 A 回复一个 ARP 响应（Reply）报文，其中包括主机 B 的 MAC 地址 B_MAC。当主机 A 接收到主机 B 的应答后，就会更新本地的 ARP 缓存表，使用这个 MAC 地址进行帧的封装并发送数据。

操作系统中有本地的 ARP 缓存表，缓存表更新记录的方式如下：无论收到的是 ARP 请求报文还是 ARP 响应报文，缓存表都会根据报文中的数据进行更新。ARP 缓存表的更新过程如图 2.91 所示。

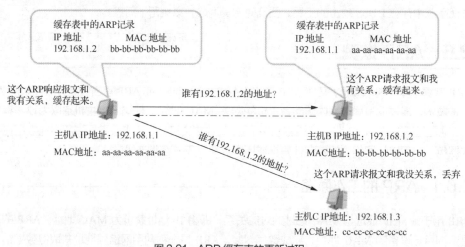

图 2.91　ARP 缓存表的更新过程

ARP 缓存表更新时有如下特点。

（1）无法判断数据包来源和数据包内容的真伪。

（2）无请求也可以接收 ARP 响应报文。

（3）接收 ARP 单播请求报文。

2.6.2　ARP 欺骗攻击及防范措施

ARP 并不是只在发送了 ARP 请求后才接收 ARP 应答，当计算机接收到 ARP 应答数据包的时候，就会对本地的 ARP 缓存表进行更新，将应答的 IP 地址和 MAC 地址存储在 ARP 缓存表中。ARP 欺骗攻击正是利用了 ARP 缓存表更新的特点，黑客有目的地向被攻击者发送虚假的 ARP 单播请求或者 ARP 响应报文。ARP 欺骗如图 2.92 所示。

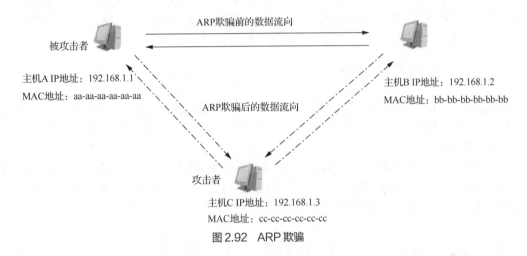

图 2.92　ARP 欺骗

在图 2.92 中，当局域网中的主机 A 与主机 B 通信时，主机 C 为攻击者，若主机 C 向主机 A 发送一个自己伪造的 ARP 应答，而这个应答是攻击者主机 C 冒充主机 B 伪造来的，即 IP 地址为主机 B 的 IP 地址，而 MAC 地址是伪造的（可以是主机 C 的 MAC 地址 C_MAC 或者是不存在的 MAC 地址），当主机 A 接收到主机 C 伪造的 ARP 应答后，就会更新本地的 ARP 缓存表。这样在主机 A 看来主机 B 的 IP 地址没有变化，而它的 MAC 地址已经不是原来主机 B 的 MAC 地址了（而是主机 C 的 MAC 地址 C_MAC 或不存在的 MAC 地址）。因为局域网的网络通信不是根据 IP 地址进行的，而是根据 MAC 地址进行的，所以伪造出来的 MAC 地址在主机 A 上被改变为一个不存在的 MAC 地址，这样就会造成网络不能使用，导致主机 A 与主机 B 无法通信，这就是一个简单的 ARP 欺骗。

因为 ARP 只在二层的广播域内起作用，所以 ARP 欺骗主要针对局域网同一网段的主机进行攻击。其中，常见的一种形式是针对内网主机进行网关欺骗，其造成的后果是该主机无法和网关正常通信，如果黑客使用了代理技术，则该主机能正常通信，但是黑客可以监听 ARP 数据包，这也是非常危险的。

攻击者为了实施 ARP 欺骗，需要向被欺骗计算机发送虚假的 ARP 响应报文，而为了防止被欺骗计算机收到正确的 ARP 响应报文后正确更新本地的 ARP 缓存表，攻击者需要持续发送 ARP 响应报文。因此，发生 ARP 欺骗攻击时，网络中通常会有大量的 ARP 响应报文，网络管理员可以根据这一特征，通过网络嗅探检测网络中是否存在 ARP 欺骗攻击。

防范 ARP 欺骗攻击的主要措施有以下几种。

（1）静态绑定网关等关键主机的 MAC 地址和 IP 地址的对应关系，执行命令如下。

```
C:\> arp -s 192.168.1.1 a8-25-eb-1c-84-40        //添加静态项
C:\> arp -a                                       //显示 ARP 表
```

该方法可以将相关的静态绑定命令制作为一个自启动的批处理文件，使计算机一启动就执行该批处理文件，以达到绑定关键主机 MAC 地址和 IP 地址对应关系的目的。

（2）通过加密传输数据、使用 VLAN 技术细分网络拓扑等方法，降低 ARP 欺骗攻击的危害。

（3）使用一些第三方的 ARP 欺骗攻击防范工具，如 360 安全卫士 ARP 防火墙等。

2.7　缓冲区溢出

缓冲区溢出（Buffer Overflow）是一种非常普遍、非常危险的漏洞，在各种操作系统、应用软件中广泛存在。缓冲区溢出攻击可以导致程序运行失败、系统死机、系统重新启动等。更为严重的是，攻击者可以利用它执行非授权指令，甚至可以取得系统特权，进而进行各种非法操作。

2.7.1　缓冲区溢出原理

缓冲区溢出针对程序设计缺陷，向程序输入缓冲区写入使之溢出的内容（通常是超过缓冲区能保存的最大数据量的数据），从而破坏程序运行、趁程序中断之际获取程序乃至系统的控制权。

1. 缓冲区

计算机程序一般会使用到一些内存，这些内存或是程序内部使用，或是用于存放用户的输入数据，这样的内存一般称作缓冲区。Windows 操作系统的内存结构如图 2.93 所示。计算机运行时将内存划分为 3 个段，分别是数据段、代码段和堆栈段。

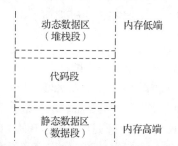

图 2.93　Windows 操作系统的内存结构

（1）数据段。静态全局变量位于数据段，并在程序开始运行的时候被加载。

（2）代码段。其中的数据只能读取、可执行。代码段存放了程序的代码，其中的数据是在编译时生成的二进制机器代码，可供 CPU 执行。代码段中的数据不允许更改，任何对代码段的写入操作都会导致代码段违法、出错。

（3）堆栈段。堆栈段用于放置程序运行时的动态局部变量，局部变量的空间被分配在堆栈中。堆栈是一个后进先出的数据结构，堆栈向低地址增长，其中保存了本地变量、函数调用等信息。随着进程中函数调用层数的增加，栈帧是逐块地向内存低地址方向延伸的。随着进程中函数调用层数的减少，即各函数的返回，栈帧会逐块被遗弃，而向内存高地址方向回缩。各函数的栈帧大小随着函数性质的不同而不等。

2. 缓冲区溢出

溢出是指盛放的东西超出容器的容量，例如，如果把 2L 的水倒入容量为 1L 的容器中，水就会溢出。同理，在计算机内部，向一个容量有限的内存空间中存储过量数据，数据也会溢出内存空间。而缓冲区溢出就是计算机对接收的输入数据没有进行有效的检测（理想的情况是程序检查数据长度，不允许输入超过缓冲区长度的字符），向缓冲区内填充数据时超过了缓冲区本身的容量，而导致数据溢出到被分配空间之外的内存空间，使得溢出的数据覆盖了其他内存空间的数据。

2.7.2 缓冲区溢出的防范措施

在计算机安全领域，缓冲区溢出就好比给自己的程序开了个后门，这种安全隐患是致命的。而利用缓冲区溢出漏洞实施的攻击就是缓冲区溢出攻击。缓冲区溢出攻击可以导致程序运行失败、系统死机、系统重新启动，或者执行攻击者的指令，如非法提升权限等。

在当前网络与分布式系统安全中，被广泛利用的漏洞 50%以上是缓冲区溢出，其中一个比较著名的例子是 1988 年利用 fingerd 漏洞进行缓冲区溢出冲击的蠕虫。而在缓冲区溢出攻击中，最为危险的是堆栈溢出攻击，因为入侵者可以利用堆栈溢出攻击在函数返回时改变返回程序的地址，让其跳转到任意地址。其带来的危害一是使程序崩溃，导致拒绝服务；二是使程序跳转并执行一段恶意代码，如得到 shell。

缓冲区溢出是代码中固有的漏洞，除了开发人员在开发阶段要注意编写正确的代码之外，对于用户而言，一般的防范措施如下。

（1）关闭端口或服务。系统管理员应该知道自己的系统中安装了哪些程序，且哪些服务正在运行。

（2）安装软件厂商的补丁。漏洞一经公布，大的厂商就会及时提供补丁。

（3）在防火墙上过滤特殊的流量，阻止内部人员的攻击。

（4）检查关键的服务程序，查看是否存在漏洞。

（5）以所需要的最小权限运行软件。

缓冲区溢出攻击占了远程网络攻击的绝大多数，这种攻击可以使得一个匿名的 Internet 用户有机会获得一台主机的部分或全部的控制权。如果能有效地消除缓冲区溢出漏洞，则很大一部分的安全威胁可以得到缓解。从软件的角度来看，目前有 4 种基本方法可以保护缓冲区免受缓冲区溢出的攻击和影响。

（1）在程序指针失效前进行完整性检查。虽然这种方法不能使得所有的缓冲区溢出攻击失效，但它能阻止绝大多数的缓冲区溢出攻击。

（2）利用编译器的边界检查来实现对缓冲区的保护。这种方法使得缓冲区溢出不可能出现，从而完全消除了缓冲区溢出的威胁，但是相对而言代价比较大。

（3）强制要求程序员编写正确、安全的代码。

（4）通过操作系统使缓冲区不可执行，从而阻止攻击者植入攻击代码。

总之，要想有效地预防由于缓冲区溢出而产生的攻击，对于程序开发人员来说，需要提高安全编程意识，在应用程序编程环节减少缓冲区溢出漏洞；对于系统管理员来说，需要经常与系统供应商联系，经常浏览系统供应商的网站，及时发现漏洞，对系统和应用程序及时进行升级、安装漏洞补丁。

2.8 入侵检测与防御系统

新一代威胁最重要的特征之一是基于零日漏洞的攻击。基于传统的防护技术需要一段较长的时间来生成可用的签名，而在这段时间内，攻击者可能已经对被攻击者造成了重大损失。同时，新一代威胁具有明确的目标，攻击者长期、有目的性地针对环境的变化采用定制化的攻击手段，在悄然之中达成了攻击目的。不断出现的攻击事件清楚地展现了一个事实，即传统防护技术已经无法帮助组织抵御新一代威胁。保护今天的 IT 设施，需要从根本上不同的方法，即需要针对新一代威胁的解决方案。

新一代的防御系统产品在传统 IPS 产品的基础上进行了扩展，增加了对所保护的网络环境的感知能力、深度应用感知能力、内容感知能力，以及对未知威胁的防御能力，实现了更精准的检测和更优化的管理体验，更好地实现了对新一代威胁的检测与防护，保障用户应用和业务安全，还实现了对网络基础设施、服务器、客户端以及网络带宽性能的全面防护。

2.8.1　入侵检测系统

入侵检测系统（Instruction Detection System，IDS）是一种网络安全设备，能够对网络传输进行即时监视，在发现可疑传输时发出警报或者采取主动反应措施。它与其他网络安全设备的不同之处在于，IDS 是一种积极、主动的安全防护设备。不同于防火墙，IDS 是一种监听设备，没有跨接在任何链路上，无须网络流量流经它便可以工作。因此，对 IDS 的部署，唯一的要求是 IDS 应当挂接在所有所关注的流量都必须流经的链路上。

1. IDS 的概念

IDS 通过计算机网络或系统中的若干关键点收集信息，并对其进行分析，从中发现网络或系统中是否有违反安全策略的行为和遭到攻击的迹象。

2. IDS 的功能

IDS 的主要功能如下。

（1）检测并分析用户和系统的活动。

（2）检查系统配置和漏洞。

（3）评估系统关键资源和数据文件的完整性。

（4）识别已知的攻击行为。

（5）统计分析异常行为。

（6）进行操作系统日志管理，并识别违反安全策略的用户活动。

3. IDS 的安全策略

IDS 根据入侵检测的行为分为两种模式：异常检测和误用检测。前者先要建立一个系统访问正常行为的模型，凡是不符合这个模型的访问者行为将被断定为入侵；后者则相反，先要将所有可能发生的、不利的、不可接受的行为归纳建立为一个模型，凡是符合这个模型的访问者行为将被断定为入侵。

这两种模式的安全策略是完全不同的，且它们各有长处和短处：异常检测的漏报率很低，但是不符合正常行为模型的行为并不见得就是入侵，因此这种策略误报率较高；误用检测直接匹配不可接受的行为模型，误报率较低，但入侵行为千变万化，可能没有被收集在行为模型中，因此漏报率很高。这就要求用户必须根据自己系统的特点和安全要求来制定策略，选择行为检测模式。现在用户大都采取两种模式相结合的策略。

4. IDS 的优缺点

IDS 的优点如下。

（1）能够检测那些来自网络的攻击和超过授权的非法访问。

（2）不需要改变服务器等主机的配置，也不会影响主机性能。这种检测技术不会在业务系统的主机中安装额外的软件，因此不会影响这些机器的 CPU、I/O 与磁盘等资源的使用，也不会影响业务系统的性能。

（3）风险低。因为不像路由器、防火墙等关键设备那样会成为系统中的关键路径，所以 IDS 发生故障时不会影响正常业务的运行。

（4）配置简单。IDS 近年来有向专门设备发展的趋势，安装这样的 IDS 非常方便，只需将定制的设备接上电源，做少量的配置，再将其连接到网络上即可。

IDS 的缺点如下。

（1）误/漏报率高。IDS 常用的检测方法都存在一定的缺陷。因此，从技术上讲，IDS 在识别大规模的组合式、分布式的入侵攻击方面，还没有较好的方法和成熟的解决方案，误报与漏报现象严重，用户往往被淹没在海量的报警信息中，而漏掉真正的报警信息。

（2）没有主动防御能力。因为 IDS 技术采用了一种预置式、特征分析式的原理，所以其检测规则的更新总是落后于攻击手段的更新。

（3）缺乏准确定位和处理机制。IDS 仅能识别 IP 地址，无法定位 IP 地址，不能识别数据来源。IDS 在发现攻击事件的时候，只能关闭网络出口或服务器的少数端口，但这样同时会影响其他正常用户的使用，缺乏更有效的响应处理机制。

（4）性能普遍不足。市场上的 IDS 产品大多采用的是特征检测技术，这种 IDS 产品已不能适应交换技术的发展和高带宽环境，在大流量冲击、多 IP 分片的情况下可能造成 IDS 的瘫痪或丢包，形成 DoS 攻击。

5. 入侵检测方法

在异常检测模式中，IDS 常常采用以下几种检测方法。

（1）基于特征的检测法。该方法从一组度量中挑选出能检测入侵的度量，用它来对入侵行为进行预测或分类。

（2）基于模式预测的检测法。该方法的特点是考虑了事件序列及相互联系，只关心少数相关安全事件是其最大优点。

（3）基于贝叶斯推理的检测法。该方法通过在任何给定的时刻测量变量值，判断系统是否发生了入侵事件。

（4）基于统计异常的检测法。该方法根据用户对象的活动为每个用户都建立一个特征轮廓表，通过对当前特征与以前已经建立的特征进行比较，来判断当前行为的异常性。用户特征轮廓表要根据审计记录情况不断更新，保护其多衡量指标，这些指标值需根据经验或一段时间内的统计得到。

（5）基于应用模式的检测法。该方法根据服务请求类型、服务请求长度、服务请求包大小分布来计算网络服务的异常值，通过比较实时计算的异常值和所训练的阈值来发现异常行为。

在误用检测模式中，IDS 常常采用以下几种检测方法。

（1）模式匹配法。该方法常常被用于入侵检测技术中。它通过对收集到的信息与网络入侵和系统误用模式数据库中的已知信息进行比较，从而发现违背安全策略的行为。模式匹配法可以显著地减少系统负担，有较高的检测率和准确率。

（2）专家系统法。该方法的思想是把安全专家的知识表示成规则知识库，并用推理算法检测入侵，主要针对有特征的入侵行为。

（3）基于状态转移分析的检测法。该方法的基本思想是将攻击看作一个连续的、分步骤的且各个步骤之间有一定的关联的过程。主机在网络中发生入侵时及时阻断入侵行为，防止可能还会进一步发生的类似攻击行为。在基于状态转移分析的检测法中，一个渗透过程可以看作由攻击者做出一系列行为而导致系统从某个初始状态最终变为某个被危害的状态。

2.8.2　入侵防御系统

入侵防御系统（Instruction Prevention System，IPS）是一种能够监视网络或网络设备的网络资料传输行为的计算机网络安全设备，能够即时地中断、调整或隔离一些不正常或具有伤害性的网络资料传输行为。

随着网络攻击技术的不断提高和网络安全漏洞的不断出现，传统防火墙技术加传统 IDS 的技术已经无法应对一些安全威胁。在这种情况下，IPS 技术应运而生，IPS 技术可以深度感知并检测流经 IPS 设备的数据流量，对恶意报文进行丢弃以阻断攻击，对滥用报文进行限流以保护网络带宽资源。对于部署在数据转发路径上的 IPS，其可以根据预先设定的安全策略，对流经的每个报文进行深度检测（协议分析跟踪、特征匹配、流量统计分析、事件关联分析等），一旦发现隐藏于其中的网络攻击，就可以根据该攻击的威胁级别立即采取防御措施，这些措施包括（按照处理力度分类）向管理中心告警、丢弃该报文、切断此次应用会话、切断此次 TCP 连接。

IPS 也像 IDS 一样，专门深入网络数据内部，查找它所认识的攻击代码特征，过滤有害数据流，丢弃有害数据包，并进行记载，以便事后分析。除此之外，大多数 IPS 会考虑应用程序或网络传输中的异常情况，以辅助识别入侵和攻击行为。IPS 一般作为防火墙和防病毒软件的补充来投入使用，必要时还可以为追究攻击者的刑事责任提供法律上有效的证据。

1. 入侵防御技术

入侵防御常常采用以下几种技术。

（1）异常侦查。IPS 知道正常数据以及数据之间关系的常用形式，可以对其进行对照识别。

（2）在遇到动态代码（ActiveX、Java Applet、各种指令语言等）时，先把它们放在沙盘（沙盘是一个虚拟系统程序，允许在沙盘环境中运行浏览或其他程序）内，观察其行为动向，如果发现有可疑情况，则停止传输，禁止代码执行。

（3）有些 IPS 结合协议异常、传输异常和特征侦查，对通过网关或防火墙进入网络内部的有害代码实行有效阻止。

（4）核心基础上的防护机制。用户程序通过系统指令使用资源（如存储区、输入输出设备、CPU等），IPS 可以截获有害的系统请求。

（5）对库（Library）、注册表（Registry）、重要文件和重要的文件夹进行防守及保护。

2. IPS 类型

IPS 按用途可分为单机入侵防御系统（Hostbased Intrusion Prevention System，HIPS）和网络入侵防御系统（Network Intrusion Prevention System，NIPS）两种类型。

（1）单机入侵防御系统。根据有害代码通常潜伏于正常程序代码中间、伺机运行的特点，单机入侵防御系统会监视正常程序，如 IE、Outlook 等，在它们（确切地说，其实是它们所夹带的有害代码）向作业系统发出请求指令、改写系统文件、建立对外连接时，进行有效阻止，从而保护网络中重要的单台设备，如服务器、路由器、防火墙等。它不需要求助于已知病毒特征和事先设定的安全规则。总体来说，单机入侵防御系统能使大部分"钻空子"行为无法得逞。我们知道，入侵是指有害代码首先到达目的地，然后进行破坏。然而，即使它侥幸突破防火墙等各种防线，得以到达目的地，但是有了 IPS，有害代码最终还是无法达到它想要达到的目的。

（2）网络入侵防御系统。作为网络之间或网络组成部分之间的独立的硬件设备，网络入侵防御系统的作用是切断交通，对过往包进行深层检查，并确定是否放行这些包。网络入侵防御系统借助病毒特征和协议异常阻止有害代码传播。有些网络入侵防御系统还能够跟踪和标记对可疑代码的回答，并看谁使用这些回答信息请求连接，这样就能更好地确认是否发生了入侵事件。

3. IPS 的功能

IPS 的主要功能如下。

（1）入侵防护。实时、主动拦截黑客攻击、蠕虫、网络病毒、后门木马、DoS 等恶意流量，保护企业信息系统和网络架构免受侵害，防止操作系统和应用程序损坏或死机。

（2）Web 安全。基于互联网 Web 站点的挂马检测结果，结合统一资源定位符（Uniform Resource Locator，URL）信誉评价技术，保护用户在访问被植入木马等恶意代码的网站时不受侵害，及时、有效地应对 Web 威胁。

（3）流量控制。阻断一切非授权用户流量，确保合法网络资源的使用，有效保证关键应用全天候畅通无阻，通过保护关键应用带宽来不断提升企业 IT 产出率和收益率。

（4）上网监管。全面监测和管理即时通信（Instant Messaging，IM）、对等网络（Peer-to-Peer，P2P）下载、网络游戏、在线视频，以及在线炒股等网络行为，协助企业辨识和限制非授权网络流量，更好地执行企业的安全策略。

最近几年 IPS 越来越受欢迎，特别是在供应商应对网络访问服务器（Network Access Server，NAC）市场的早期挑战（如感知部署和可用性难点）时。目前，大多数大型的组织全面部署了 IPS，NAC 解决方案都被一定程度限制以防止网络中发生新的攻击。用户可以配置 IPS 探测器来中断网络中恶意或无关的流量。例如，假设一个特定的终端发起一个针对某公司数据中心的应用服务器的攻击，且 IPS 检测到该流量是恶意的，那么 IPS 可以通过所配置的策略来中断流量。虽然这个响应是充分的，但是在某些情况下，用户可能想进一步阻止网络以后会发生的攻击。NAC 可以帮助用户从 IPS 设备中获取信息，并在被攻击或发生意外事件时使用这些信息来处理终端用户的访问。

本章小结

本章包含 8 节。

2.1 节黑客概述，主要讲解了黑客的由来与分类、黑客攻击的主要途径、黑客攻击的目的及过程。

2.2 节网络信息收集，主要讲解了常见的网络信息收集技术、常见的网络扫描器工具、常用的网络命令。

2.3 节网络监听，主要讲解了 Wireshark 网络分析器、Charles 网络分析器、Fiddler 调试代理分析器。

2.4 节网络入侵实施，主要讲解了口令破解、主机 IPC$入侵。

2.5 节拒绝服务攻击，主要讲解了拒绝服务攻击概述、常见的 DoS 攻击、分布式拒绝服务攻击、DoS 攻击与 DDoS 攻击的防护。

2.6 节 ARP 欺骗，主要讲解了 ARP 的工作原理、ARP 欺骗攻击及防范措施。

2.7 节缓冲区溢出，主要讲解了缓冲区溢出原理、缓冲区溢出的防范措施。

2.8 节入侵检测与防御系统，主要讲解了入侵检测系统、入侵防御系统。

课后习题

1. 选择题

（1）DNS 端口号为（　　）。

    A. 21　　　　　　　　B. 23　　　　　　　　C. 53　　　　　　　　D. 69

（2）实现路由跟踪时，用于确定 IP 数据包访问目标时采取的路径的命令为（　　　）。

    A．tracert   B．ping   C．nslookup   D．netstat

（3）利用向目标主机发送大量的源地址和目的地址相同的数据包，造成目标主机解析时占用大量的系统资源，从而使网络功能完全瘫痪的攻击手段为（　　　）。

    A．IP 欺骗攻击   B．Land 攻击   C．泪滴攻击   D．SYN Flood 攻击

（4）用于指定查询的类型，可以查到 DNS 记录的生存时间，还可以指定使用哪个 DNS 服务器进行解释的命令为（　　　）。

    A．ping   B．ipconfig   C．arp   D．nslookup

（5）用于 IP 地址和 MAC 地址绑定的操作命令是（　　　）。

    A．arp　-s　192.168.1.1　a8-25-eb-1c-84-40

    B．arp　-a　192.168.1.1　a8-25-eb-1c-84-40

    C．arp　-d　192.168.1.1　a8-25-eb-1c-84-40

    D．arp　-g　192.168.1.1　a8-25-eb-1c-84-40

（6）DoS 攻击是（　　　）。

    A．拒绝来自一个服务器所发送的指令

    B．一个计算机系统由于带宽耗尽或其硬盘被填满而崩溃，导致其不能提供正常的服务

    C．英文全称为 Distributed Denial of Service

    D．入侵并控制一台服务器后远程关机

（7）通过非直接技术进行攻击的攻击手段称为（　　　）。

    A．特权提升   B．应用层攻击   C．会话劫持   D．"社会工程学"

（8）DoS 攻击破坏了（　　　）。

    A．保密性   B．完整性   C．可控性   D．可用性

（9）在网络攻击活动中，Smurf 是（　　　）类的攻击程序。

    A．字典攻击   B．拒绝服务   C．网络监听   D．病毒程序

（10）（　　　）类型的软件能够阻止外部主机对本地计算机的端口扫描。

    A．个人防火墙   B．防病毒软件   C．加密软件   D．基于 TCP/IP 工具

（11）当用户通过域名访问某一合法网站时，打开的却是一个不健康的网站，发生该现象的原因可能是（　　　）。

    A．DHCP 欺骗   B．ARP 欺骗   C．DNS 缓存中毒   D．SYN Flood 攻击

（12）向有限的空间输入超长的字符串是（　　　）攻击手段。

    A．网络监听   B．缓冲区溢出   C．拒绝服务   D．IP 欺骗

（13）Windows 操作系统设置账户锁定策略可以防止（　　　）攻击手段。

    A．IP 欺骗   B．暴力破解   C．缓冲区溢出   D．ARP 欺骗

（14）死亡之 ping 属于（　　　）手段。

    A．冒充攻击   B．篡改攻击   C．重放攻击   D．DoS 攻击

（15）【多选】计算机运行时将内存划分为几段，分别是（　　　）。

    A．代码段   B．数据段   C．堆栈段   D．服务段

（16）【多选】入侵检测方法按照所用技术可分为（　　　）。

    A．一般检测   B．特殊检测   C．异常检测   D．误用检测

2. 简答题

（1）简述什么是黑客及黑客的行为发展趋势。

（2）简述黑客攻击的目的及过程。

（3）简述常见的网络信息收集技术。

（4）简述常见的网络扫描器工具。

（5）简述 DoS 攻击与 DDoS 攻击的区别。

（6）简述什么是 ARP 欺骗。

（7）简述什么是缓冲区溢出。

（8）简述什么是入侵检测与防御系统。

第3章
计算机病毒与木马

本章主要介绍计算机病毒的基本概念、主要特征、分类、主要症状和危害表现，以及木马攻击与防范等相关知识。读者通过对本章的学习，应该熟练掌握网络安全维护中最基本的防病毒技术，掌握木马传播与运行的机制，以及如何防御木马的相关知识，熟练掌握杀毒软件和其他安全防护软件的配置和应用。

【学习目标】

① 了解计算机病毒的基本概念及发展历程。
② 掌握计算机病毒的主要特征、分类及传播途径。
③ 掌握计算机病毒的防治方法。

④ 掌握木马攻击与防范的方法。
⑤ 掌握杀毒软件和其他安全防护软件的配置和应用。

【素养目标】

① 培养自我学习的能力和习惯。

② 树立团队互助、合作进取的意识。

3.1 计算机病毒概述

自信息时代以来，计算机已成了人们生活中不可或缺的一部分，它已经渗入人们生活的方方面面，与人们息息相关。计算机丰富了人们的生活，方便了人们的工作，提高了人们的工作效率，创造了更高的财富价值。然而，伴随着计算机的广泛应用，也不可避免地带来了计算机病毒与木马的问题。计算机病毒与木马给人们的日常生活和工作带来了巨大的破坏及潜在的威胁。作为计算机的使用者，我们应了解计算机病毒与木马的入侵和防范方法，以维护计算机的正常使用。为了确保计算机能够安全工作，计算机病毒与木马的防范已经迫在眉睫。

3.1.1 计算机病毒的基本概念

计算机病毒、木马问题，是对计算机网络系统影响最大，也是经常会遇到的安全威胁和隐患。如果计算机网络系统受到计算机病毒、木马和恶意软件的侵扰，轻则会影响系统运行、使用和服务，重则导致文件和系统损坏，甚至导致服务器和网络系统瘫痪。因此，加强对计算机病毒、木马和恶意软件的防范极为重要。

1. 计算机病毒的定义

计算机病毒（Computer Virus）是人为制造的、有破坏性、传染性和潜伏性的程序，会对计算机信息或系统造成破坏。它不是独立存在的，而是隐蔽在其他可执行的程序之中。一旦计算机感染病毒，轻则导致运行速度变慢，重则导致系统死机和损坏，会给用户带来很大的损失。

V3-1 计算机
病毒的定义

1994 年 2 月 18 日，我国正式颁布实施《中华人民共和国计算机信息系统安全保护条例》（以下简称《条例》）。在《条例》中明确定义"计算机病毒，是指编制或者在计算机程序中插入的破坏计算机功能或者毁坏数据，影响计算机使用，并能自我复制的一组计算机指令或者程序代码"。

计算机病毒与医学上的"病毒"不同，计算机病毒不是天然存在的，是人利用计算机软件和硬件所固有的脆弱性编制的一组指令集或程序代码。它能潜伏在计算机的存储介质（或程序）中，条件满足时即被激活，通过修改其他程序的方法将自己的精确副本或者可能演化的形式放入其他程序中，从而传染其他程序，对计算机资源进行破坏。计算机病毒是人为制造的，对其他用户而言危害性很大。计算机病毒是一个程序，一段可执行代码，就像生物病毒一样，具有自我繁殖、互相传染以及激活再生等特征。计算机病毒有独特的复制能力，它们能够快速蔓延，又常常难以根除。它们能附在各种类型的文件上，当文件被复制或从一个用户传送到另一个用户时，它们就随文件一起蔓延开来。

2．计算机病毒的产生及原因

关于计算机病毒的起源，目前还没有一个被广泛公认的说法，尽管如此，人们普遍认为对于计算机病毒的发源地是美国。至今，计算机病毒已经有几十万种，病毒不断翻新，病毒编程人员也越来越多，令人防不胜防。

V3-2　计算机病毒的产生及原因

（1）计算机病毒的出现

计算机病毒并非最近才出现的产物，早在 1949 年，计算机的先驱者约翰·冯·诺依曼（John von Neumann）在其论文《复杂自动装置的理论及组织的行为》中就提出了一种会自我繁殖的程序，即现在的计算机病毒。在约翰·冯·诺依曼发表《复杂自动装置的理论及组织的行为》一文的 10 年之后，美国贝尔实验室的 3 位年轻工程师开发了一种叫作"磁芯大战"的电子游戏，其操作过程如下：游戏双方各编写一套程序，输入同一台计算机中；这两套程序在计算机内存中运行，并且相互博弈；有时程序会设置一些关卡，有时程序会停下来修复被对方破坏的指令；被困时，程序可以自己复制自己，逃离险境。这可以看作是计算机病毒的雏形。

1983 年 11 月 3 日，费雷德·科恩（Fred Cohen）在美国南加州大学攻读博士学位期间，研制出一种在运行过程中可以复制自身的破坏程序，从而在实验上验证了计算机病毒的存在。1984 年，他将这些程序以论义发表，在论文中，他将病毒定义为"一个可以通过修改其他程序来复制自己并传染它们的程序"，给出了计算机病毒的第一个学术定义。

1986 年初，第一个广泛传播的真正的计算机病毒出现，即巴基斯坦的"Brain"病毒。该病毒在 1 年内流传到了世界各地，并且出现了多个原始程序的修改版本，引发了诸如"迈阿密"等病毒的涌现，这些病毒都针对个人计算机（Personal Computer，PC）用户，并以软盘为载体，随寄主程序的传递感染其他计算机。

我国的计算机病毒最早出现于 1989 年，来自西南铝加工厂的病毒报告，即"小球病毒报告"。此后，国内各地陆续报告发现该病毒。此后，我国又出现了"黑色星期五""磁盘杀手"等数百种不同传染和发作类型的病毒。1989 年 7 月，针对国内出现的病毒，公安部计算机管理监察局监察处反病毒研究小组迅速编写了防病毒软件 KILL，这是国内第一款防病毒软件。

（2）计算机病毒产生的原因

① 恶作剧。有些编程人员出于游戏的心态编制了一些有一定破坏性的小程序，并用此类程序相互制造恶作剧，如最早的"磁芯大战"就是这样产生的。此外，为了满足自己的表现欲，有些编程人员故意编制出一些特殊的计算机程序，让别人的计算机显示动画、播放声音或者提出问题。而这种程序流传出去就变成了计算机病毒，此类病毒破坏性一般不大。

② 报复心理。美国一家计算机公司的一名程序员被辞退后，决定对公司进行报复，他在离开前向公司计算机系统中输入了一个病毒程序，"埋伏"在公司计算机系统中，结果这个病毒程序潜伏了 5 年

多才发作，导致整个计算机系统的混乱，给公司造成了巨大损失。

③ 版权保护。编程人员在软件上运用了加密和保护技术，并编写了一些特殊程序附在正版软件上，如遇到非法使用，则此类程序将自动激活并对盗用者的计算机系统进行干扰和破坏。这类程序实际上也是计算机病毒，如"Brain"病毒。

④ 特殊目的。一些组织或个人编制的病毒程序用于攻击特殊目标计算机，给特殊目标计算机造成灾难性影响或直接的经济损失，对机构的特殊系统进行干扰或破坏等。

计算机病毒的产生是一个历史问题，是计算机科学技术高度发展与计算机文明规范迟迟得不到完善这种不平衡发展导致的结果，它充分暴露了计算机信息系统本身的脆弱性和安全管理方面存在的问题，如何防范计算机病毒的侵袭已成为国际上亟待解决的重大课题。

3. 计算机病毒的发展历程

在计算机病毒的发展史上，病毒的出现是有规律的，一般情况下，当一种新的病毒技术出现后，病毒会迅速发展，接着反病毒技术的发展会抑制其流传。操作系统升级后，病毒也会调整为新的作用方式，产生新的病毒技术。计算机病毒的发展历程可划分为以下几个阶段。

（1）磁盘操作系统（Disk Operating System，DOS）引导型阶段

1987 年，计算机病毒主要是引导型病毒，具有代表性的是"小球""石头"病毒。当时的计算机硬件较少，功能简单，一般需要通过软盘启动后使用。引导型病毒利用软盘的启动原理工作，它们修改系统启动扇区，在计算机启动时首先取得控制权，减少系统内存，修改磁盘读写中断，影响系统工作效率，在系统存取磁盘时进行传播。1989 年，引导型病毒发展为能够传染硬盘，典型代表为"石头 2"病毒。

（2）DOS 可执行文件型阶段

1989 年，可执行文件型病毒出现，它们利用 DOS 加载执行文件的机制工作，其典型代表为"星期天"病毒，病毒代码在系统执行文件时取得控制权，修改 DOS 中断，在系统调用时进行传染，并将自己附加在可执行文件中，使文件长度增加。1990 年，其发展为复合型病毒，可传染 COM 和 EXE 文件。

（3）伴随、批次型阶段

1992 年，伴随型病毒出现，它们利用 DOS 加载文件的优先顺序进行工作，具有代表性的是"金蝉"病毒；伴随型病毒在传染文件时，修改原来的 COM 文件为同名的 EXE 文件，再产生一个原名的伴随体，文件扩展名为.com，这样，在 DOS 加载文件时，病毒就取得了控制权。这类病毒的特点是不改变原来的文件内容、日期及属性，解除病毒时只要将其伴随体删除即可。在非 DOS 中，一些伴随型病毒利用操作系统的描述语言进行工作，典型代表是"海盗旗"病毒，它在执行时，会询问用户名称和口令，并返回一个出错信息，将自身删除。批次型病毒是工作在 DOS 中的和"海盗旗"病毒类似的一类病毒。

（4）幽灵、多形型阶段

1994 年，随着汇编语言的发展，同一功能可以用不同的方式完成，这些方式的组合使一段看似随机的代码产生相同的运算结果。幽灵型病毒就利用了这个特点，每传染一次就产生不同的代码。例如，"一半"病毒会产生一段有上亿种可能的解码运算程序，病毒体被隐藏在解码前的数据中，想要查杀这类病毒就必须要对这段数据进行解码，查杀病毒的难度加大了。多形型病毒是一种综合性病毒，它既能传染引导区又能传染程序区，多数具有解码算法，一种病毒往往要两段以上的子程序方能解除。

（5）生成器、变体机型阶段

1995 年，在汇编语言中，一些数据的运算放在不同的通用寄存器中进行，可运算出同样的结果，随机地插入一些空操作和无关指令也不影响运算的结果，这样，一段解码算法就可以由生成器生成，

当生成器的生成结果为病毒时，就产生了复杂的生成器型病毒，而变体机型病毒就是增加解码复杂程度的指令生成机制。这一阶段的典型代表是"病毒制造机"病毒，它可以在瞬间制造出成千上万种不同的病毒，查杀时不能使用传统的特征识别法，需要在宏观上分析指令，解码后再查杀病毒。

（6）网络蠕虫阶段

1995 年，随着网络的普及，病毒开始利用网络进行传播，它们只是以上几代病毒的改进。在非 DOS 中，"蠕虫"是典型的代表，它不占用除内存以外的任何资源，不修改磁盘文件，利用网络功能搜索网络地址，将自身向下一地址进行传播，有时也在网络服务器和启动文件中存在。

（7）视窗阶段

1996 年，随着 Windows 操作系统的日益普及。利用 Windows 操作系统进行工作的病毒开始发展，它们修改新的可执行（New Executable，NE）文件（常见的类型有 EXE、DLL、DRV、FON）、可移植可执行（Protable Executable，PE）文件（常见的类型有 EXE、DLL、OCX、SYS、COM），典型的代表是"DS.3873"病毒。这类病毒的机制更为复杂，它们利用保护模式和 API 工作，解除方法也比较复杂。宏病毒开始于 1996 年，随着 Word 功能的增强，Word 宏语言也被用于编制病毒，这类病毒使用类 BASIC 语言，编写容易，可传染 Word 文档等文件，在 Excel 和 AmiPro 中出现的相同工作机制的病毒也被归为此类。由于 Word 文档格式没有公开，想要查杀这类病毒比较困难。

（8）互联网阶段

1997 年，随着互联网的发展，各种病毒也开始利用 Internet 进行传播。携带病毒的数据包和邮件越来越多，如果不小心打开了这些邮件，计算机就有可能中病毒。

（9）邮件炸弹阶段

1997 年，随着 Java 的普及，利用 Java 语言进行传播的病毒开始出现，典型的代表是"JavaSnake"病毒，以及一些利用邮件服务器进行传播和破坏的病毒，如"Mail-Bomb"病毒，这些病毒对互联网的正常运行产生了严重影响。

（10）移动设备阶段

2000 年，随着手机处理能力的增强，病毒开始攻击手机和个人数字助理（Personal Digital Assistant，PDA）等手持移动设备。2000 年 6 月，世界上第一种手机病毒"VBS.Timofonica"在西班牙出现，随着移动用户人数和产品数量的增加，手机病毒的数量也越来越多。

（11）物联网阶段

2016 年，美国的 Dyn 互联网公司的交换中心受到来自上百万个 IP 地址的攻击，这些恶意流量来自网络连接设备，包括网络摄像头等物联网设备，这些设备被一种称为"Mirai"的病毒控制。"Mirai"病毒是物联网病毒的鼻祖，其具备所有僵尸网络病毒的基本功能（如 DDoS、爆破），后来的许多物联网病毒都是基于"Mirai"的源代码进行更改的。

（12）勒索病毒阶段

2017 年 5 月 12 日，一种名为"WannaCry"的勒索病毒席卷全球 150 多个国家和地区，影响领域包括政府部门、医疗服务、公共交通、邮政、通信和汽车制造业。勒索病毒是一种新型计算机病毒，主要以邮件、程序木马、网页挂马的形式进行传播。该病毒性质恶劣、危害性极大，一旦传染将给用户带来无法估量的损失。这种病毒利用各种加密算法对文件进行加密，被传染者一般无法解密，必须取到私钥才有可能解密。直至目前，勒索病毒依然层出不穷，变化多样，出现了如"Ragnar Locker""REvil""Evil Corp""Clop""DoppelPaymer""Conti"等勒索病毒。勒索病毒容易造成网络瘫痪，对生产、运作造成了极大影响。

典型的计算机病毒事件如表 3.1 所示。

表 3.1　典型的计算机病毒事件

年份	名称	事件
1987	黑色星期五	该病毒于南非第一次大规模爆发
1988	蠕虫病毒	罗伯特·莫里斯（Robert Morris）编写的第一个蠕虫病毒
1990	4096 病毒	第一种隐蔽型病毒，会破坏数据
1991	米开朗基罗病毒	第一种格式化硬盘的开机型病毒
1996	Nuclear 宏病毒	基于 Microsoft Office 的宏病毒
1998	CIH 病毒	第一种破坏硬盘的病毒
1999	Happy99、Mellisa 病毒	邮件病毒
2000	VBS.Timofonica 病毒	第一种手机病毒
2001	Nimda 病毒	集中了当时所有蠕虫传播途径，成为当时破坏性非常大的病毒
2003	冲击波病毒	通过微软的远程过程调用（Remote Procedure Call，RPC）缓冲区溢出漏洞进行传播的蠕虫病毒
2006	熊猫烧香病毒	破坏多种文件的蠕虫病毒
2008	磁碟机病毒	其破坏、自我保护和反杀毒软件能力均 10 倍于熊猫烧香病毒
2014	苹果大盗病毒	爆发在 iPhone 手机上，目的是盗取用户的 Apple ID 和密码
2017	WannaCry 勒索病毒	勒索病毒席卷全球 150 多个国家和地区，影响领域包括政府部门、医疗服务、公共交通、邮政、通信和汽车制造业
2020	Conti、Ragnar Locker、DoppelPaymer 等勒索病毒	Conti、Ragnar Locker、DoppelPaymer 等勒索病毒是 2020 年影响最大的几种病毒

3.1.2　计算机病毒的主要特征

任何病毒只要侵入系统，都会对系统及应用程序产生程度不同的影响，轻则会降低计算机工作效率，占用系统资源，重则可导致数据丢失、系统崩溃。计算机病毒的程序性，代表它和其他合法程序一样，是一段可执行程序，但它不是一段完整的程序，而是一段寄生在其他可执行程序上的程序，只有在其他程序运行的时候，病毒才会发挥破坏作用。病毒一旦进入计算机后得到执行，就会搜索其他符合条件的环境，确定目标后再将自身复制其中，从而达到自我繁殖的目的。因此，传染性是判断计算机病毒的重要条件。

只有在满足特定条件时，计算机病毒才会对计算机产生致命的破坏，病毒感染计算机系统后不会马上发作，而是会长期隐藏在系统中，例如典型的在 26 号发作的"CIH"病毒，以及在每月逢 13 号的星期五发作的"黑色星期五"病毒等。病毒通常附在正常硬盘或者程序中，计算机用户很难在它们被激活之前发现它们的存在。计算机病毒是一种短小精悍的可执行程序，对计算机有着毁灭性的破坏作用，虽然通常用户不会主动执行病毒程序，但是病毒会在条件成熟后产生作用，破坏程序、扰乱系统的工作等。

V3-3　计算机病毒的主要特征

计算机病毒的主要特征如下。

1. 传染性

传染性是计算机病毒最重要的特征之一。计算机病毒能够通过 U 盘、网络等途径入侵计算机，在入侵之后，计算机病毒往往可以扩散，传染未传染的计算机，进而造成计算机的大面积瘫痪等事故。随着网络信息技术的不断发展，在短时间之内，病毒能够实现较大范围的恶意入侵。因此，在计算机病毒的安全防御中，如何应对病毒的快速传播，打好有效防御病毒的重要基础，是构建防御体系的关键。

例如，2002 年十大流行病毒之一的"欢乐时光"病毒就是通过网络传播的。计算机感染该病毒后会产生大量的"desktop.ini""FOLDER.HTT"文件，如图 3.1 所示，且这些文件是隐藏的。

图 3.1 "欢乐时光"病毒产生的文件

2. 破坏性

病毒入侵计算机后，往往具有极大的破坏性，能够破坏数据信息，甚至造成大面积的计算机瘫痪，对计算机用户造成较大损失。常见的木马、蠕虫等计算机病毒可以大范围入侵计算机，为计算机带来安全隐患。严重的计算机病毒甚至会破坏硬件，如 "CIH" 病毒，它不仅破坏硬盘的引导区和分区表，还破坏计算机系统 Flash BIOS 芯片中的系统程序。感染"熊猫烧香"病毒后，系统文件会遭到破坏，如图 3.2 所示。

图 3.2 感染"熊猫烧香"病毒的表现

破坏性体现了病毒设计者的真正意图，这种破坏性所带来的经济损失是非常巨大的。勒索病毒自 2017 年在全世界产生了大规模影响以来，在 2020 年和 2021 年相当活跃，变种越来越多，造成的经济损失也越来越大。近几年来，计算机病毒引起的信息泄露事件逐渐增多，涉及面也越来越广，这些事件造成的经济损失很难估算，所以说病毒对信息安全的威胁是巨大的。

3. 隐蔽性

计算机病毒不易被发现，这是由于计算机病毒具有较强的隐蔽性，其往往以隐含文件或程序代码的方式存在，在普通的病毒查杀中，难以实现及时有效的查杀。病毒可能伪装成正常程序，扫描时难以被发现。此外，一些病毒被设计成病毒修复程序，诱导用户使用，进而实现病毒植入，入侵计算机。计算机病毒的隐蔽性使得计算机安全防范处于被动状态，给计算机造成了严重的安全隐患。

4. 寄生性

计算机病毒还具有寄生性。通常情况下，计算机病毒都是在其他正常程序或数据中寄生的，在此基础上利用一定的媒介实现传播。在宿主计算机实际运行过程中，一旦达到某种设置条件，计算机病毒就会被激活，随着程序的启动，计算机病毒会对宿主计算机文件进行不断调整、修改，使其破坏作用得以发挥。

5. 可执行性

计算机病毒与其他合法程序一样，是一段可执行程序，但它不是一段完整的程序，而是寄生在其他可执行程序上的，因此它享有一切正常程序所能得到的权限。

6. 可触发性

可触发性是指计算机病毒因某个事件或数值的出现，而实施传染或进行攻击的特征。例如，"PETER-2"病毒在每年 2 月 27 号会提出 3 个问题，如果用户答错，它会将硬盘加密。

7. 攻击的主动性

病毒对系统的攻击是主动的，计算机系统无论采取多么严密的保护措施都不可能彻底地排除病毒对系统的攻击，保护措施最多是一种预防的手段。

8. 病毒的针对性

计算机病毒是针对特定的计算机和特定的操作系统的。例如，有针对 IBM PC 及其兼容机的病毒，如"小球"病毒，有针对苹果公司的 Macintosh 的病毒，还有针对 UNIX 操作系统的病毒。

3.1.3 计算机病毒的分类

随着计算机网络技术的快速发展，各种计算机病毒及其变种不断涌现、快速增长，并且越来越复杂。其分类方法没有严格的标准，下面将尽量从不同的角度来进行计算机病毒分类。

1. 按照计算机病毒依附的操作系统分类

按照计算机病毒依附的操作系统，可将计算机病毒分为以下 4 种。

（1）基于 DOS 的病毒

DOS 是人们最早广泛使用的操作系统，其自我保护的功能和机制较弱。基于 DOS 的病毒是一种只能在 DOS 环境下运行、传染的计算机病毒，是最早出现的计算机病毒。例如，"黑色星期五""米开朗基罗"病毒等均属于此种病毒。DOS 下的病毒一般又分为引导型病毒、文件型病毒、混合型病毒。

（2）基于 Windows 操作系统的病毒

随着 Windows 操作系统的广泛应用，其已经成为计算机病毒攻击的主要对象。目前大部分的病毒都基于 Windows 操作系统，首例破坏计算机硬件的"CIH"病毒就属于这种病毒。Windows 操作系统中即便是安全性较高的 Windows 10 也存在漏洞。这些漏洞已经被黑客利用，制作出了能感染 Windows 10 操作系统的"威金"病毒、盗号木马等。

（3）基于 UNIX/Linux 操作系统的病毒

许多大型的主机采用 UNIX/Linux 作为主要的网络操作系统，或者基于 UNIX/Linux 开发的操作系统，因此针对这些大型的主机网络系统的病毒的破坏性更大、影响范围更广。例如，Solaris 是由 Sun 公司开发和发布的操作系统，是 UNIX 操作系统的一个重要分支，而 2008 年 4 月出现的"Turkey"蠕虫病毒专门用于攻击 Solaris 操作系统。

（4）基于嵌入式操作系统的病毒

嵌入式操作系统是一种用途广泛的系统，过去主要应用于工业控制和国防系统领域。随着 Internet 技术的发展，以及嵌入式操作系统的微型化和专业化，嵌入式操作系统的应用越来越广泛，如应用到手机操作系统（现在 iOS、Android 是主要的手机操作系统）。目前发现了多种手机病毒，手机病毒也是一种计算机病毒程序，具有传染性和破坏性。手机病毒可通过发送短信或彩信、发送电子邮件、浏览网站、下载铃声等方式进行传播。手机病毒可能会导致用户手机死机、关机、数据损坏、向外发送垃圾邮件、拨打电话等，甚至会损毁用户标志模块（Subscriber Identity Module，SIM）卡、芯片等硬件。

2. 按照病毒攻击的机型分类

按照病毒攻击的机型，可将计算机病毒分为以下 3 种。

（1）微机的病毒

微机是人们应用最为广泛的办公及网络通信设备，因此，攻击微机的各种计算机病毒最为广泛。

（2）小型机的病毒

小型机的应用范围也非常广泛，它既可以作为网络的节点机，又可以作为小型的计算机网络的主机，攻击小型机的计算机病毒也随之而来。

（3）服务器的病毒

随着计算机网络的快速发展，计算机服务器有了较大的发展空间，且其应用范围有了更大的拓展，攻击计算机服务器的病毒也随之产生。

3. 按照计算机病毒依附的媒体类型分类

按照计算机病毒依附的媒体类型，可将计算机病毒分为以下 4 种。

（1）网络病毒

网络病毒是通过计算机网络传播可执行文件的计算机病毒。蠕虫病毒是一种常见的网络病毒，它通过网络复制和传播，具有病毒的一些共性，如传染性、隐蔽性、破坏性等，同时具有自己的一些特性，如不利用文件寄生（有的只存在于内存中）。蠕虫病毒是自包含的程序（或是一套程序），能传播（通常通过网络连接传播）自身的副本或自身某些部分到其他的计算机系统中。与一般计算机病毒不同，蠕虫病毒不需要将其自身附着到宿主程序中。

蠕虫病毒可以通过操作系统的漏洞、电子邮件、网络攻击、移动设备、即时通信等社交网络传播，其主要特点如下。

① 较强的独立性。计算机病毒一般需要宿主程序，病毒将自己的代码写到宿主程序中，当该程序运行时先执行写入的病毒程序，从而造成传染和破坏。而蠕虫病毒不需要宿主程序，它是一段独立的程序或代码，因此避免了受宿主程序的牵制，可以不依赖于宿主程序而独立运行，从而主动地实施攻击。

② 利用漏洞主动攻击。由于不受宿主程序的牵制，蠕虫病毒可以利用操作系统的各种漏洞进行主动攻击。例如，"尼姆达"病毒利用了 IE 的漏洞，使感染病毒的邮件附件在不被打开的情况下就能激活病毒；"红色代码"病毒利用了微软的互联网信息服务（Internet Information Services，IIS）服务器软件的漏洞（idq.dll 远程缓存区溢出）来传播；而"蠕虫王"病毒利用了微软数据库系统的一个漏洞进行攻击。

③ 传播更快、更广。蠕虫病毒比传统病毒具有更强的传染性，它不仅传染本地计算机，还会以本地计算机为基础，传染网络中所有的服务器和客户端。蠕虫病毒可以通过网络中的共享文件夹、电子邮件、恶意网页以及存在着大量漏洞的服务器等途径肆意传播，几乎所有的传播手段都被蠕虫病毒运用得淋漓尽致。因此，蠕虫病毒的传播速度可以是传统病毒的几百倍，甚至可以在几小时内蔓延全球。

④ 更好的伪装和隐藏方式。为了使蠕虫病毒在更大范围内传播，蠕虫病毒的编制者非常注重其伪装和隐藏方式。通常情况下，人们在接收、查看电子邮件时，会采取双击打开邮件主题的方式来浏览邮件内容，如果邮件中带有蠕虫病毒，用户的计算机就会立刻被蠕虫病毒传染。

⑤ 技术更加先进。一些蠕虫病毒与网页的脚本相结合，利用 VBScript、Java、ActiveX 等技术隐藏在 HTML 页面中。当用户上网浏览含有蠕虫病毒代码的网页时，蠕虫病毒会自动驻留在内存中并伺机触发。还有一些蠕虫病毒与后门程序或木马程序相结合，比较典型的是"红色代码"病毒，该病毒的传播者可以通过脚本程序远程控制计算机。这类与黑客技术相结合的蠕虫病毒具有更大的潜在威胁。

⑥ 追踪更为困难。当蠕虫病毒感染了大部分系统之后，攻击者便能利用多种攻击方式对付一个目标站点，并通过蠕虫网络隐藏攻击者的位置，这样要追踪攻击者会非常困难。

（2）文件型病毒

文件型病毒是计算机病毒的一种，主要感染计算机中的可执行文件（EXE 文件）和命令文件（COM 文件）。文件型病毒会对计算机的源文件进行修改，使其成为新的带毒文件。一旦计算机运行该文件就会被传染，从而达到病毒传播的目的。

文件型病毒又可以分为寄生病毒、覆盖病毒、伴随型病毒、链接病毒以及对象文件、库文件和源代码病毒。

① 寄生病毒。这类病毒在感染的时候，会将病毒代码加入正常程序之中，原来程序的功能被部分或者全部保留。根据病毒代码加入的方式不同，寄生病毒可以分为"头寄生""尾寄生""中间插入"和"空洞利用"4种。

头寄生：将病毒代码放到程序的头部有两种方法，一种方法是将原来程序的前面一部分复制到程序的最后，并将文件头用病毒代码覆盖；另一种方法是生成一个新的文件，先在头的位置写上病毒代码，然后将原来的可执行文件放在病毒代码的后面，再用新的文件替换原来的文件。使用"头寄生"方式的病毒基本上感染的是批处理文件和 COM 格式的文件，因为这些文件在运行的时候不需要重新定位，所以可以任意调换代码的位置而不发生错误。

当然，随着病毒制作水平的提高，很多感染 DOS 下的 EXE 文件和 Windows 操作系统下的 EXE 文件的病毒也使用了"头寄生"的方式，为使被感染的文件仍然能够正常运行，病毒在执行原来的程序之前会还原出原来没有感染过的文件以正常执行，执行完毕之后再进行一次传染，以保证硬盘中的文件处于传染状态，而执行的文件又是正常的。

尾寄生：因为在头部寄生会不可避免地遇到重新定位的问题，所以最简单也最常用的寄生方式就是直接将病毒代码附加到可执行程序的尾部。对于 DOS 下的 COM 文件来说，因为 COM 文件就是简单的二进制代码，没有任何结构信息，所以可以直接将病毒代码附加到程序的尾部。

中间插入：病毒将自己插入被感染的程序中时，可以整段插入，也可以分成很多段插入，有的病毒通过压缩原来的代码的方式来保持被感染文件的大小不变。对于"中间插入"来说，前面论述的更改文件头部等基本操作同样需要，但要求程序的编写更加严谨，所以采用这种方式的病毒相对比较少，即使采用了这种方式，很多病毒也由于程序编写上的错误而没有真正流行起来。

空洞利用：视窗程序的结构非常复杂，通常其中会有很多没有使用的部分，可能是空的段，或者每个段的最后部分。病毒寻找这些没有被使用的部分，并将病毒代码分散到其中，这样就实现了"神不知鬼不觉"的传染（著名的"CIH"病毒就使用了这种方式）。

寄生病毒精确地实现了病毒的定义，即"寄生在宿主程序之上并且不破坏宿主程序的正常功能"，所以寄生病毒设计的目的是希望完整地保存原来程序的所有内容。因此，除了某些由于程序设计失误而造成原来的程序不能恢复的病毒以外，寄生病毒基本上是可以安全清除的。

② 覆盖病毒。这类病毒没有任何"美感"可言，也没有体现出任何高明的技术，病毒制造者直接用病毒程序替换被感染的程序，这样所有的文件头都变成了病毒程序的文件头，不用做任何调整。显然，这类病毒不可能广泛流行，因为被传染的程序无法正常工作，用户可以迅速发现病毒的存在并采取相应的措施。

③ 伴随型病毒。这类病毒不改变被感染的文件，而是为被感染的文件创建一个伴随文件（病毒文件），这样当用户执行被感染的文件的时候，实际上执行的是病毒文件。

其中一种伴随型病毒利用了 DOS 执行文件的一个特性，即当同一个目录中同时存在同名的扩展名为.com 的文件和扩展名为.exe 的文件时，会优先执行扩展名为.com 的文件。例如，DOS 带有一个 XCOPY.exe 程序，如果 DOS 目录中的一个叫作 XCOPY.com 的文件是病毒文件，那么当用户输入"XCOPY （回车换行）"的时候，实际执行的是病毒文件。

另一种伴随型病毒利用了 DOS 或者 Windows 操作系统的搜索路径，如 Windows 操作系统首先会搜索操作系统安装的系统目录，这样病毒可以在最先搜索目录的位置存放和感染文件同名的病毒文件，当搜索操作系统执行的时候，会先执行病毒文件，"尼姆达"病毒就大量使用了这种方法进行传染。

还有一些蠕虫病毒使用了更加高级的技术，其主要是针对压缩文件的，这些病毒可以发现硬盘中的压缩文件，并直接将自己加到压缩文件中。病毒支持的压缩文件主要是 ARJ 和 ZIP 格式的，主要原因是这两种压缩格式的资料最全，压缩算法也是公开的，所以病毒可以方便地实现自己的压缩/解压缩方法。针对批处理文件的病毒也存在，病毒会在以 BAT 结尾的批处理文件中增加执行病毒的语句，从而实现病毒的传播。

④ 链接病毒。这类病毒的数量比较少，其并没有在硬盘中生成一个专门的病毒文件，而是将自己隐藏在文件系统的某个地方。例如，"目录 2"病毒将自己隐藏在驱动器的最后一个簇中，并修改文件分配表，使目录区中文件的开始簇指向病毒代码，这种传染方式的特点是每一个逻辑驱动器上只有一份病毒的副本。

⑤ 对象文件、库文件和源代码病毒。这类病毒的数量非常少，病毒传染编译器生成的中间对象文件（OBJ 文件），或者编译器使用的库文件（LIB 文件），因为这些文件不是直接的可执行文件，所以病毒感染这些文件之后并不能直接进行传染，必须使用被感染的 OBJ 或 LIB 文件生成 EXE 或 COM 程序之后才能完成传染，其所生成的文件中包含了病毒。

源代码病毒直接对源代码文件进行修改，在源代码文件中增加了病毒的内容。例如，搜索所有扩展名是.c 的文件，如果在其中找到"main("形式的字符串，则源代码病毒会在这一行的后面加上病毒代码，这样编译出来的文件就包含了病毒。

（3）引导型病毒

引导型病毒是指寄生在磁盘引导区或主引导区的计算机病毒。此类病毒利用了系统引导时不对主引导区的内容正确与否进行判别的缺点，在系统引导的过程中侵入系统，驻留内存，监视系统运行，待机传染和破坏计算机系统。引导型病毒按照在硬盘中的寄生位置又可细分为主引导记录病毒和分区引导记录病毒。主引导记录病毒传染硬盘的主引导区，如"2708"病毒、"火炬"病毒等；分区引导记录病毒传染硬盘的活动分区引导记录，如"小球"病毒、"Girl"病毒等。

引导型病毒是一种在只读存储器（Read-Only Memory，ROM）BIOS 之后，系统引导时出现的病毒，它先于操作系统运行，依托的环境是 BIOS 中断服务程序。引导型病毒利用操作系统的引导模块放在某个固定的位置，且控制权的转交方式是以物理位置为依据，而不是以操作系统引导的内容为依据的缺陷，占据该物理位置以获得控制权，并将真正的引导区内容转移或替换。病毒程序执行后，将控制权交给真正的引导区内容，使得这个带病毒的系统看似正常运转，而病毒已隐藏在系统中并伺机传染、发作。

引导型病毒进入系统时必须通过启动过程。在无病毒环境下使用的软盘或硬盘，即使它们已感染引导型病毒，病毒程序也不会进入系统并进行传染。但是，只要用感染引导型病毒的软盘和硬盘引导系统，就会使病毒程序进入内存，形成病毒环境。

引导型病毒的主要特点如下。

① 引导型病毒是在安装操作系统之前进入内存的，寄生对象相对固定，因此该类病毒基本上不得不采用减少操作系统所掌管的内存容量的方法来驻留在高端内存区，而正常的系统引导过程一般是不减少系统内存的。

② 引导型病毒需要把病毒传染给软盘，一般是通过修改 INT 13H 的中断向量实现的，而新 INT 13H 的中断向量段址必定指向高端内存区的病毒程序。

③ 引导型病毒感染硬盘时，必定驻留在硬盘的主引导扇区或引导扇区，并且只驻留一次，因此引导型病毒一般是在软盘启动过程中把病毒传染给硬盘的，而正常的引导过程一般是不对硬盘主引导扇区或引导扇区进行写盘操作的。

④ 引导型病毒的寄生对象相对固定，把当前的系统主引导扇区和引导扇区与干净的系统主引导扇区和引导扇区进行比较，如果内容不一致，则可认定系统引导扇区出现了异常。

（4）宏病毒

宏病毒是一种寄存在文档或模板的宏中的计算机病毒。一旦打开这样的文档，其中的宏就会被执行，宏病毒就会被激活，转移到计算机上，并驻留在普通模板上。此后，所有自动保存的文档都会感染上这种宏病毒，如果其他用户打开了感染病毒的文档，宏病毒就会转移到其计算机上。因为宏病毒利用了 Word 的文档机制进行传播，所以它的防治方法和一般的病毒防治方法不同。一般情况下，人们大多注意可执行文件（COM 文件、EXE 文件）的病毒感染情况，而 Word 宏病毒寄生于 Word 的文档中，且人们一般会对文档文件进行备份操作，因此病毒可以隐藏很长一段时间。

所谓宏，就是一些命令组织在一起，作为一条单独命令完成一个特定任务。Word 中对宏的定义如下："宏就是能组织到一起作为独立的命令使用的一系列 Word 命令，它能使日常工作变得更容易"。Word 使用宏语言 WordBasic 将宏作为一系列命令来编写。Word 宏病毒是一些编制病毒的专业人员利用 Microsoft Word 的开放性（即 Word 中提供的 WordBasic 编程接口）专门制作的一个或多个具有病毒特点的宏的集合，这种病毒宏的集合会影响计算机的使用，并能通过 DOC 文档及 DOT 模板进行自我复制和传播。

4. 按照计算机病毒的传播介质分类

网络的发展导致计算机病毒制造技术和传播途径不断发展及更新，研究计算机病毒的传播途径对计算机病毒的防范具有极为重要的意义。计算机病毒有自己的传播模式和不同的传播途径，计算机病毒本身的主要功能是它的自我复制和传播，这意味着计算机病毒的传播非常容易，通常可以交换数据的环境就可以进行病毒传播。有以下 3 种主要类型的计算机病毒传播途径。

（1）通过移动存储设备进行传播。例如，U 盘、CD、软盘、移动硬盘等都可以是传播病毒的途径，因为它们经常被移动和使用，所以更容易得到计算机病毒的"青睐"，成为计算机病毒的携带者。

（2）通过网络进行传播。这里描述的网络方法不同，网页、电子邮件、QQ、BBS 等都可以是计算机病毒网络传播的途径，近年来，随着网络技术的发展和互联网使用频率的大大提升，计算机病毒的传播速度越来越快，传播范围也在逐步扩大。

（3）利用计算机系统和应用软件的弱点进行传播。近年来，越来越多的计算机病毒利用计算机系统和应用软件的弱点传播，因此这种途径也被划分在计算机病毒的主要传播途径中。

3.2　计算机病毒的危害

计算机病毒是一段程序代码，在发作前通常会潜伏在系统内，直到病毒激发条件满足时才会发作。绝大部分计算机病毒属于"恶性"病毒，发作时会给系统带来重大损失。通常，计算机感染病毒比系统出现故障的情况更为常见。

3.2.1　计算机病毒的主要症状

计算机病毒的主要症状有很多，凡是计算机不正常工作都有可能与病毒有关。计算机感染上病毒后，如果病毒没有发作，则很难被察觉，但是当计算机病毒发作时，很容易从以下症状中察觉。

（1）计算机运行速度明显变慢。可能是由于计算机病毒占用了大量系统资源或占用了大量的处理器的时间，可以通过查看任务管理器的性能选项来进行判断，若 CPU 的利用率接近 100%，则有可能是已经感染了计算机病毒，如图 3.3 所示。

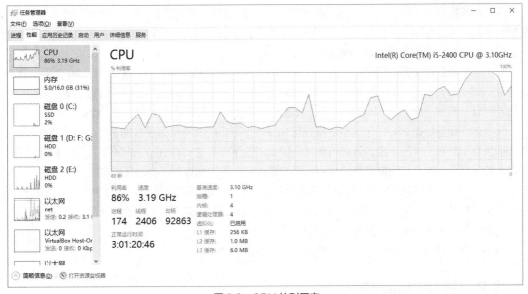

图 3.3　CPU 的利用率

（2）经常性地突然死机。计算机系统感染上病毒后，系统工作不稳定，容易死机。

（3）经常发生内存不足的情况。正常使用计算机时，若出现内存不足的情况，则很可能是由于病毒占据了内存空间。

（4）无法正常启动操作系统。开机后，系统显示启动文件缺少或被破坏，无法启动。

（5）打印和通信异常。打印机无法进行打印操作或打印出现乱码，或串口设备无法正常工作。

（6）无法保存或另存文件。文件保存异常或是文件大小有异常变化。

（7）磁盘容量骤减。在没有安装新程序的情况下，系统可用磁盘容量骤减。但经常上网、临时文件太多或太大也可能有类似情况出现。另外，Windows 内存交换文件随着运行程序的增加也会增大。

（8）自动连接陌生网站。联网的计算机自动连接一个陌生的网站，或上网时发现网络运行速度很慢，出现异常的网络连接现象，可能也是感染了计算机病毒的原因。

3.2.2　计算机病毒的危害表现

计算机病毒是引起大多数软件故障的主要原因。计算机病毒其实是一种具有自我复制能力的程序或脚本语言，这些计算机程序或脚本语言利用计算机的软件或硬件的缺陷控制或破坏计算机，可使系统运行缓慢、不断重启或使用户无法正常操作计算机，甚至可能对硬件造成损坏。

计算机病毒的危害主要表现在以下几个方面。

（1）破坏内存。破坏计算机内存的方法主要是大量占用计算机内存、禁止分配内存、修改内存容量和消耗内存 4 种。计算机病毒在运行时会占用大量的内存和消耗大量的内存资源，导致系统资源匮乏，进而导致死机。

（2）文件丢失或破坏文件。病毒破坏文件的方式主要包括重命名、删除、替换内容、颠倒或复制内容、丢失部分程序代码、写入时间空白、分割或假冒文件、丢失文件簇和丢失数据文件等。受到计算机病毒破坏的文件，如果不及时杀毒，将不能使用。

V3-4　计算机
病毒的危害表现

（3）影响计算机运行速度。病毒在计算机中一旦被激活，就会不停地运行，占用计算机大量的系统资源，使计算机的系统资源耗尽，运行速度明显减慢。

（4）影响操作系统正常运行。计算机病毒还会破坏操作系统的正常运行，主要表现方式包括自动重启计算机、无故死机、不执行命令、干扰内部命令的执行、打不开文件、虚假报警、占用特殊数据区、强制启动软件和扰乱各种输入输出等。

（5）破坏硬盘或 BIOS 程序。计算机病毒攻击硬盘的主要表现包括破坏硬盘中存储的数据、不读/写硬盘、交换操作和不完全写硬盘等。计算机病毒还可能造成 BIOS 程序混乱使主板遭到破坏，如"CIH"病毒发作后，系统主板上的 BIOS 程序被病毒改写，致使系统主板无法正常工作，计算机系统被破坏。

（6）破坏硬盘数据区。由于硬盘的数据区中保存了很多的文件及重要数据，计算机病毒对其进行破坏通常会引起毁灭性的后果。计算机病毒主要攻击的是硬盘主引导扇区、BOOT 扇区、FAT 表和文件目录等区域，当这些位置被病毒破坏后，只能通过专业的数据恢复服务来还原数据。

（7）部分文件自动加密。计算机病毒利用加密算法，将密钥保存在病毒程序内或其他隐蔽处，使感染的文件被加密。当内存中驻留加密病毒后，系统访问被感染的文件时可自动解密，不易被察觉，一旦这种病毒被清除，被加密的文件将难以恢复。

（8）导致计算机网络瘫痪，无法正常提供网络服务。

3.3 计算机病毒的防范

计算机病毒被公认为是数据安全的头号大敌。目前，新型病毒正向更具破坏性、更加隐秘、感染率更高、传播速度更快等方向发展。因此，必须深入学习计算机病毒的基本知识，加强对计算机病毒的防范。

3.3.1 计算机病毒程序的构成

计算机病毒程序通常由 3 个模块和 1 个标志构成，即由引导模块、感染模块、破坏表现模块和感染标志构成。

V3-5 计算机病毒程序的构成

1. 引导模块

引导模块用于将计算机病毒程序引入计算机内存，并使得感染模块和破坏表现模块处于活动状态。引导模块需要提供自我保护功能，避免内存中的自身代码被覆盖或清除。计算机病毒程序引入内存后为感染模块和破坏表现模块设置了相应的启动条件，以便在适当的时候或者合适的条件下激活感染模块或者触发破坏表现模块。

2. 感染模块

感染模块包括条件判断子模块和功能实现子模块两部分。其中，条件判断子模块依据引导模块设置的感染条件，判断当前系统环境是否满足感染条件；功能实现子模块在判断当前系统环境满足感染条件后启动感染功能，将计算机病毒程序附加在其他宿主程序中。

3. 破坏表现模块

病毒的破坏表现模块主要包括两部分。一部分是激发控制，当病毒满足某个条件时，就会发作；另一部分就是破坏操作，不同的计算机病毒有不同的操作方法，典型的恶性病毒会疯狂自我复制、删除其他文件等。

4. 感染标志

病毒在感染计算机前，需要先通过识别感染标志判断计算机系统是否已经被感染了。若判断没有被感染，则将病毒程序的引导模块主体设法引导、安装在计算机系统中，为其感染模块和破坏表现模块的引入、运行和实施做好准备。

3.3.2　计算机病毒的防范技术

众所周知，一个计算机系统要想知道其有无感染病毒，首先要进行检测，然后才能防范。具体的检测方法不外乎两种：自动检测和人工检测。

自动检测是由成熟的检测软件（杀毒软件）来自动完成的，无须太多的人工干预，但是现在新病毒出现快、变种多，当没有及时更新病毒库时，就需要用户能够根据计算机出现的异常情况进行检测，即人工检测。感染病毒的计算机系统内部会发生某些变化，并在一定的条件下表现出来，因而可以通过直接观察来判断系统是否感染了病毒。

1. 计算机病毒诊断方法

自 20 世纪 80 年代出现具有危害性的计算机病毒以来，计算机专家就开始研究防病毒技术，防病毒技术随着病毒技术的发展而发展。常用的计算机病毒诊断方法有以下几种，这些方法依据的原理不同，实现时所需的开销不同，检测范围也不同，各有所长。

V3-6　计算机
病毒诊断方法

（1）特征代码法

特征代码法是现在大多数防病毒软件的静态扫描所采用的方法，是检测已知病毒最简单、开销最小的方法。当防病毒软件公司收集到一种新的病毒时，就会从中截取一小段独一无二且足以代表这种病毒的二进制代码，来当作扫描此病毒的依据，而这段独一无二的代码就是所谓的病毒特征代码。分析出病毒的特征代码后，防病毒软件将其集中存放于特征代码库文件中，在扫描的时候将扫描对象与特征代码库进行比较，如果吻合，则判断计算机系统感染了病毒。特征代码法实现简单，对于查杀已知的文件型病毒特别有效，由于已知特征代码，清除病毒十分安全和彻底。

特征代码法的优点：检测准确，可识别病毒的名称，误报率低，依据检测结果可做杀毒处理。

特征代码法的缺点：速度慢，不能检查多态型病毒（多态型病毒是指一种病毒的每个样本的代码都不相同，它表现为多种状态），不能检查隐蔽型病毒（隐蔽型病毒时隐时现、变化无常，不易被杀毒软件查出，隐蔽性高），不能检查未知病毒。

（2）检验和法

病毒在感染文件时，大多会使被感染的程序大小增加或者日期改变，检验和法就是根据病毒的这种行为来进行判断的。其把硬盘中的某些文件的资料汇总并记录下来，在以后的检测过程中重复此项动作，并将此次记录与前次记录进行比较，借此来判断这些文件是否被病毒感染了。

检验和法的优点：方法简单，能发现未知病毒，能发现被查文件的细微变化。

检验和法的缺点：因为病毒感染并非文件改变的唯一原因，文件的改变往往是由正常程序操作引起的，所以检验和法误报率较高；效率低，不能识别病毒名称，不能检查隐蔽型病毒。

（3）行为监测法

计算机病毒感染文件时，常常有一些不同于正常程序的行为。利用病毒的特有行为和特性监测病毒的方法称为行为监测法。通过对病毒多年的观察、研究，研究者发现有一些行为是病毒的共同行为，而且这些行为比较特殊，在正常程序中是比较罕见的，行为监测法会在程序运行时监测其行为，如果发现了病毒行为，则立即报警。

（4）虚拟机法

虚拟机法即在计算机中创造一个虚拟系统，将病毒在虚拟系统中激活，从而观察病毒的执行过程，根据其行为特征判断其是否为病毒，这种方法对加壳和加密的病毒非常有效，因为这两类病毒在执行进程时最终是要自身脱壳和解密的，这样杀毒软件就可以在其"现出原形"之后使用特征代码法对其进行查杀。例如，"沙箱"即为一种虚拟系统，在"沙箱"内运行的程序会被完全隔离，任何操作都不对真实系统产生危害，就如同一面镜子，病毒所影响的只是镜子中的影子而已。

（5）主动防御法

特征代码法查杀病毒已经非常成熟可靠，但是它总是落后于病毒的传播。随着网络安全防护的理念从独立的防病毒、防火墙、IPS 产品转变到一体化防护，主动防御法就出现了。主动防御法是一种阻止恶意程序执行的方法，可以在病毒发作时进行主动而有效的全面防范，从技术层面上有效应对未知病毒的传播。

2. 计算机病毒防治

各个品牌的杀毒软件各有特色，但是基本功能大同小异。从统计数据来看，国内绝大多数个人计算机使用的防病毒软件为 360 杀毒软件。

360 杀毒软件是 360 互联网安全中心出品的一款免费的云安全杀毒软件。它创新性地整合了五大领先查杀引擎。

实训 9　使用 360 杀毒软件

【实训目的】

- 了解 360 杀毒软件。
- 熟悉 360 杀毒软件的杀毒步骤和方法。
- 掌握 360 杀毒软件的使用。

【实训环境】

分组进行操作，一组 1 台计算机，安装 Windows 10 操作系统，测试环境。

【功能简介】

360 杀毒软件具有查杀率高、资源占用少、升级迅速等优点。它有一键扫描功能，能够快速、全面地诊断系统安全状况和健康程度，并进行精准修复，为用户提供安全、专业、有效的查杀防护。其查杀病毒能力得到多个国际权威安全软件评测机构的认可。

360 杀毒软件的使用方便灵活，用户可以根据当前的工作环境自行定义查杀方式。

【实训步骤】

（1）下载并安装 360 杀毒软件，打开 360 杀毒软件主界面，如图 3.4 所示。

（2）在 360 杀毒软件主界面中，打开"病毒查杀"选项卡，单击"快速扫描"图标，进行快速扫描，如图 3.5 所示。快速扫描以最快速度对计算机进行扫描，迅速查杀病毒和存在威胁的文件，以节约时间。

图 3.4　360 杀毒软件主界面

图 3.5　快速扫描

（3）单击"全盘扫描"图标，进行全盘扫描，如图 3.6 所示。全盘扫描花费时间长，占用资源较多，建议在工作间隙完成。

（4）单击"指定位置扫描"图标，可以选择扫描目录，如图 3.7 所示，并进行自定义扫描，如图 3.8 所示。

图 3.6　全盘扫描

图 3.7　选择扫描目录

（5）在 360 杀毒软件主界面中，分别打开"实时防护""网购保镖""病毒免疫""产品升级""工具大全"选项卡，可以分别进行各项设置，如图 3.9～图 3.13 所示。

图 3.8　自定义扫描

图 3.9　"实时防护"选项卡

图 3.10　"网购保镖"选项卡

图 3.11　"病毒免疫"选项卡

图 3.12 "产品升级"选项卡　　　　　　　图 3.13 "工具大全"选项卡

实训 10　使用 360 安全卫士

【实训目的】

- 了解 360 安全卫士。
- 熟悉 360 安全卫士的杀毒步骤和方法。
- 掌握 360 安全卫士的使用。

【实训环境】

分组进行操作，一组 1 台计算机，安装 Windows 10 操作系统，测试环境。

【功能简介】

360 安全卫士提供查杀木马、清理插件、修复漏洞、计算机体检、计算机救援、保护隐私、计算机专家、清理垃圾、清理痕迹、木马防火墙等功能，依靠抢先侦测和云端鉴别，可全面、智能地拦截各类木马，保护用户的账号、隐私等重要信息。

360 安全卫士使用起来极其方便，它主打在线安装模式，只需联网即可轻松安装最新版本，安装过程简单、快速，基本上是全自动完成的，无须人工干预。360 安全卫士启动后将立即自动执行计算机体检任务。在其主界面的右侧提供了推荐功能项目，用户可以在此查看到其当前的实时防护状态。

【实训步骤】

（1）下载并安装 360 安全卫士，打开 360 安全卫士主界面，如图 3.14 所示。单击"立即体检"按钮，打开"电脑体检"选项卡，如图 3.15 所示。

图 3.14　360 安全卫士主界面　　　　　　图 3.15　"电脑体检"选项卡

（2）在 360 安全卫士主界面中，打开"木马查杀"选项卡，如图 3.16 所示。单击"快速查杀"按钮，即可执行快速查杀操作，如图 3.17 所示。

图 3.16 "木马查杀"选项卡

图 3.17 快速查杀

（3）在 360 安全卫士主界面中，打开"电脑清理"选项卡，如图 3.18 所示。单击"全面清理"按钮，即可执行全面清理操作，如图 3.19 所示。

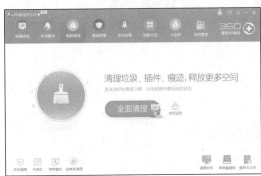

图 3.18 "计算机清理"选项卡

图 3.19 全面清理

（4）在 360 安全卫士主界面中，打开"系统修复"选项卡，如图 3.20 所示。单击"全面修复"按钮，即可执行全面修复操作，如图 3.21 所示。

图 3.20 "系统修复"选项卡

图 3.21 全面修复

（5）在 360 安全卫士主界面中，打开"优化加速"选项卡，如图 3.22 所示。单击"全面加速"按钮，即可执行全面加速操作，如图 3.23 所示。

（6）在 360 安全卫士主界面中，打开"功能大全"选项卡，如图 3.24 所示。打开 360 软件管家主界面，即可对软件进行管理。

图 3.22 "优化加速"选项卡

图 3.23 全面加速

图 3.24 "功能大全"选项卡

3.4 木马攻击与防范

"木马"这一名称来源于希腊神话中特洛伊战争的特洛伊木马。攻城的希腊联军佯装撤退后留下一只木马，特洛伊人将其当作战利品带回场内。当特洛伊人为胜利而庆祝时，从木马中出来一队希腊士兵，他们悄悄打开城门，将城外的军队放了进来，最终攻克了特洛伊城。计算机中所说的"木马"与病毒一样都是一种有害的程序，其特征与特洛伊木马一样具有伪装性，看起来无害，却会在不经意间对用户的计算机系统产生破坏或窃取数据，特别是窃取用户的各种账户及口令等重要且需要保密的信息，甚至控制用户的计算机系统。

3.4.1 木马概述

1. 木马的概念

木马是指隐藏在正常程序中的一段具有特殊功能的恶意代码，是具备破坏和删除文件、发送密码、记录键盘和发动 DoS 攻击等特殊功能的后门程序。木马其实是计算机黑客用于远程控制计算机的程序，其将控制程序寄生于被控制的计算机系统中，与控制程序里应外合，对被木马感染的计算机实施控制。一般的木马程序主要是寻找计算机后门，伺机窃取被控计算机中的密码和重要文件等，可以对被控计算机实施监控、资料修改等非法操作。木马具有很强的隐蔽性，可以根据黑客意图突然发起攻击。

木马可以被分成良性木马和恶性木马两种。良性木马本身没有什么危害，关键在于控制该木马的是谁。如果是恶意的入侵者，那么木马就是用来实现入侵的工具；如果是网络管理员，那么木马就是用来进行网络管理的工具。恶性木马可以认为是"病毒"家族的一员，这种木马被设计出来的目的就是进行破坏与攻击。目前有很多木马程序在互联网中传播，有一些木马甚至可以与其他病毒相结合，因此可以将木马看作一种伪装潜伏的网络病毒。

2. 木马的工作原理

常见的木马一般是 C/S 模式的远程控制软件，其工作原理如图 3.25 所示。

图 3.25　木马的工作原理

客户端与服务器端之间采用了 TCP/UDP 的通信方式，攻击者控制的是相应的客户端程序，服务器端程序是木马程序，木马程序被植入到毫不知情的用户的计算机中，以"里应外合"的方式工作，服务器端程序通过打开特定的端口进行监听。攻击者所掌握的客户端程序向该端口发出请求，木马便与其连接起来。攻击者可以使用控制器进入计算机，通过客户端程序命令达到控制服务器端的目的。

3. 木马的特点

木马具有以下特点。

（1）隐蔽性。木马的隐蔽性是其最重要的特点之一，如果木马不能很好地隐藏在目标计算机或网络中，则会被用户或安全软件发现和查杀，就无法保留下来。

（2）自动运行性。木马必须是自动启动和运行的程序，因此其入侵的方法可能是嵌入启动配置文件或注册表中。

（3）欺骗性。木马为了不被用户或安全软件发现和查杀，常常将自己伪装为一般的文件或系统文件，其名称往往为一般的文件或程序名称，如 win、sys、ini、dll 等。

（4）顽固性。木马一旦被发现就会面临被清除的危险，但部分木马能够在用户或安全软件查杀的过程中潜伏下来而不被清除掉。

（5）易植入性。木马实现其控制或监视目的的前提是能渗透目标计算机，所以木马必须具备进入目标计算机系统的能力。

（6）危害性。木马的危害性是毋庸置疑的。只要计算机被木马感染，黑客就可以任意操作计算机，就像使用本地计算机一样，这对被控计算机的破坏可想而知。黑客可以恣意妄为，可以盗取系统的重要资源，如系统密码、机要数据等。

4. 木马的伪装方法

如今越来越多的人对木马有所了解，防范意识有所加强，这对木马传播起到了一定的抑制作用。为此，木马设计者开发了多种功能来伪装木马，以达到欺骗用户的目的。下面来分析一下木马的常用伪装方法。

（1）修改图标。现在已经有木马可以将木马服务器端程序的图标修改为 HTML、TXT、ZIP 等各种文件的图标，具有相当大的迷惑性，引诱用户将其打开。但是具有这种功能的木马并不多见，所以不必过于担心。

（2）捆绑文件。这种伪装方法是将木马捆绑到一个文件中，当文件被执行时，木马在用户毫无察觉的情况下进入系统。被捆绑的文件一般是可执行文件（即 EXE、COM 等文件）。

（3）出错显示。有一定木马知识的人应该知道，如果打开一个文件却没有任何反应，则其很可能是木马程序。木马的设计者也意识到了这个缺陷，所以他们已经为有些木马提供了出错显示的功能。当服务器端用户打开木马程序时，会弹出一个错误提示框（这当然是假的），错误内容可自由定义，大多会定制成诸如"文件已损坏，无法打开！"之类的信息，当服务器端用户信以为真时，木马已悄悄侵入了系统。

（4）定制端口。很多老式的木马端口是固定的，这给用户判断计算机是否感染了木马带来了便利，只要查一下特定的端口就知道是否感染了木马以及感染了什么木马，所以很多新式的木马加入了定制端口的功能。客户端用户可以在 1024～65535 中任选一个端口作为木马端口（一般不选择 1024 以下的端口），这样就给判断是否感染了木马带来了困难。

（5）自我销毁。这种方法是为了弥补木马的一个缺陷。当服务器端用户打开含有木马的文件后，木马会将自己复制到 Windows 的系统文件夹中（C:\WINDOWS 或 C:\WINDOWS\SYSTEM 目录下），一般来说，原木马文件和系统文件夹中的木马文件的大小是一样的（捆绑文件的木马除外），那么感染了木马的用户只要在收到的信件和下载的软件中找到原木马文件，并根据原木马的大小到系统文件夹中查找相同大小的文件，判断哪个文件是木马即可。而木马的自我销毁功能是指安装完木马后，原木马文件将自动销毁，这样服务器端用户就很难找到木马的来源，在没有木马查杀工具的情况下，就很难删除木马了。

（6）木马更名。安装到系统文件夹中的木马的文件名一般是固定的，只要根据一些查杀木马的文章，按图索骥地在系统文件夹中查找特定的文件，就可以断定计算机感染了什么木马。有很多木马允许客户端用户自由定制安装后的木马文件名，这样就很难判断计算机所感染的木马类型了。

5. 木马与病毒的区别

木马属于计算机病毒中的一类，但与典型的计算机病毒或蠕虫有一定的区别，因为它不会自行传播，不具备传染性，但是它的其他特征，如破坏性、隐蔽性等和病毒是完全一样的。如果恶意代码进行复制操作，则其不是木马；如果恶意代码将其自身的副本添加到文件、文档或磁盘驱动器的启动扇区中来进行复制，则被认为是病毒；如果恶意代码在无须感染可执行文件的情况下进行复制，则被认为是某种类型的蠕虫；木马不能自行传播，但是病毒或蠕虫可以将木马作为负载的一部分复制到目标系统中，中断用户的工作，影响系统的正常运行，在系统中提供后门，使黑客可以窃取数据或者控制目标系统。

按照计算机病毒的一般命名规则，Trojan 表示木马类病毒，Backdoor 表示后门类病毒。无论是从数量还是从破坏力上来看，木马都是最多且破坏力最大的。因此，学习木马的工作原理、了解其破坏性是安全防御中很重要的一部分。

6. 木马与远程控制软件的区别

木马的显著特征是隐蔽性，即服务器端是隐藏的，并不在被控制端的桌面上显示，不被被控制端察觉，这样无疑增加了木马的危害性，也为木马窃取密码提供了方便。

远程控制软件是更广泛的概念。木马可以说是远程控制软件的一种，但远程控制软件不仅包括木马，还包括正当用途的远程管理和维护。正当用途的远程控制软件是经过"授权"的，被安装服务器端是知情的，被控制端运行的时候，状态栏中会出现提示的图标。而木马非法入侵用户的计算机时，在"非授权"情况下运行，所以不会在状态栏中出现图标，运行时没有窗口。

远程控制软件和木马在功能上非常相似，但一般来说，可以认为提供恶意攻击功能的是木马，提供良性管理控制功能的是远程控制软件。当前，有很多企业有运用远程控制软件进行管理的情况，也有家长使用远程控制软件管理孩子学习、交友等情况。需要特别指出的是，许多远程控制软件具有隐蔽监控的功能（如网络远程控制软件，用户可以在任何一台可以联网的计算机上连接远端计算机，进行远程办公和远程管理）。

和木马相似的另一个概念就是"后门"，后门也是远程控制软件的一种，一般是程序员在程序开发期间，为了方便测试、更改和增强模块的功能而开设的特殊接口（通道），通常拥有最高权限。当然，程序员一般不会把后门记入软件的说明文档，因此用户通常无法知晓后门的存在。

3.4.2　木马的分类

自木马诞生至今，已经出现了多种类型的木马，对它们进行完全的列举和说明是不可能的，大多数的木马不是单一功能的木马，它们往往是多种功能的集成品。木马的数量庞大，种类也是各异的。常见的木马可以分为以下几类。

1. 远程控制类木马

远程控制类木马是目前数量最多、危害最大、知名度最高的木马，它可以让入侵者完全控制感染了木马的计算机，这类木马可以远程访问并控制被攻击者的硬盘、进行屏幕监视等，入侵者可以利用它完成一些甚至连计算机主人本人都不能顺利进行的操作，危害非常大。由于要达到远程控制的目的，这类木马往往集成了其他种类木马的功能，使其在被感染的计算机上为所欲为，可以任意访问文件，得到计算机主人的私人信息，甚至包括信用卡号、银行账号等至关重要的信息。

"冰河"就是一种典型的远程控制类木马。这种木马使用起来非常简单，只需要有人运行服务器端并拥有被攻击者 IP 地址，就能够访问到相应计算机。攻击者使用"冰河"可以在感染了该木马的计算机上做任何事情。远程控制类木马的普遍特征是提供键盘记录、上传和下载、操作注册表、限制系统等功能。

2. 密码发送型木马

在信息安全日益重要的今天，密码无疑是通向重要信息的一把极其有用的钥匙。只要掌握了对方的密码，从很大程度上说，攻击者就可以无所顾忌地得到对方的很多信息。而密码发送型木马正是专门为了盗取被感染计算机的密码而编写的。木马一旦被执行，就会自动搜索内存、缓存、临时文件夹，以及各种敏感密码文件，一旦搜索到有用的密码，木马就会利用免费的电子邮件服务将密码发送到指定的邮箱，从而达到获取密码的目的。这类木马大多使用 25 号端口发送 E-mail，其目的是找到所有的隐藏密码，并在被攻击者不知道的情况下把相关信息发送到指定的信箱，因此这类木马是非常危险的。

3. 键盘记录类木马

这类木马非常简单，只做一件事情，即记录被攻击者的键盘敲击事件，并在日志文件中查找密码。这类木马随着 Windows 操作系统的启动而启动，有在线和离线记录两种模式，即分别记录在线和离线状态下敲击键盘的情况，从这些按键中很容易得到密码等有用信息。

4. 破坏类木马

这类木马唯一的功能就是破坏被感染计算机的文件系统，使其出现系统崩溃或者重要数据丢失等问题，从而造成巨大损失。从这一点上来说，它和计算机病毒很像。一般来说，这类木马的激活是由攻击者控制的，且传播能力比计算机病毒差得多。

5. 下载类木马

这类木马程序的大小一般很小，其功能是从网络中下载其他病毒程序或安装广告软件。其大小很小，因此更容易传播，传播速度也更快。通常，功能强大、体积也很大的后门类病毒，如"灰鸽子""黑洞"等，传播时会单独编写一个小巧的下载类木马，用户中毒后会把后门主程序下载到本机中运行。

6. 代理类木马

用户感染代理类木马后，会在本机开启 HTTP、SOCKS 等代理服务功能。黑客把被感染计算机作为跳板，以被感染用户的身份进行黑客活动，达到隐藏自己的目的。

7. FTP 类木马

FTP 类木马打开被感染计算机的 21 号端口（FTP 所使用的默认端口），使每一个人都可以用 FTP 客户端程序在没有密码的情况下连接到被感染的计算机，并可以进行最高权限的上传和下载，窃取被攻击者的机密文件。新 FTP 类木马还具有设置计算机密码功能，这样只有攻击者本人才知道正确的密码。

8. 网页点击类木马

网页点击类木马会恶意模拟用户点击广告等动作，在短时间内可以产生数以万计的点击量。此类木马采用的技术比较简单，一般只是向服务器发送 HTTP GET 请求。

9. 网银类木马

网银类木马是针对网上交易系统编写的木马，其目的是盗取用户的卡号、密码，甚至安全证书，它的危害性很大，受害用户的损失也更加惨重。

网银类木马通常针对性较强，编写木马的程序员可能会先对某银行的网上交易系统进行仔细分析，再针对安全薄弱环节编写木马程序。例如，由安全软件截获的网银类木马最新变种"弼马温"，能够毫无痕迹地修改支付界面，使用户根本无法察觉。网银类木马通过不良网站提供假的下载地址进行广泛传播，当用户安装网银挂马播放器文件后就会感染木马，该木马运行后立即开始监视用户网络交易，屏蔽余额支付和快捷支付，强制用户使用网银，并借机篡改订单，盗取财产。随着我国网上交易的普及，受到外来网银类木马威胁的用户也在不断增加。

10. DDoS 攻击类木马

随着 DDoS 攻击的应用越来越广泛，被用作 DDoS 攻击的木马也越来越流行。当攻击者入侵了一台计算机并植入 DDoS 攻击类木马后，这台计算机将成为 DDoS 攻击的得力助手。控制的计算机数量越多，发动 DDoS 攻击取得成功的概率就越大。所以，这类木马的危害不是体现在被感染的计算机上，而是体现在攻击者可以利用它来攻击一台或多台特定的计算机，给网络造成很大的危害和损失。

还有一类与 DDoS 攻击类木马类似的木马，即邮件炸弹木马，一旦计算机被感染，该木马就会随机生成各种各样主题的电子邮件，对特定的电子邮箱不停地发送电子邮件，一直到对方瘫痪、不能接收电子邮件为止。

3.4.3　木马的工作过程

黑客利用木马进行网络入侵时，大致可分为配置木马、传播木马、启动木马、建立连接和远程控制 5 个步骤，如图 3.26 所示。

1. 配置木马

一般的木马有木马配置程序，从具体的配置内容看，主要是为了实现以下两个方面的功能。

（1）木马伪装。木马配置程序为了在服务器端尽可能地隐藏木马，会采用多种伪装手段，如修改文件名称或图标、捆绑文件、定制端口、自我销毁等。

（2）信息反馈。木马配置程序将对信息反馈的方式或地址进行设置，如设置信息反馈的邮件地址、IP 地址等。

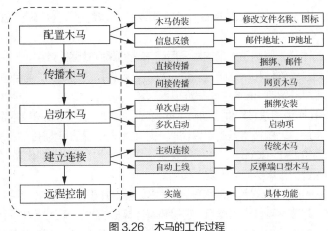

图 3.26 木马的工作过程

2. 传播木马

木马的传播有直接传播和间接传播两种。直接传播通过发送 E-mail 实现，控制端将木马程序以附件的形式夹在电子邮件中发送出去，收信人只要打开附件就会感染木马；间接传播通过软件下载实现，一些非正规的网站以提供软件下载为名义，将木马捆绑在软件安装程序中，用户下载软件后，只要运行这些程序，木马就会自动安装。

3. 启动木马

木马程序传播给对方后，接下来就是启动木马，启动木马分为以下两种类型。

（1）单次启动。一般是木马第一次运行的时候启动，这种方法需要直接运行木马程序。常见的方式是把木马伪装成正常的应用软件或者和正常的应用软件捆绑到一起，引诱被攻击者运行软件。

（2）多次启动。如果黑客希望实现长期控制，就会每次在系统启动时启动木马。常见的方式是把木马写入注册表启动项，以及写入批处理文件、注册为服务、建立文件关联等。

4. 建立连接

一个木马连接的建立必须满足两个条件：服务器端已安装了木马程序，控制端、服务器端都要在线。木马建立连接的方式有两种：一种是主动连接，另一种是自动上线。

（1）主动连接针对传统木马。服务器端打开某端口，处于监听状态，控制端主动连接木马。

（2）自动上线针对反弹端口型木马。控制端打开端口，处于监听状态，服务器端主动连接控制端。

5. 远程控制

前面的步骤完成之后，就可以对服务器端进行远程控制了，可以窃取密码及操作文件、修改注册表、锁定服务器端及控制系统操作等。

3.4.4 木马的防范技术

木马的技术变化非常迅速，至今，木马大致已经经历了 6 代的更新。

第一代木马功能非常简单，主要是简单的密码窃取、通过电子邮件发送信息等，只具备了木马最基本的功能。

第二代木马在技术上有了很大的变化，"冰河"是我国木马的典型代表之一。

第三代木马主要的变化表现在数据传递技术方面，出现了 ICMP 等类型的木马，利用畸形报文传递数据，增加了杀毒软件查杀识别的难度。

第四代木马在进程隐藏方面有了很大的改动，采用了内核插入式的嵌入方式，利用远程插入线程技术嵌入动态链接库（Dynamic Linked Library，DLL）线程，"灰鸽子""蜜蜂盗"都是比较出名的 DLL 木马。

第五代木马是驱动木马，使用了大量的木马后门来达到深度隐藏的效果，并深入内核空间，计算机感染木马后，会针对杀毒软件和网络防火墙进行攻击，可将系统初始化，导致杀毒软件和防火墙失去效用，且有的驱动木马驻留在 BIOS 中，很难被查杀。

随着身份认证 USB 密钥和杀毒软件主动防御的兴起，第六代木马（黏虫技术型木马和特殊反显技术型木马）开始迅速发展。黏虫技术型主要以盗取和篡改用户敏感信息为主，特殊反显技术型木马以动态口令和证书攻击为主。"PassCopy""暗黑蜘蛛侠"是这一代木马的典型代表。

为了防范木马的入侵，应该实施以下安全措施。

（1）使用专业厂商的正版防火墙，使用正版的杀毒软件，并正确地对防火墙和杀毒软件进行配置。防火墙在计算机系统中起着不可替代的作用，它保障着计算机的数据流通，保护着计算机的安全通道，对数据进行管控时可以根据用户需要自定义，防止不必要的数据流通。安装防火墙有助于对计算机病毒和木马程序进行防范与拦截。

（2）注意自己电子邮箱的安全，不要打开陌生人的电子邮件，更不要在没有防护措施的情况下打开或下载电子邮件中的附件。

（3）不要轻易运行其他人通过聊天工具发送过来的程序，对于从网络中下载的资料或工具，应在经过杀毒软件查杀并确认安全后再使用。

（4）定期检查系统的服务和系统的进程，查看是否有可疑服务或者可疑进程。

（5）使用工具软件隐藏自身的实际地址，可以减少网络的攻击；不要隐藏文件的扩展名，以便及时发现木马文件。

（6）检测和寻找木马隐藏的位置。木马侵入系统后，需要找一个安全的地方选择适当时机进行攻击，了解和掌握木马隐藏的位置才能清除木马。木马经常会集成到程序中、藏匿在系统中、伪装成普通文件或者添加到计算机操作系统的注册表中，还会嵌入启动文件中，一旦计算机启动，这些木马程序就会运行。

（7）防范端口。检查计算机使用了哪些端口，正常开启的是哪些端口，而哪些端口不是正常开启的；了解计算机端口状态，哪些端口目前是连接的，特别注意这种连接是否正常；查看当前的数据交换情况，重点注意哪些数据交换比较频繁，是否属于正常数据交换；关闭一些不必要的端口。

（8）删除可疑程序。对于非系统的程序，如果不是必要的，则完全可以将其删除，也可以利用一些查杀工具对其进行检测。

（9）健全网站和网络游戏的管理。网站和网络游戏开发商要加大对于网站和网络游戏的管理与监督，争取从源头上阻止木马，使其没有扩散的机会，这是防范网页木马和网络游戏木马的主要方式之一。另外，要加强网络环境和设备的日常维护、维修、管理工作，内容包括对网站的服务器进行每日检查，对服务器内的数据和资料进行更新，对服务器系统的操作、行为日志进行核查等，还需要对服务器的网络配置、安全配置等情况进行严格的检查等。

（10）增强网民的防范意识。我国计算机用户数量正在快速增长，部分用户对于自身信息的保护意识不强，大部分用户的计算机上没有安装杀毒软件，或者设置防火墙。我们应该深刻地意识到防范病毒是一项长期且系统性的工作，主动了解这方面的相关知识，加强对于木马的防范意识。针对网站中携带的木马问题，用户可以利用防火墙在木马盗取用户账号、隐私之前，就将其拦截并歼灭。

传统的个人用户杀毒软件需要用户不断地升级病毒库，将病毒特征代码保存在本地的计算机中，这样才能够让本地的杀毒软件识别各种各样的新式病毒。这种方式的缺点是占用本地计算机资源过多，且有一定的滞后性。为了解决这个问题，云查杀技术应运而生。

云查杀技术是依赖于云计算的技术，云计算是分布式计算的一种，其最基本的概念是通过计算机网络将庞大的计算处理程序自动分解成无数个较小的子程序，之后将其交由由多台服务器所组成的庞大系统进行搜寻、计算分析，并将处理结果回传给用户。通过这种技术，网络服务提供者可以在数秒之内处理数以千万计甚至亿万计的信息，从而实现和超级计算机同样效能强大的网络服务。云查杀就是把安全引擎和病毒、木马特征库放在服务器端，解放用户的个人计算机，从而获取更加优秀的查杀效果、更快的安全响应时间、更少的资源占用，以及更快的查杀速度，且无须升级病毒库、木马特征库。

本章小结

本章包含 4 节。

3.1 节计算机病毒概述，主要讲解了计算机病毒的基本概念、计算机病毒的主要特征、计算机病毒的分类。

3.2 节计算机病毒的危害，主要讲解了计算机病毒的主要症状、计算机病毒的危害表现。

3.3 节计算机病毒的防范，主要讲解了计算机病毒程序的构成、计算机病毒的防范技术。

3.4 节木马攻击与防范，主要讲解了木马概述、木马的分类、木马的工作过程、木马的防范技术。

课后习题

1. 选择题

（1）恶意大量消耗网络带宽属于 DoS 攻击中的（　　　）。

    A. 配置修改型　　　B. 基于系统缺陷型　　C. 资源消耗型　　　D. 物理实体破坏型

（2）电子邮件的发件人利用某些特殊的电子邮件软件在短时间内重复地将电子邮件发送给同一个收件人，这种破坏方式叫作（　　　）。

    A. 邮件病毒　　　B. 邮件炸弹　　　　C. 特洛伊木马　　　D. 逻辑炸弹

（3）以下关于计算机病毒的特征正确的是（　　　）。

    A. 计算机病毒只具有破坏性，没有其他特征

    B. 计算机病毒具有破坏性，不具有传染性

    C. 破坏性和传染性是计算机病毒的两大主要特征

    D. 计算机病毒只具有传染性，不具有破坏性

（4）下列不属于计算机病毒特征的是（　　　）。

    A. 隐蔽性　　　　B. 传染性　　　　　C. 破坏性　　　　D. 自发性

（5）按感染对象分类，"CIH"病毒属于（　　　）。

    A. 引导型病毒　　B. 文件型病毒　　　C. 宏病毒　　　　D. 复合型病毒

（6）文件型病毒传染的对象主要是（　　　）类文件。

    A. EXE 和 WPS　　B. COM 和 EXE　　C. WPS　　　　　D. DBF

（7）以下关于宏病毒说法正确的是（　　　）。

    A. 宏病毒主要传染可执行文件

    B. 宏病毒仅对办公自动化程序编制的文档进行传染

    C. 宏病毒主要传染软盘、硬盘的引导扇区或主引导扇区

    D. "CIH"病毒属于宏病毒

（8）蠕虫病毒是最常见的病毒之一，有其特定的传染机理，它的传染机理是（　　）。

    A．利用网络进行复制和传播　　　　　B．利用网络进行攻击

    C．利用网络进行后门监视　　　　　　D．利用网络进行信息窃取

（9）第一种手机病毒是（　　）。

    A．Mellisa　　　　　　　　　　　　B．Happy99

    C．VBS.Timofonica　　　　　　　　　D．Nimda

（10）从病毒中截取一小段独一无二且足以表示这种病毒的二进制代码，来当作扫描此病毒的依据，这种病毒的检测方法是（　　）。

    A．特征代码法　　　B．检验和法　　　　C．行为监测法　　　D．虚拟机法

2．简答题

（1）简述计算机病毒的定义。

（2）简述计算机病毒的发展历程。

（3）简述计算机病毒的主要特征。

（4）简述计算机病毒的分类。

（5）简述计算机病毒的主要症状。

（6）简述计算机病毒的危害表现。

（7）简述计算机病毒程序的构成。

（8）简述计算机病毒的防范技术。

（9）简述木马的工作原理及工作过程。

第4章
数据加密技术

04

本章主要讲解密码学的相关理论知识以及密码学的发展阶段，重点讲解古典密码学、对称加密算法以及非对称加密算法的基本思想、安全性和在实际中的应用，对其他常用的加密算法进行简单的介绍，并在此基础上介绍两种保证数据完整性的技术，即数字签名技术和认证技术。本章还将讲解邮件加密软件 PGP 以及公钥基础设施和数字证书的应用，以加深读者对数据加密技术的理解。

【学习目标】

① 理解密码学的基本概念。

② 了解密码学系统的安全性及发展阶段。

③ 掌握古典密码学、对称加密算法以及非对称加密算法的使用。

④ 掌握数字签名技术和认证技术的使用。

⑤ 掌握邮件加密软件 PGP 以及公钥基础设施和数字证书的应用。

【素养目标】

① 加强爱国主义教育、弘扬爱国精神与工匠精神。

② 培养自我学习的能力和习惯。

③ 树立团队互助、合作进取的意识。

4.1 密码学概述

随着计算机犯罪和网络犯罪案例的不断增加，计算机网络安全逐渐成为一个重大的社会问题。在这样的大环境下，作为最早的安全防范研究课题之一的计算机密码学走出了军事领域，逐步转向科研、教育和民用领域，成为保证计算机安全的一项重要技术措施，这使得信息加密和解密技术的研究成为计算机科学工作者所关注的重要研究领域。

密码学分为密码编码和密码分析两个分支，密码编码是对信息进行编码以实现隐藏信息的一门学科，而密码分析则是研究、分析破译密码的学科，两者既相互对立又相互联系、相互促进。

4.1.1 密码学的基本概念

密码学是研究如何隐秘地传递信息的学科，在现代特别指对信息及其传输的数学性研究，常被认为是数学和计算机科学的分支，和信息论也密切相关。密码学的首要目的是隐藏信息的含义，并不是隐藏信息的存在。密码学促进了计算机科学的进步，特别是促进了计算机网络安全技术的进步，如访问控制与信息的机密性等。密码学已被应用在日常生活中，包括电子支付、网络通信等。

密码是通信双方按约定的法则进行信息特殊变换的一种重要保密手段。依照这些法则，明文变为密文，称为加密变换；密文变为明文，称为解密变换。密码在早期仅对文字或数码进行加密、解密变换，随着通信技术的发展，其对语音、图像等数据都可实施加密、解密变换。密码学是在编码与破译的斗争实践中逐步发展起来的，并随着先进科学技术的应用成为一门综合性的尖端技术学科。它与语言学、数学、电子学、声学、信息论、计算机科学等有着广泛而密切的联系。它的现实研究成果，特别是各国政府使用的密码编制及破译手段都具有高度的机密性。

1. 密码学历史

密码学是一门古老的技术，它已经有几千年的历史，自从人类社会有了战争就出现了密码。最先有意识地使用一些技术来加密信息的应该是古希腊人，他们使用一种通信双方都知道长度和宽度的棍子，把信息纵向写在棍子上，用纸把棍子裹起来，信息就可以印在纸上。不知道棍子的长度和宽度的人，即使获取了这些信息，也无法正确得出信息的准确含义。古代非常著名的加密方法是凯撒大帝的 3 个字母轮换表加密法。

中国古代秘密通信的手段就已经有了一些近似密码的雏形。《孙子兵法》中写道："兵者，诡道也。"要想"诡道"成功，就必须注意信息的保密。宋代的曾公亮、丁度等编撰的《武经总要》中记载了在北宋时期，作战中曾用一首五言律诗的 40 个汉字分别代表 40 种情况或者要求，这种加密方法已经具有了密码机制的特点。

20 世纪初，产生了最初的可以使用的机械式和电机式密码机，同时出现了商业密码机制公司和市场。20 世纪 60 年代后，电子密码机得到了较快的发展和广泛的应用。20 世纪 70 年代以来，一些学者提出了公钥密码体系，即运用单向函数的数学原理实现加密、解密密钥的分离，加密密钥是公开的，解密密钥是保密的，这种新的密码机制引起了密码学界的广泛关注和讨论。

随着计算机网络的发展，用户之间信息的交流大多是通过网络进行的，用户在计算机网络中进行通信时，主要的危险来自所传送的数据被非法窃听，如搭线窃听、电磁窃听等。因此，如何保证传输数据的机密性成为计算机网络安全需要研究的一个重要课题。20 世纪 70 年代，密码学迎来了新纪元，学者们开创了现代密码学。具有代表意义的事件如下：1975 年 3 月，IBM 公司公开发表了 DES 算法；1977 年，美国国家标准学会（American National Standard Institute，ANSI）宣布 DES 算法作为国家标准用于非国家保密机关，开创了公开全部密码算法的先例；1976 年，惠特菲尔德·迪菲和马丁·赫尔曼提出不仅密码本身可以公开，加密密钥也可以公开，只要解密密钥保持其隐秘性就可以确保信息传输的安全和可靠，这就是加密密钥和解密密钥不同的非对称密码体系，又称为公钥密码体系；1978 年，罗纳德·李维斯特（Ronald Rivest）、阿迪·沙米尔（Adi Shamir）和伦纳德·阿德曼（Leonard Adleman）合作，提出了第一个适用的公钥密码算法，即著名的 RSA（Rivest-Shamir-Adleman）密码算法，一直到现在，DES 和 RSA 两个密码算法都是现代密码学的经典范例。

当今世界，主要国家的政府和军队都十分重视密码工作，有的设立了庞大机构，从财政预算中拨出巨额的经费，集中数以万计的专家和科技人员，投入大量的昂贵的计算机和其他电子设备进行相关研究工作。

2. 密码学专业术语

密码技术包括密切相关的两个方面的内容，即加密和解密。加密就是研究、编写密码系统，把数据和信息转换成不可识别的密文的过程；而解密就是研究密码系统的加密途径，恢复数据和信息原始形式的过程。加密和解密过程共同组成了密码系统。

密码学的基本思想是伪装信息，使未被授权的人无法理解其含义。所谓伪装，就是对计算机中的信息进行可逆的数学变换的过程，其中包括以下几个相关的概念。

明文（Plaintext，记为 P）：信息的原始形式，没有进行加密，能够直接代表原文含义的信息。

密文（Ciphertext，记为 C）：经过加密处理之后，隐藏原文含义的信息。

加密（Encryption，记为 E）：将明文转换成密文的实施过程。

解密（Decryption，记为 D）：将密文转换成明文的实施过程。

密钥（Key，记为 K）：分为加密密钥和解密密钥。

加密和解密是两个相反的数学变换过程，都是用一定的算法实现的。为了有效地控制这种数学变换，需要一组参与变换的参数。在变换过程中，通信双方掌握的专门的信息就是密钥。加密过程是在加密密钥（记为 K_e）的参与下进行的；同样，解密过程是在解密密钥（记为 K_d）的参与下完成的。数据加密和解密过程如图 4.1 所示。

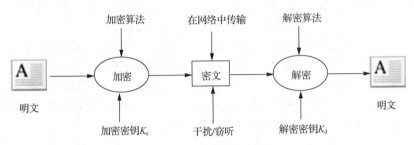

图 4.1　数据加密和解密过程

4.1.2　密码学系统的安全性

信息安全的 5 个基本要素是保密性、完整性、可用性、可控性、不可抵赖性，而数据加密技术正是保证信息安全基本要素的非常重要的手段。可以说没有密码学就没有信息安全，所以密码学是信息安全的核心。

V4-1　密码学
系统的安全性

1. 密码学与信息安全的关系

这里简单地说明密码学是如何保证信息安全的基本要素的。

（1）信息的保密性：提供只允许特定用户访问和阅读信息的服务，任何非授权用户都无法理解信息内容，这是通过密码学中的数据加密来实现的。

（2）信息的完整性：提供确保数据在存储和传输过程中不被非授权用户修改（篡改、删除、插入和伪造等）的服务，这可以通过密码学中的数据加密、散列函数来实现。

（3）信息的源发鉴别：提供与数据和身份鉴别有关的服务，这可以通过密码学中的数字签名来实现。

（4）信息的不可抵赖性：提供阻止用户否认先前的言论或行为的服务，这可以通过密码学中的数字签名和时间戳来实现，或借助可信的注册机构或证书机构的辅助来实现。

2. 数据加密技术

数据加密技术主要分为数据存储加密和数据传输加密技术。数据存储加密技术可以防止在存储环节上出现数据失密，其可分为密文存储和存取控制两种。密文存储一般通过加密算法转换、附加密码、加密模块等方法实现；存取控制则是对用户资格、权限加以审查和限制，防止非法用户存取数据或合法用户越权存取数据。数据传输加密技术主要是对传输中的数据流进行加密，常用的技术有以下 3 种。

（1）链路加密。链路加密的传输数据仅在数据链路层进行加密，不考虑信源和信宿，它用于保护通信节点间的数据，数据接收方是传送路径上的各台节点机，数据在每台节点机内部都要被解密和再加密，直至到达目的地。

（2）节点加密。节点加密在节点处采用一个与节点机相连的密码装置，密文在该装置中被解密并被重新加密，明文不通过节点机，弥补了链路加密节点处易受攻击的缺点。

（3）端到端加密。端到端加密是数据从一端到另一端使用的加密方式，数据在发送端被加密，在接收端被解密，中间节点处数据不以明文的形式出现。端到端加密是在应用层完成的。

信息是由报头和报文组成的，报文为要传送的信息，报头为路由选择信息。网络传输中涉及路由选择，在链路加密中，报文和报头两者都必须加密，而在端到端加密中，虽然通道上的每一个中间节点都不对报文进行解密，但为了将报文传送到目的地，必须检查路由选择信息，因此只能加密报文，而不能对报头进行加密，这样就容易被某些黑客所利用，并从中获取某些敏感信息。

链路加密对用户来说比较容易，使用的密钥较少，而端到端加密比较灵活，对用户可见。在对链路加密中各节点安全状况不放心的情况下，用户可使用端到端加密方式。

尽管节点加密能给网络数据提供较高的安全性，但它在操作方式上与链路加密是类似的，两者均在通信链路上为传输的消息提供安全性，且都在中间节点先对数据进行解密，再对数据进行加密。因为要对所有传输的数据进行加密，所以加密过程对用户是透明的。与链路加密不同的是，节点加密不允许数据在网络节点上以明文形式存在，它先对收到的数据进行解密，再采用另一个不同的密钥对数据进行加密，这一过程是在节点上的一个安全模块中进行的。

4.1.3 密码学的发展阶段

1967 年，戴维·卡恩（David Kahn）出版的《破译者》一书中指出"人类使用密码的历史几乎与使用文字的历史一样长"，很多考古发现也表明古人会用很多奇妙的方法对数据进行加密。从整体来看，密码学的发展大致可以分为以下 3 个阶段。

V4-2 密码学的
发展阶段

1. 古典密码学阶段（第一阶段）

通常把从古代到 1949 年这一时期称为古典密码学阶段。这一阶段可以看作现代密码的前传，那时的密码技术复杂程度不高，安全性较低。在古典密码学阶段，加密数据的安全性取决于算法的保密性，如果算法被其他人知道，则密文会很容易被人破解。

随着工业革命的到来和第二次世界大战的爆发，数据加密技术有了突破性的发展，出现了一些密码算法和加密设备，主要针对字符进行加密，简单的密码分析手段也在这个时期出现了，这时主要通过对明文字符的替换和换位两种技术来实现加密。在替换密码技术中，用一组密文字母来代替明文字母，以达到隐藏明文的目的。例如，典型的替换密码技术——"凯撒密码"技术，将明文中的每个字母用字母表中其所在位置后的第 3 个字母来代替，从而构成密文。换位密码技术并没有替换明文中的字母，而是通过改变明文字母的排列次序来达到加密的目的。

2. 现代密码学阶段（第二阶段）

从 1950 年到 1975 年这一阶段被称为现代密码学阶段。1949 年，克劳德·香农发表的《保密系统的通信理论》为近代密码学的建立奠定了理论基础，从此密码学成为一门科学。从 1949 年到 1967 年，密码学属军事领域专有，个人既无专业知识又无足够的财力去投入研究，因此这段时期密码学方面的文献近乎空白。

1967 年出版的《破译者》对以往的密码学历史进行了完整的记述，使成千上万的人了解了密码学，此后，关于密码学的文章开始大量涌现。同一时期，早期为美国空军研制敌我识别装置的霍斯特·菲斯特尔（Horst Feistel）在 IBM 沃森实验室中开始了对密码学的研究，且开始着手 DES 的研究。到 20世纪 70 年代初期，IBM 公司发表了霍斯特·菲斯特尔及其同事在相关课题上的研究报告。20 世纪 70年代中期，对计算机系统和网络进行加密的 DES 被美国国家标准学会宣布成为国家标准，这是密码学历史上一个具有里程碑意义的事件。在这一阶段，加密数据的安全性取决于密钥而不是算法的保密性，这是现代密码学阶段和古典密码学阶段之间的重要区别。

3. 公钥密码学阶段（第三阶段）

从 1976 年至今，这一阶段被称为公钥密码学阶段。1976 年，惠特菲尔德·迪菲和马丁·赫尔曼在他们发表的论文《密码学的新动向》中，首先证明了在发送端和接收端无密钥传输的保密通信技术是可行的，并第一次提出了公钥密码学的概念，从而开创了公钥密码学的新纪元。1977 年，罗纳德·李维斯特、阿迪·沙米尔和伦纳德·阿德曼这 3 位教授提出了 RSA 公钥加密算法。20 世纪 90 年代，逐步出现了椭圆曲线等其他公钥加密算法。

相对于 DES 等对称加密算法，这一阶段提出的公钥加密算法在加密时无须在发送端和接收端之间传输密钥，从而进一步提高了加密数据的安全性。

4.2 古典密码学

古典密码学主要采用对明文字符的替换和换位两种技术来实现加密，这些加密技术的算法比较简单，其保密性主要取决于算法的保密性。

4.2.1 替换密码技术

在替换密码技术中，会用一组密文字母来代替明文字母，以达到隐藏明文的目的。典型的替换密码技术是公元前 50 年左右由罗马尤利乌斯·凯撒发明的一种用于战时秘密通信的方法——"凯撒密码"。

1. 凯撒密码

这种密码技术将字母表中的字母按顺序排列，并将最后一个字母和第一个字母相连构成一个字母表序列，明文中的每个字母用该序列中在其后面的第 3 个字母来代替，构成密文。也就是说，密文字母相对明文字母循环右移了 3 位，所以这种密码也被称为"循环移位密码"。根据这个映射规则写出来的凯撒密码映射表如表 4.1 所示。

表 4.1　凯撒密码映射表

明文字母	a	b	c	d	e	f	g	h	i	j	k	l	m	n	o	p	q	r	s	t	u	v	w	x	y	z
位置序号	1	2	3	4	5	6	7	8	9	10	11	12	13	14	15	16	17	18	19	20	21	22	23	24	25	26
密文字母	x	y	z	a	b	c	d	e	f	g	h	i	j	k	l	m	n	o	p	q	r	s	t	u	v	w
位置序号	24	25	26	1	2	3	4	5	6	7	8	9	10	11	12	13	14	15	16	17	18	19	20	21	22	23

例如，明文"Shenyang"的凯撒密文为"vkhqbdqj"。

这种映射关系可以用函数表达式表示如下。

$$C=E(a,K)=(a+K) \bmod (n)$$

其中，a 表示要加密的明文字母的位置序号；K 表示密钥，这里为 3；n 表示字母表中的字母个数，这里为 26。

例如，对于明文"s"，其密文如下。

$$C=E(a,K)=(19+3)\bmod(26)=22=v$$

可以得到字母"s"的密文是"v"。

凯撒密码的解密方法特别简单，只要依据表 4.1，从密文字母中找出相应的明文字母即可。凯撒密码技术非常简单，从上面的分析中可以知道，凯撒密码是很容易被破译的，只要进行最多 25 次尝试就可以得到密钥 K，可见，这种密码的安全性是很差的。

2. 普莱费尔密码

普莱费尔（Playfair）密码是一种常见的替换密码技术，1854 年由英国人查尔斯·惠特斯通（Charles

Wheatstone）发明。Playfair 密码是使用一个关键词方格来加密字符对的加密方法。

Playfair 密码依据一个 5×5 的正方形密码表来编写，密码表中排列有 25 个字母。如果一种语言的字母超过 25 个，则可以去掉使用频率最低的一个。例如，法语一般去掉 w 或 k，德语则是把 i 和 j 合起来当作一个字母，英语中 z 使用得最少，可以去掉它。

Playfair 密码的编写分为 3 步，即编制密码表、整理明文、编写密文。其构成部分包括密钥、明文、密文和注明的某个字母代替的另一个字母。

（1）编制密码表

第一步是编制密码表，在这个 5×5 的密码表中，共有 5 行 5 列字母。第一列（或第一行）是密钥，其余按照字母顺序填入密码表中。密钥是一个单词或词组，其中若有重复字母，则可将后面重复的字母去掉。当然，使用频率最低的字母也可以去掉。例如，密钥是 live and learn，去掉重复字母后为 liveandr。如果密钥过长，则可占用第二列或第二行，同时字母 i 和 j 会被当作一个字母。

例如，密钥为 royal new zealand navy，其密码表如表 4.2 所示。

表 4.2　密钥编制密码表

	1	2	3	4	5
1	R	O	Y	A	L
2	N	E	W	Z	D
3	V	B	C	F	G
4	H	I/J	K	M	P
5	Q	S	T	U	X

（2）整理明文

第二步是整理明文，将明文每两个字母组成一对。如果字母成对后有两个相同的字母相邻，则插入一个字母 x（或者 q）；如果最后一个字母对中只有一个字母，则插入一个字母 z 对其进行补充。例如，communists 应整理为 co、mx、mu、ni、st、sz。

（3）编写密文

第三步是编写密文，对明文加密的规则如下。

① 落在密码表矩阵同一行的明文字母对中的字母由其右边的字母来代替，每行中最右边的一个字母用该行中最左边的第一个字母来代替，如 al 变成 LR。

② 落在密码表矩阵同一列的明文字母对中的字母由其下面的字母来代替，每列中最下面的一个字母用该列中最上面的第一个字母来代替，如 ct 变成 KY。

③ 其他的每组明文字母对中的字母按如下方式来代替：明文字母所在的行是该字母所在行，列则是另一个字母所在列，如 kx 变成 PT、me 变成 IZ（或 JZ）。

下面给出一个示例。

明文：communists。

整理明文：co　mx　mu　ni　st　sz。

编写密文：BY　PU　UA　EH　TU　UE。

将密文几个字母（如 4 个字母）一组排列，即 BYPU　UAEH　TUUE。

Playfair 解密算法首先将密钥填写在一个 5×5 的矩阵（去 Q 留 Z）中，矩阵中其他未用到的字母按顺序填在矩阵剩余位置中，根据替换矩阵由密文得到明文，其实就是加密过程的反向操作。另外，Playfair 解密算法不能解决明文中连续出现字母"X"的情况，但是在英语中很少有连续两个字母"XX"的情况出现，所以不太影响 Playfair 算法的使用。

4.2.2 换位密码技术

与替换密码技术相比，换位密码技术并没有替换明文中的字母，而是通过改变明文字母的排列次序来达到加密的目的。常用的换位密码是列换位密码。下面通过一个例子来说明其工作原理。

例如，以字符串"OPEN"为密钥，对明文"PLEASE LOOK AT THE APPLE"进行列换位加密，给出相应的密文（不计空格）。

在列换位加密算法中，将明文按行排列得到一个矩阵（矩阵中的列数等于密钥字母的个数，行数以够用为准，如果最后一行不全，则可以用字母 A、B、C……填充），然后按照密钥各个字母大小（即在字母表的前后位置的序号）的顺序排出列号，以列的顺序将矩阵中的字母读出，就构成了密文。

密钥"OPEN"的顺序为"3412"，构成矩阵如下。

密钥:	O	P	E	N
顺序:	3	4	1	2
	P	L	E	A
	S	E	L	O
	O	K	A	T
	T	H	E	A
	P	P	L	E

密文: ELAEL AOTAE PSOTP LEKHP

在上面的矩阵中，按照密钥"OPEN"所确定的列顺序为"3412"，按列写出该矩阵中的字母。先从第 3 列中得到"ELAEL"，然后从第 4 列中得到"AOTAE"，再从第 1 列中得到"PSOTP"，最后从第 2 列中得到"LEKHP"，就构成了明文"PLEASE LOOK AT THE APPLE"的密文"ELAELAOTAEPSOTPLEKHP"。

4.3　对称加密算法及其应用

对称加密（也称私钥加密）算法指加密和解密使用相同密钥的算法，又称传统密码算法，即加密密钥能够从解密密钥中推算出来，同时解密密钥可以从加密密钥中推算出来。而在大多数的对称加密算法中，加密密钥和解密密钥是相同的。它要求发送方和接收方在安全通信之前商定一个密钥。对称加密算法的安全性依赖于密钥，泄露密钥就意味着任何人都可以对其发送或接收的消息进行解密，只要通信需要保密，密钥就必须保密，所以密钥的保密性对通信的安全至关重要。

4.3.1 对称加密算法概述

随着数据加密技术的发展，现代密码学主要有两种基于密钥的加密算法，分别是对称加密算法和公钥加密算法。对称加密算法的特点是算法公开、计算量小、加密速度快、加密效率高。

1. 对称加密算法的缺点

对称加密算法的缺点是交易双方都使用同样的密钥，安全性得不到保证。此外，每对用户每次使用对称加密算法时，都需要使用其他人不知道的唯一密钥，这会使得收发双方所拥有的密钥数量呈几何级数增长，密钥管理将成为用户的负担。对称

V4-3　对称加密
算法概述

加密算法在分布式网络系统上使用较为困难，主要是因为密钥管理困难，使用成本较高。与公开密钥算法相比，对称加密算法能够提供加密和认证功能，却缺乏签名功能，使得使用范围有所缩小。在计算机专网系统中广泛使用的对称加密算法有 DES 和国际数据加密算法（International Data Encryption Algorithm，IDEA）等。美国国家标准学会倡导的高级加密标准（Advanced Encryption Standard，AES）已作为新标准取代了 DES。

2. 对称加密算法的优点

对称加密算法的优点在于加、解密的高效性和使用长密钥时的难破解性。假设两个用户需要使用对称加密算法进行加密并交换数据，则用户最少需要 2 个密钥并交换使用，如果企业内用户有 n 个，则整个企业共需要 $n×(n-1)$ 个密钥，密钥的生成和分发将成为企业信息部门的噩梦。对称加密算法的安全性取决于加密密钥的保存情况，但要求企业中每一个持有密钥的人都保守秘密是不可能的，他们可能会有意无意地把密钥泄露出去。如果一个用户使用的密钥被入侵者获得，则入侵者可以读取用该用户密钥加密的所有文档，如果整个企业共用一个加密密钥，则整个企业文档的保密性就无从谈起了。

3. 对称加密算法的工作方式

对称加密算法根据其工作方式可以分为两类。一类是一次只对明文中的一个位（有时是对一个字节）进行加密的算法，称为序列加密算法；另一类是每次对明文中的一组位进行加密的算法，称为分组加密算法。现在典型的分组加密算法的分组长度是 64 位。这个长度既方便使用，又足以防止被分析破译。

对称加密算法可在发送端对明文输入的数据使用共用密钥，通过加密算法（如 DES、AES 算法）进行加密，生成密文，并利用网络传输密文；在接收端使用共用密钥，通过加密算法的逆算法对密文进行解密，生成明文。对称加密算法的通信模型如图 4.2 所示。

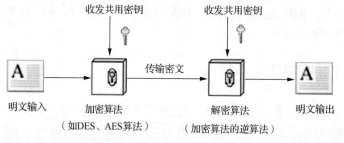

图 4.2　对称加密算法的通信模型

4.3.2　DES 算法

DES 算法采用了密码体制中的对称密码体制，是 1975 年由美国 IBM 公司研制的对称加密算法。其明文按 64 位进行分组，密钥长度为 64 位。密钥中的 56 位参与 DES 运算（第 8、16、24、32、40、48、56、64 位是校验位，使得每个密钥都有奇数个 1），分组后的明文组和 56 位的密钥通过按位替换或换位的方法形成密文组的加密方法。DES 算法以实现快、密钥简短等特点成为现在使用非常广泛的一种加密算法。

1. DES 算法的基本思想

DES 算法是一种对称加密算法，是按分组方式进行工作的算法，其通过反复使用替换和换位这两种基本的加密方法达到加密的目的。下面简单介绍一下这种加密算法的基本思想。

DES 算法的加密过程大致分为 4 个步骤，分别为对每个 64 位的明文分组数据进行初始置换、16 轮迭代变换和逆置换，最后输出得到 64 位的密文。在迭代之前，首先对 64 位的密钥进行变换，密钥去掉第 8、16、24、32、40、48、56、64 位，减少至 56 位，将去掉的 8 位视为奇偶校验位，不包含密钥信息，所以实际的密钥长度为 56 位。DES 算法的加密过程如图 4.3 所示。

DES 算法的初始置换过程如下：输入 64 位明文，按初始置换规则把输入的 64 位数据按位重新组合，并把输出分为左右两部分，每部分长度为 32 位，这里用到的初始置换规则如表 4.3 所示。

这个置换表的含义如下：将输入的第 58 位换到第 1 位，第 50 位换到第 2 位，第 42 位换到第 3 位，以此类推，最后一位是原来的第 7 位。也就是说，置换前的位置分别是 $D_1D_2D_3\cdots D_{64}$，那么经过初始置换之后，左边部分为 $D_{58}D_{50}D_{42}\cdots D_8$，即表 4.3 中的上半部分数据；右边部分为 $D_{57}D_{49}D_{41}\cdots D_7$，即表 4.3 中的下半部分数据。

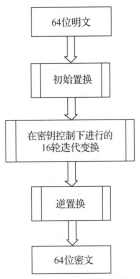

图 4.3　DES 算法的加密过程

表 4.3　初始置换规则

58	50	42	34	26	18	10	2
60	52	44	36	28	20	12	4
62	54	46	38	30	22	14	6
64	56	48	40	32	24	16	8
57	49	41	33	25	17	9	1
59	51	43	35	27	19	11	3
61	53	45	37	29	21	13	5
63	55	47	39	31	23	15	7

64 位的明文数据经过初始置换（这里记为 IP 变换）后，分为左右各 32 位的两部分，进入 16 轮的迭代变换过程。在每一轮的迭代变换过程中，先将输入数据右半部分的 32 位扩展为 48 位，而将其与由 64 位密钥所生成的 48 位的某一子密钥进行异或运算，将得到的 48 位结果通过 S 盒压缩为 32 位，并将这 32 位数据经过置换后与输入数据左半部分的 32 位数据进行异或运算，得到新一轮迭代变换的右半部分。这样就完成了一轮的迭代变换。通过 16 这样的迭代变换后，产生一个新的 64 位的数据。注意，最后一次迭代变换后所得结果的左半部分和右半部分不再交换。这样做的目的是使加密和解密可以使用同一个算法。最终，对 64 位的数据进行一次逆置换（记为 IP^{-1} 变换），这样就得到了 64 位的密文。

可以看出，DES 算法的核心是 16 轮的迭代变换过程，如图 4.4 所示。

从图 4.4 中可以看出，对于每轮迭代变换，其左、右半部分的输出如下。

$$L_i = R_{i-1}$$
$$R_i = L_{i-1} \oplus f(R_{i-1}, K_i)$$

其中，i 表示迭代变换的轮次；$\oplus$ 表示按位异或运算；f 表示包括扩展变换 E、密钥产生、S 盒压缩变换、置换运算 P 等在内的加密运算。

DES 算法的解密过程和加密过程类似，只是在 16 轮的迭代变换过程中所使用的子密钥刚好和加密过程的相反，即解密时第 1 轮使用的子密钥采用加密时最后一轮（第 16 轮）的子密钥，第 2 轮使用的子密钥采用加密时第 15 轮的子密钥……最后一轮（第 16 轮）使用的子密钥采用加密时第 1 轮的子密钥。

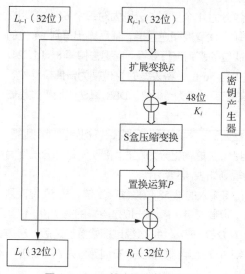

图 4.4　DES 算法的迭代变换过程

2. DES 算法中 S 盒的运算

DES 算法是典型的对称加密算法，其中一个步骤是 S 盒的运算，下面给出了 S1～S5 这 5 个 S 盒的定义表格，如表 4.4 所示。

例如，现已知 S1 输入 110010，S2 输入 010011，S3 输入 101011，S4 输入 111001，S5 输入 000101，请依据输入数值分别写出对应的输出数值（输出数值以二进制形式表示）。

表 4.4　S1～S5 的定义表格

S1	0	1	2	3	4	5	6	7	8	9	10	11	12	13	14	15
0	14	4	13	1	2	15	11	8	3	10	6	12	5	9	0	7
1	0	15	7	4	14	2	13	1	10	6	12	11	9	5	3	8
2	4	1	14	8	13	6	2	11	15	12	9	7	3	10	5	0
3	15	12	8	2	4	9	1	7	5	11	3	14	10	0	6	13
S2	0	1	2	3	4	5	6	7	8	9	10	11	12	13	14	15
0	15	1	8	14	6	11	3	4	9	7	2	13	12	0	5	10
1	3	13	4	7	15	2	8	14	12	0	1	10	6	9	11	5
2	0	14	7	11	10	4	13	1	5	8	12	6	9	3	2	15
3	13	8	10	1	3	15	4	2	11	6	7	12	0	5	14	9
S3	0	1	2	3	4	5	6	7	8	9	10	11	12	13	14	15
0	10	0	9	14	6	3	15	5	1	13	12	7	11	4	2	8
1	13	7	0	9	3	4	6	10	2	8	5	14	12	11	15	1
2	13	6	4	9	8	15	3	0	11	1	2	12	5	10	14	7
3	1	10	13	0	6	9	8	7	4	15	14	3	11	5	2	12
S4	0	1	2	3	4	5	6	7	8	9	10	11	12	13	14	15
0	7	13	14	3	0	6	9	10	1	2	8	5	11	12	4	15
1	13	8	11	5	6	15	0	3	4	7	2	12	1	10	14	9
2	10	6	9	0	12	11	7	13	15	1	3	14	5	2	8	
3	3	15	0	6	10	1	13	8	9	4	5	11	12	7	2	
S5	0	1	2	3	4	5	6	7	8	9	10	11	12	13	14	15
0	2	12	4	1	7	10	11	6	8	5	3	15	13	0		
1	13	11	2	12	4	7	13	1	5	0	15	10	3	9		
2	4	2	1	11	10	13	7	8	15	9	12	5	6	3		
3	11	8	12	7	1	14	2	13	6	15	0	9	10	4		

以 S1 为例，S1 输入的数值为 110010，将第 1 位与第 6 位取出作为 S1 的行坐标，将中间 4 位取出作为列坐标，可以得到 S1(10,1001)；将二进制换算成十进制，得到 S1 的坐标 S1(2,9)；查找 S1～S5 这 5 个 S 盒的定义表格，可以得到 S1(2,9) 的值为 12；将十进制 12 换算为二进制数为 1100，即 S1 的输出结果为 1100；以此类推，可以得出 S2、S3、S4、S5 的输出结果。

S1(110010)= S1(10,1001)= S1(2,9)=12=1100

S2(010011)= S2(01,1001)= S2(1,9)=0=0000

S3(101011)= S3(11,0101)= S3(3,5)=9=1001

S4(111001)= S4(11,1100)= S4(3,12)=12=1100

S5(000101)= S5(01,0010)= S5(1,2)=2=0010

最终的输出结果为 1100　0000　1001　1100　0010。

3. DES 算法的安全性

DES 算法的整个体系是公开的，其安全性完全取决于密钥的安全性。在该算法中，由于经过了 16 轮的替换和换位的迭代运算，密码的分析者无法通过密文获得该算法一般特性以外的更多信息。对于这种算法，破解的唯一可行途径是尝试所有可能的密钥。传统的 DES 算法由于只使用了 56 位的密钥（共 2^{56} 个可能密钥值），已经不适应当今分布式开放网络对数据加密安全性的要求。1977 年，RSA 数据安全公司发起了一项名为"DES 挑战赛"的活动，志愿者在 4 次挑战中分别用 4 个月、41 天、56h 和 22h 破解了活动方用 56 位密钥的 DES 算法加密的密文，DES 算法在计算机速度提升后的今天被认为是不安全的。为了提高 DES 算法的安全性，可以采用加长密钥的方法，如三重 DES（Triple DES）算法，现在商用 DES 算法一般采用 128 位的密钥。

4.3.3　AES 算法

密码学中的 AES 是美国联邦政府采用的一种区块加密标准。AES 由美国国家标准与技术研究院（National Institute of Standards and Technology，NIST）于 2001 年 11 月 26 日发布，并在 2002 年 5 月 26 日成为有效的标准。2006 年，AES 已成为对称加密算法中最流行的算法之一。

AES 算法是美国联邦政府采用的商业及政府数据加密标准，在各个领域中得到了广泛应用。AES 算法提供 128 位密钥，因此，128 位密钥的 AES 算法的加密强度是 56 位密钥的 DES 算法的加密强度的 1000 多倍。假设可以制造一部在 1s 内破解 DES 算法密码的机器，那么使用这台机器破解一个 128 位的 AES 算法的密码需要大约 149 亿年的时间。

AES 算法的基本要求如下：采用对称分组密码体制，密钥长度可为 128 位、192 位、256 位，分组长度为 128 位，算法应易于各种硬件和软件实现。AES 算法的加密数据块大小最大是 256 位，但是密钥大小理论上没有上限，AES 算法加密有很多轮的重复和变换。

AES 算法从很多方面解决了令人担忧的问题。实际上，攻击数据加密标准的一些手段对于 AES 算法并没有效果。如果采用真正的 128 位加密技术甚至 256 位加密技术，则暴力破解 AES 算法即便能够成功，也需要耗费相当长的时间。

AES 算法有不足的一面，但是它仍是一个相对较新的标准。因此，安全研究人员还没有那么多的时间对这种加密算法进行破解试验。尽管人们对 AES 算法还有不同的看法，但总体来说，AES 算法作为新一代的数据加密标准，汇聚了高度安全性、高性能、高效率、易用和灵活性等优点。

4.3.4　其他常用的对称加密算法

随着计算机软件和硬件水平的提高，DES 算法的安全性也受到了一定的挑战。为了进一步提高对称加密算法的安全性，研究人员在 DES 算法的基础上发展了其他对称加密算法，如三重 DES、IDEA 等。

1. 三重 DES 算法

三重 DES 算法是在 DES 算法的基础上为了提高算法的安全性而发展起来的，其采用 2 个或 3 个密钥对明文进行 3 次加密运算。三重 DES 算法的加密过程示意如图 4.5 所示。

三重 DES 算法的有效密钥长度从 DES 算法的 56 位变成 112 位（图 4.5 左侧所示的情况，采用 2 个密钥时）或 168 位（图 4.5 右侧所示的情况，采用 3 个密钥时），因此安全性也相应地得到了提高。

图 4.5　三重 DES 算法的加密过程示意

2. IDEA

IDEA 是上海交通大学来学嘉教授与瑞士学者詹姆斯·马西（James Massey）联合提出的。它在 1990 年正式公布并得到发展。这种算法是在 DES 算法的基础上发展出来的，类似于三重 DES 算法。发展 IDEA 是因为 DES 算法具有密钥太短等缺点，IDEA 的密钥为 128 位，这么长的密钥在今后若干年内应该是安全的。

和 DES 算法一样，IDEA 也是对 64 位大小的数据块进行加密的算法，输入的明文为 64 位，生成的密文也为 64 位。IDEA 是一种由 8 个循环和 1 个输出变换组成的迭代算法。IDEA 自问世以来已经经历了大量的详细审查，对密码分析具有很强的抵抗能力。

4.4　非对称加密算法

传统密码体制又称对称密钥体系，其中用于加密的密钥和用于解密的密钥完全一样。在对称密钥体系中，通常使用的加密算法比较简便、高效，密钥简短，破解起来比较容易，但是在公开的计算机网络环境中如何安全传送和保管密钥成为一个严峻的问题。

4.4.1　非对称加密算法概述

随着用户数量的增加，密钥的数量也在急剧增加，n 个用户相互之间采用对称加密算法进行通信时，需要的密钥对数量为 C_n^2，如 1000 个用户进行通信时就需要 499500 对密钥。如何对数量如此庞大的密钥进行管理是一个棘手的问题。

1976 年，惠特菲尔德·迪菲和马丁·赫尔曼为解决密钥管理的问题，在他们具有奠基性意义的著作《密码学的新动向》中提出了一种密钥交换协议，允许通信双方在不安全的媒体上交换信息，得到安全的、达成一致的密钥。在此新思想的基础上，很快出现了与"传统密码体制"相对的"非对称密钥体系"，即"公开密钥体系"。其中加密密钥和解密密钥完全不同，不能通过加密密钥推算出解密密钥。之所以称其为公开密钥体系，是因为其加密密钥是公开的，任何人都能通过查找相应的公开文档得到，而解密密钥是保密的，只有得到相应的解密密钥才能解密信息。在这个体系中，加密密钥也称为公开密钥（Public Key，简称公钥），解密密钥也称为私人密钥（Private Key，简称私钥）。

非对称加密算法在发送端对明文输入的数据使用公钥，通过公钥加密算法（如 RSA 算法）对明文进行加密，生成密文，并利用网络传输密文；在接收端使用私钥，通过私钥解密算法，对密文进行解密，并生成明文。

非对称加密算法的通信模型如图 4.6 所示。

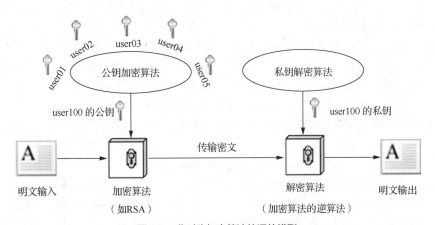

图 4.6　非对称加密算法的通信模型

因为用户只需要保存好自己的私钥，而对应的公钥无须保密，需要使用公钥的用户可以通过公开途径得到公钥，所以非对称加密算法不存在对称加密算法中的密钥传输问题。同时，n 个用户相互之间采用非对称加密算法进行通信时，需要的密钥对数量也仅为 n 个，密钥的管理较对称加密算法简单得多。

4.4.2　RSA 算法

公开密钥体系是现代密码学最重要的发明和进步之一。在保护敏感信息通信安全方面，密码学一直是人们多年来的研究重点。但是，这仅仅是当今密码学的一个主题，随着网络应用的普及和迅速发展，对信息发送人进行身份验证，成为密码学的另一个主题。公开密钥体系在这两个主题上都给出了出色的答案，并在继续产生新的思想和方案。

应用较为广泛的公钥加密算法是 RSA 算法。RSA 算法是在 1977 年由美国的 3 位教授——罗纳德·李维斯特、阿迪·沙米尔和伦纳德·阿德曼在题为《获得数字签名和公开密钥密码系统的一种方法》的论文中提出的，算法的名称取自 3 位教授的姓氏。RSA 算法是第一个被提出的公钥加密算法，是至今为止最为完善的公开密钥加密算法之一。RSA 算法的 3 位发明者也因此在 2002 年获得了计算机领域的最高奖——图灵奖。

1. RSA 算法的基本思想

RSA 算法的安全性基于大数分解的难度，其公钥和私钥是一对大素数的函数。从一个公钥和密文中恢复出明文的难度等价于分解两个大素数的乘积的难度。

下面通过具体的例子说明 RSA 算法的基本思想。

首先，用户秘密地选择两个大素数，为了计算方便，假设这两个素数为 p=17、q=5。计算出 n=p q=17×5=85，将 n 公开。

用户使用欧拉函数$\phi(n)$计算出 n。

$$\phi(n)=(p-1)(q-1)=(17-1)(5-1)=16×4=64$$

从 1 到$\phi(n)$之间选择一个和$\phi(n)$互素的数 e 作为公开的加密密钥（公钥），这里选择 13。计算解密密钥（私钥）d，使得$(de)\bmod\phi(n)$=1，通过计算可以得到 d 为 5，计算过程如下。

当$(de)\mathrm{mod}\phi(n)=1$ 时，即$(d\times13)\mathrm{mod}(64)=1$。

$$\Downarrow$$

$$d\times13=64k+1（引入变量 k，k\in\mathbf{Z}）$$

当$k=1$ 时，$d=5$，即私钥为5。

将$p=17$ 和$q=5$ 丢弃；将$n=85$ 和$e=13$ 公开，作为公钥；将$d=5$ 保密，作为私钥。这样就可以使用公钥对发送的信息进行加密，如果接收者拥有私钥，则可以对信息进行解密。

例如，假如要发送的信息$s=5$，公钥e 为13，那么可以通过以下计算得到密文c。

$$c=s^e\mathrm{mod}(n)=5^{13}\mathrm{mod}(85)=20$$

将密文20发送给接收者，接收者在接收到密文信息后，私钥d 为5，可以使用私钥通过计算恢复出明文。

$$s=c^d\mathrm{mod}(n)=20^5\mathrm{mod}(85)=5$$

这里选择的两个素数p 和q 只是作为示例，数字并不大，但是可以看到，从p 和q 计算n 的过程非常简单，而从$n=85$ 找出$p=17$、$q=5$ 不太容易。在实际应用中，p 和q 将是非常大的素数，这样通过n 找出p 和q 的难度将非常大，甚至接近不可能。所以这种大数分解的运算是一种"单向"运算，单向运算的安全性决定了RSA算法的安全性。

2. RSA 算法的安全性分析

RSA算法的安全性取决于从n 中分解出p 和q 的困难程度。为了增强RSA算法的安全性，较有效的做法就是加大n 的位数。假设一台计算机完成一次运算的时间为$1\mu s$，分解不同位数的n 所需要的运算次数和平均运算时间如表4.5所示。

表4.5 分解不同位数的 n 所需要的运算次数和平均运算时间

n 的十进制位数	分解 n 所需要的运算次数	平均运算时间
50	1.4×10^{10}	3.9h
75	9.0×10^{12}	104 天
100	2.3×10^{15}	74 年
200	1.2×10^{23}	3.8×10^9年
300	1.5×10^{29}	4.9×10^{15}年
500	1.3×10^{39}	4.2×10^{23}年

从表4.5中可以看出，随着n 的位数的增加，分解n 将变得非常困难。随着计算机硬件水平的发展，对数据进行RSA加密的速度将越来越快，对n 进行因数分解的时间也将有所缩短。但总体来说，计算机硬件的迅速发展对RSA算法的安全性是有利的，也就是说，硬件计算能力的增强使得可以为n 加大位数，而不至于放慢加密和解密运算的速度；而硬件水平的提高对因数分解计算的帮助并不大。现在商用RSA算法一般采用2048位的密钥长度。

3. 非对称加密算法在网络安全中的应用

非对称加密算法解决了对称加密算法中的加密和解密密钥都需要保密的问题，在网络安全中得到了广泛的应用。

但是，以RSA算法为主的非对称加密算法也存在一些缺点。例如，非对称加密算法比较复杂。在加密和解密的过程中，需要进行大数的幂运算，其运算量一般是对称加密算法的几百、几千甚至上万倍，导致其加密、解密速度比对称加密算法慢很多。因此，在网络中传送信息特别是大量的信息时，通常没有必要都采用非对称加密算法对信息进行加密，这也是不现实的，一般采用的方法是混合加密体系。

在混合加密体系中，使用对称加密算法（如 DES、AES 算法）对要发送的数据进行加密、解密，同时，使用非对称加密算法（如 RSA 算法）来加密对称加密算法的密钥，其通信模型如图 4.7 所示。这样就可以综合发挥两种加密算法的优点，既加快了加、解密的速度，又解决了对称加密算法中密钥保存和管理困难的问题，是目前保障网络中信息传输安全的一种较好的解决方法。

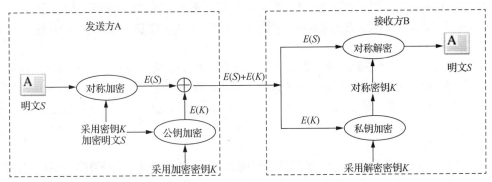

图 4.7　混合加密体系的通信模型

4.5　数字签名与认证技术

计算机网络在进行通信时，不像书信或文件传输那样可以通过亲笔签名或印章来确认身份。可能会发生这样的情况：发送方不承认自己发送过某一份文件；接收方伪造一份文件，声称是发送方发送的；接收方对接收到的文件进行篡改等。那么，如何对网络中传输的文件进行身份认证呢？这就是数字签名所要解决的问题。

4.5.1　数字签名概述

数字签名（又称公钥数字签名）是只有信息的发送方才能产生的别人无法伪造的一段数字串，这段数字串同时是对信息的发送方发送信息真实性的有效证明。它是一种类似于写在纸上的普通的手写签名，但是使用了公钥加密领域的技术来实现，用于鉴别数字信息的方法。一套数字签名通常定义了两种互补的运算，一种用于签名，另一种用于验证。数字签名是非对称加密技术与数字摘要技术的应用。

数字签名是附加在报文中的一些数据，这些数据只能由报文的发送方生成，其他人无法伪造。通过数字签名，接收方可以验证发送方的身份，并验证签名后的报文是否被修改过。因此，数字签名是一种实现信息不可抵赖性和身份认证的重要技术。

1. 数字签名的特点

每个人都有一对"钥匙"（数字身份），其中一把"钥匙"只有她/他本人知道（私钥），另一把"钥匙"是公开的（公钥）。签名的时候使用私钥，验证签名的时候使用公钥。公钥必须向接收方信任的身份认证机构注册，注册完成后，身份认证机构会给发送方颁发一个数字证书。发送方对文件进行签名后，把此数字证书连同文件及签名一起发送给接收方，接收方向身份认证机构求证此文件是否为由真的公钥签发的文件。

在通信中使用数字签名一般具有以下特点。

（1）鉴权

鉴权是指验证用户是否拥有访问系统的权利。传统的鉴权是通过密码来验证的，这种方式的前提是每个获得密码的用户都已经被授权。通过这种方式建立用户时，就会为此用户分配一个密码，用户的密码可以由管理员指定，也可以由用户自行申请。这种方式的缺点十分明显，一旦密码被偷或用户遗失密码，就需要管理员对用户密码进行修改，而修改密码之前还要人工验证用户的合法身份。为了克服这种方式的缺点，需要一种更加可靠的鉴权方式。而主流鉴权方式是利用认证授权来验证数字签名的正确与否。逻辑上，授权发生在鉴权之后，而实际上，授权与鉴权通常是一个过程。

公钥加密系统允许任何人在发送信息时使用公钥进行加密，接收信息时使用私钥进行解密。接收方不可能百分之百地确信发送方的真实身份，而只能在加密系统未被破译的情况下才有理由确信发送方的真实身份。

鉴权的重要性在财务数据上表现得尤为突出。假设一家银行将指令由它的分行传输到中央管理系统，指令的格式是(a,b)，其中 a 是账户的账号，而 b 是账户的现有金额。此时，一位远程客户可以先存入 100 元，观察传输的结果，再接二连三地发送格式为(a,b)的指令，这种方法被称作重放攻击。

（2）完整性

传输数据的双方都希望消息未在传输的过程中被修改。加密使得第三方想要读取数据十分困难，但第三方仍然能采取可行的方法在传输的过程中修改数据，而数字签名就用于验证数据的完整性。

（3）不可抵赖性

在密文背景下，抵赖这个词指的是不承认与消息有关的举动（即声称消息来自第三方）。消息的接收方可以通过数字签名来防止所有后续的抵赖行为，因为接收方可以出示签名来证明信息的来源。

2. 数字签名的主要功能

网络的安全主要是信息安全，需要采取相应的安全技术措施、提供合适的安全服务来保障信息安全。数字签名机制作为保障信息安全的手段之一，可以解决伪造、抵赖、冒充和篡改问题。数字签名的目的之一就是在网络环境中代替传统的手写签名与印章，起到非常重要的作用。

V4-4 数字签名
的主要功能

数字签名的主要功能如下。

（1）防冒充（伪造）

因为私钥只有签名者自己知道，所以其他人不可能构造出正确的私钥。

（2）可鉴别身份

在网络环境中，接收方能够通过数字签名鉴别发送方所宣称的身份。

（3）防篡改（防止破坏信息的完整性）

对于传统的手写签名，假如要签署一份 200 页的合同，是仅仅在合同末尾签名呢，还是在每一页都签名呢？如果仅在合同末尾签名，则对方会不会偷换其中的几页呢？而使用数字签名后，签名与原有文件已经形成了混合的整体数据，不可能被篡改，从而保证了数据的完整性。

（4）防重放攻击

在数字签名中，如果采用了对签名报文添加流水号、时间戳等技术，则可以防止重放攻击。

（5）防抵赖

如前所述，数字签名可以鉴别身份，只要保存好签名的报文，就好比保存好了手工签署的合同文本，也就是保留了证据，签名者就无法抵赖。那么如果接收方确已收到发送方的签名报文，却抵赖没有收到呢？要想预防接收方的抵赖，在数字签名体制中，可以要求接收方返回一个自己的签名表示收到发送方的报文，或者引入第三方机制。如此操作，双方均不可抵赖。

（6）保证机密性（保密性）

有了保密性的保证，截收攻击（攻击者通过搭线或在电磁波辐射范围内安装截收装置等方式截获机密信息，或通过对信息流量和流向、通信频度和长度等参数的分析推算出有用信息。这种方式是过去经常采用的窃密方式，也是一种针对信息网络的被动攻击方式。因为它不破坏传输信息的内容，所以极为隐蔽，不易被察觉）也就失效了。手写签名的文件（如合同文本）是不具备保密性的，文件一旦丢失，其中的信息就极可能泄露。数字签名可以加密要签名的报文，以保证数据的机密性。

综上可知，数字签名技术将摘要信息用发送方的私钥加密，与原文一起传送给接收方。接收方用自己的公钥解密被加密的摘要信息，并用散列函数使收到的原文产生一个摘要信息，将其与解密的摘要信息进行对比。如果相同，则说明收到的信息是完整的，在传输过程中没有被修改，否则说明信息被修改过，因此数字签名能够验证信息的完整性。数字签名是一个加密的过程，数字签名验证是一个解密的过程。

4.5.2 数字签名的实现方法

一个完善的数字签名应该解决以下 3 个问题。

（1）接收方能够核实发送方的报文的签名，如果当事双方对签名真伪发生争议，则应该能够在第三方监督下通过验证签名来确认其真伪。

（2）发送方事后不能否认自己对报文的签名。

（3）除了发送方外，其他任何人不能伪造签名，也不能对接收或发送的信息进行篡改、伪造。

在公钥密码体系中，数字签名是通过私钥加密报文信息来实现的，其安全性取决于密码体系的安全性。现在经常使用公钥加密算法实现数字签名，特别是 RSA 算法。

下面简单地介绍一下数字签名的实现过程。

假设发送方 A 要发送一个报文 S 给接收方 B，A 采用私钥 SKA 对报文 S 进行解密运算（可以把这里的解密看作一种数学运算，而不是一定要经过加密运算的报文才能进行解密。这里 A 并非为了加密报文，而是为了实现数字签名），实现对报文的签名，并将结果 $D_{SKA}(S)$ 发送给 B。B 在接收到 $D_{SKA}(S)$ 后，采用已知的 A 的公钥 PKA 对报文进行解密运算，就可以得到 $S=E_{PKA}(D_{SKA}(S))$，并验证签名，如图 4.8 所示。

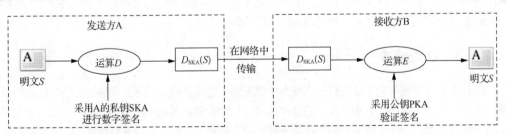

图 4.8　数字签名的实现过程

对上述过程的分析如下。

（1）因为除了 A 外没有其他人知道 A 的私钥 SKA，所以除了 A 外没有人能生成 $D_{SKA}(S)$，故 B 相信报文 $D_{SKA}(S)$ 是 A 签名后发送出来的。

（2）如果 A 否认报文 S 是其发送的，那么 B 可以将 $D_{SKA}(S)$ 和报文 S 在第三方面前出示，第三方很容易利用已知的 A 的公钥 PKA 证实报文 S 确实是 A 发送的。

（3）如果 B 对报文 S 进行了篡改，将其伪造为 M，那么 B 无法在第三方面前出示 $D_{SKA}(S)$，这就证明 B 伪造了报文 S。

上述过程实现了对报文 S 的数字签名，但报文 S 并没有进行加密，如果其他人在通信过程中截获了报文 $D_{SKA}(S)$，并知道了发送方的身份，则可以通过查阅文档得到发送方的公钥 PKA，从而获取报文的内容。

为了在通信的过程中实现加密的目的，可以采用如下方法。在将报文 $D_{SKA}(S)$ 发送出去之前，先用 B 的公钥 PKB 对报文进行加密；B 在接收到报文后，先用私钥 SKB 对报文进行解密，再用 A 的公钥 PKA 验证签名，这样可以达到加密和签名的双重效果，实现具有保密性的数字签名，如图 4.9 所示。

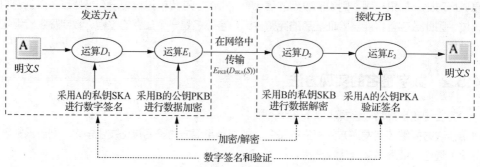

图 4.9　具有保密性的数字签名的实现过程

数字签名有两种功效：一是能确定消息确实是由发送方签名并发送出来的，因为其他人无法假冒发送方的签名；二是数字签名能保证消息的完整性，因为数字签名的特点是它代表了文件的特征，文件如果发生改变，则数字摘要的值也将发生变化，不同的文件将得到不同的数字摘要。数字签名过程中涉及散列函数、接收方的公钥、发送方的私钥。

在实际应用中，通常结合使用数字签名和消息摘要的方法，先采用散列函数对明文 S 进行一次变换，得到对应的消息摘要；再利用私钥对该消息摘要进行签名。这种做法在保障信息不可抵赖性的同时进行了信息完整性的验证。

目前，数字签名技术在商业活动中得到了广泛的应用，所有需要手写签名的地方都可以使用数字签名。例如，网上银行系统大量地使用了数字签名来认证用户的身份。随着计算机网络在人们生活中所占地位的逐步提高，数字签名必将成为人们生活中非常重要的一部分。

4.5.3　认证技术

加密技术保证了信息对未被授权的人而言是保密的。但在某些情况下，信息的完整性比保密性更重要。例如，从银行系统检索到的某人的信用记录、从学校教务系统中查询到的某名学生的学习成绩等，查询到的信息是否和系统中存储的正本一致、是否被篡改，这些都是非常重要的。特别是在当今的移动互联网络时代，如何保证在网络中传输的各种数据的完整性，是需要解决的重要问题。

认证技术用于验证传输信息的完整性，一般可以分为消息认证和身份认证两种。消息认证用于验证信息的完整性和不可抵赖性，它可以检测信息是否被篡改或伪造，常见的消息认证方法包括散列函数、消息认证码、数字签名等。消息认证是验证所收到的信息是否来自真正的发送方且没有被修改过，它可以防御伪装、篡改、顺序修改和时延修改等攻击，也可以防御否认攻击。而身份认证是确认用户身份的过程，包括身份识别和身份验证。其中，身份识别是指定用户向系统出示自己的身份证明的过程；身份验证是一组对用户身份信息真实性进行验证审核的服务认证，是尝试登录时确认身份的方式。

1. 散列函数

在计算机网络安全领域中，为了防止信息在传输的过程中被非法窃听，保证信息的保密性，会采用数据加密技术对信息进行加密；而为了防止信息被篡改或伪造，保证信息的完整性，可以使用散列函数（也称为哈希函数）来实现。

散列函数是将任意长度的报文 m 作为输入，输出一个固定长度的输出串 h 的函数，即 $h=H(m)$。这个输出串 h 就称为报文 m 的散列值（也称为哈希值、消息摘要、报文摘要）。在进行消息认证时，这个散列值用来作为认证符。

一个安全的散列函数应该至少满足以下几个条件。

（1）给定一个报文 m，计算其散列值 $H(m)$ 是非常容易的。

（2）给定一个散列函数 H，对于一个给定的散列值 y，想要得到一个报文 x 并使得 $H(x)=y$ 是很难的，或者即使能够得到结果，所付出的代价相对其获得的利益而言是很高的。

（3）给定一个散列函数 H，对于给定的报文 m，想找到另外一个 m' 使得 $H(m)=H(m')$ 是很难的。

条件（1）和（2）指散列函数具有单向性和不可逆性，条件（3）保证了攻击者无法伪造另外一个报文 m'，使得 $H(m)=H(m')$。

通常用"摔盘子"的过程来比喻散列函数的单向不可逆的运算过程。把一个完整的盘子摔碎是很容易的，这就好比通过报文 m 计算散列值 $H(m)$ 的过程；而想通过盘子碎片还原出一个完整的盘子是很困难的，甚至是不可能的，这就好比通过散列值 $H(m)$ 得出报文 m 的过程。

利用散列函数的这些特性可以验证报文的完整性。那么，为什么不直接采用前面所讲的数据加密技术对所要发送的报文进行加密呢？数字加密技术不是也可以达到防止其他人篡改和伪造报文、验证报文完整性的目的吗？这主要是考虑到计算效率的问题。因为在特定的计算机网络应用中，很多报文是不需要进行加密的，而仅仅要求报文应该是完整的、不被伪造修改的。例如，有关上网注意事项、网络公示的报文就不需要加密，而只需要保证其完整性和不被篡改。对这样的报文进行加密和解密将大大增加计算的开销，是不必要的。因此，可以采用相对简单的散列函数来实现。

散列函数和分组加密算法不同，没有很多种类可供选择，其中比较著名的是消息摘要 5（Message Digest 5，MD5）算法和安全散列算法（Secure Hash Algorithm，SHA）。

在实际应用中，因为直接对大文档进行数字签名很费时，所以通常采用先对大文档生成报文摘要，再对报文摘要进行数字签名的方法。发送方将原始文档和签名后的文档一起发送给接收方，接收方用发送方的公钥解密出报文摘要，再将其与自己通过收到的原始文档计算出来的散列值进行比较，从而验证文档的完整性。如果发送的信息需要保密，则可以使用对称加密算法对要发送的"散列值+原始文档"进行加密。

2. 消息认证码

散列函数不需要密钥，而消息认证码（Message Authentication Code，MAC）是一种使用密钥的认证技术，它利用密钥生成一个固定长度的短数据块，并将该数据块附加在原始报文之后。在具体实现时，可以用对称加密算法、公开密钥加密算法、散列函数来生成 MAC 值。使用加密算法实现 MAC 与加密整个报文的方法相比，前者所需要的计算量很小，具有明显优势。两者不同的是，用于认证的加密算法不要求可逆，而算法可逆对于解密是必需的。

3. 身份认证

身份认证是在计算机网络中确认操作者身份的过程中产生的有效解决方法。计算机网络中的一切信息（包括用户的身份信息）都是用一组特定的数据来表示的，计算机只能识别用户的数字身份，所有对用户的授权都是针对用户数字身份的授权。如何保证以数字身份进行操作的操作者就是这个数字身份的合法拥有者，也就是说保证操作者的物理身份与数字身份相对应，是需要解决的问题。身份认证技术就是为了解决这个问题而产生的。作为防护网络资产的第一道关口，身份认证有着举足轻重的作用。

在现实应用中，对用户进行身份认证的基本方法可以分为以下 3 种。

（1）基于信息秘密的身份认证

根据用户所知道的信息来证明自己的身份，如口令、密码。

（2）基于信任物体的身份认证

根据用户所拥有的东西来证明自己的身份，如智能卡、USB Key（密钥）。

（3）基于生物特征的身份认证

直接根据独一无二的身体特征来证明自己的身份，如指纹、面貌等。

网络世界与现实世界中手段的操作方式一致，为了达到更高的身份认证安全性，某些场景下会在以上 3 种方法中挑选 2 种混合使用，即所谓的双因素认证。

4.6 邮件加密软件 PGP

随着互联网应用的普及和发展，电子邮件已成为主要的信息交流方式之一。一般来说，网络安全问题的类型可分为 4 种：信息保密、身份鉴别、数字签名、完整性确认。端到端的安全邮件协议——优良保密（Pretty Good Privacy，PGP）协议是一种用于信息加密、验证的协议，可用于加密电子邮件内容，有效阻止信息被非法查看、篡改和伪造。

4.6.1 PGP 系统概述

PGP 是美国人菲利普·齐默尔曼（Philip Zimmermann）在 1991 年发布的一个结合 RSA 公钥密码体系和对称加密体系的邮件软件包。它是目前世界上最流行的加密软件之一，其源代码是公开的，经受住了成千上万名顶尖黑客的破解挑战。

PGP 采用了细致的密钥管理机制，即一种 RSA 算法和传统加密算法混合的算法，用于数字签名的信息摘要算法中或进行加密前压缩等，PGP 的功能主要有两方面：一方面，PGP 可以对所发送的邮件进行加密，以防止非授权用户阅读，保证信息的保密性；另一方面，PGP 能对所发送的邮件进行数字签名，从而使接收方确认邮件的发送方，并确认邮件是否被篡改或伪造，即保证信息的完整性。

PGP 系统采用了公开密钥加密与传统密钥加密相结合的加密技术。PGP 加密由一系列散列函数、数据压缩、对称密钥加密，以及公开密钥加密的算法组合而成。每个步骤中均支持几种算法，用户可以选择使用其中一种算法。PGP 中每个公钥均绑定唯一的用户名和/或者 E-mail 地址。PGP 的第一个版本通常称为可信 Web 或 X.509 系统；X.509 系统使用的是基于数字证书认证机构的分层方案，该方案后来被加入 PGP 的实现中。当前的 PGP 版本通过一台自动密钥管理服务器来进行密钥的可靠存放。它使用了一对数学上相关的"钥匙"，其中一个（公钥）用来加密信息，另一个（私钥）用来解密信息。PGP 采用的传统加密技术部分所使用的密钥称为"会话密钥"（Session Key）。每次使用时，PGP 都随机产生一个 128 位的 IDEA 会话密钥，用来加密报文。PGP 采用的公开密钥加密技术部分的公钥和私钥用来加密会话密钥，并间接地保护报文内容。

PGP 可以只签名而不加密，这适用于公开发表声明时，发送方为了证实自己的身份，可以用自己的私钥签名。这样就可以让接收方确认发送方的身份，也可以防止发送方抵赖自己的声明。这一点在商业领域有很大的应用前途，它可以防止发送方抵赖和信件在传输过程中被篡改。

4.6.2 PGP 系统的工作原理

PGP 系统中并没有引入新的算法，只是将现有的被全世界密码学者公认安全、可信赖的几种基本密码算法（如 IDEA、AES、RSA、SHA 等）组合在一起，把公开密钥加密体系的安全性和对称加密体系的高速性结合起来，在对邮件进行加密时，其同时使用了 AES 等对称加密算法和 RSA 等公开密钥加密算法，且在数字签名和密钥认证管理机制上有巧妙的设计。

下面结合前面所学的知识，简单地介绍 PGP 系统的工作原理，如图 4.10 所示。

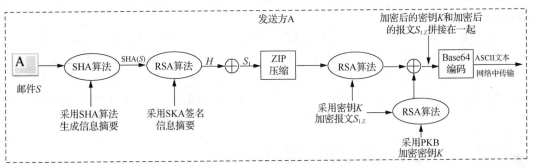

图 4.10　PGP 系统的工作原理

例如，发送方要发送一个邮件 S 给接收方，要用 PGP 软件进行加密。首先，发送方和接收方除了知道自己的私钥（SKA、SKB）外，还必须获得彼此的公钥 PKA、PKB。

在发送方，邮件 S 通过 SHA 算法生成一个固定长度的信息摘要，发送方 A 使用自己的私钥 SKA 及 RSA 算法对这个信息摘要进行数字签名，得到信息摘要密文 H，这个密文使接收方可以确认该邮件的来源。邮件 S 和密文 H 拼接在一起产生报文 S_1，该报文经过 ZIP 压缩后，得到 S_{1z} 报文，再对 S_{1z} 报文使用对称加密算法 AES 进行加密。加密的密钥是随机产生的一次性临时加密密钥，即 128 位的 K，这个密钥在 PGP 软件中称为"会话密钥"，是根据一些随机因素（如文件的大小、用户按键的时间间隔）生成的。此外，密钥 K 必须通过 RSA 算法，使用接收方 B 的公钥 PKB 进行加密，以确保信息只能被接收方 B 的相应私钥解密。这种对称加密和公开密钥加密相结合的混合加密体系，共同保证了信息的保密性。加密后的密钥 K 和加密后的报文 S_{1z} 拼接在一起，用 Base64 进行编码，编码的目的是得出 ASCII 文本，并通过网络发送给接收方。

接收方解密的过程刚好和发送方加密的过程相反。接收方 B 收到加密的邮件后，先使用 Base64 解码，利用 RSA 算法和自己的私钥 SKB 得出用于对称加密的密钥 K，并用该密钥恢复出 S_{1z} 报文；再对 S_{1z} 报文进行解压后还原出 S_1，在 S_1 中分解出明文 S 和签名后的信息摘要，并使用发送方 A 的公钥 PKA 验证发送方 A 对信息摘要的签名；最后，比较该信息摘要和接收方 B 自己计算出来的信息摘要是否一致，如果一致，则可以证明邮件 S 在传输过程中的完整性。

从上面的分析可以看到，PGP 软件实际上是用一个随机生成的"会话密钥"（每次加密时都不同），以 AES 算法对邮件进行加密，再用 RSA 算法对该密钥加密。接收方同样用 RSA 算法解密出这个"会话密钥"，再用 AES 算法解密邮件本身。这样的混合加密就做到了既有公开密钥加密体系的保密性，又有对称加密体系的高速性，这是 PGP 系统的一个显著特点。

PGP 系统的另一个特点体现在密钥管理上，一个成熟的加密体系必然要有一个成熟的密钥管理机制。公钥体制的提出就是为了解决对称加密体系的密钥难保密的问题。网络中的黑客常用的手段是"监听"，如果密钥是通过网络直接传输的，那么黑客很容易获得这个密钥。对 PGP 系统来说，公钥本来就要公开，不存在防监听的问题。但其公钥的发布中仍然存在安全性问题，如公钥被篡改，这可能是公开密钥加密体系中最大的风险，必须确认接收方所得到的公钥属于公钥的设置者，PGP 系统对这种可能有预防的措施，即在一个大家普遍认同的人或权威机构处得到公钥。

公钥的安全性问题是 PGP 系统安全的核心。另外，与对称加密体系一样，私钥的保密也是起决定性作用的。相对于公钥而言，私钥不存在被篡改的问题，但存在泄露的问题。PGP 系统中的私钥是一串很长的数字，用户不可能将其记住，PGP 系统的解决办法是让用户为随机生成的私钥指定一个口令。只有给出口令才能将私钥释放出来并使用，用口令加密私钥的保密程度和 PGP 本身是一样的。因此，解决私钥的安全性问题实际上首先要做到对用户口令的保密，最好不要将用户口令写在纸上或者保存到某个文件中。

下面简单介绍一下 PGP 中加密前的 ZIP 压缩处理。PGP 内核使用 PKZIP 算法来压缩加密前的明文。一方面，对电子邮件而言，压缩后加密并经过 7 位编码后，密文有可能比明文更短，节省了网络传输的时间；另一方面，明文经过压缩实际上相当于经过一次变换，信息变得更加杂乱无章，对攻击的抵御能力更强。PGP 中使用的 PKZIP 算法是一种公认的压缩率和压缩速度都相当好的压缩算法。

4.7　公钥基础设施和数字证书

公钥基础设施（Public Key Infrastructure，PKI）是一种遵循既定标准的密钥管理平台，是目前网络安全建设的基础与核心，是电子商务、政务系统安全实施的基本保障，它能够为所有网络应用提供加密和数字签名等密码服务及所必需的密钥和证书管理体系。简单来说，PKI 就是利用公钥理论和技术建立的提供安全服务的基础设施。PKI 技术是信息安全技术的核心，也是电子商务的关键和基础技术。

4.7.1　PKI 的定义及组成

PKI 是利用公钥理论和技术建立起来的，它不针对具体的某一种网络应用，而是提供一个通用性的基础平台，并对外提供了友好的接口。PKI 采用证书管理公钥，通过认证机构（Certification Authority，CA）对用户的公钥和其他标识信息进行绑定，实现用户身份认证。用户可以利用 PKI 所提供的安全服务保证传输信息的保密性、完整性和不可抵赖性，从而实现安全的通信。

PKI 的基础技术包括加密、数字签名、数据完整性机制、数字信封、双重数字签名等。PKI 支持公开密钥的管理，并提供真实性、保密性、完整性及可追究性安全服务。

完整的 PKI 系统必须具有 CA、数字证书库、密钥备份及恢复系统、证书作废系统、API 等基本组成部分，构建 PKI 也将围绕这五大部分着手。

1. CA

CA 是 PKI 中的证书颁发机构，即数字证书的申请及签发机构，CA 必须具备权威性这一特征。CA 负责数字证书的生成、发放和管理，通过证书将用户的公钥和其他标识信息绑定起来，可以确认证书持有人的身份。它是一个权威的、可信任的、公正的第三方机构，类似于现实生活中的证书颁发机构，如房产证办理机构。

V4-5　PKI 的
定义及组成

2. 数字证书库

数字证书库是用于存储已签发的数字证书及公钥的地方，用户可由此获得所需的其他用户的证书及公钥。数字证书库是网络中的一种公开信息库，可供公众进行开放式查询。一般来说，公众进行查询的目的有两个：得到与之通信实体的公钥；确认通信对方的证书是否已经进入"黑名单"。为了提高数字证书的使用效率，通常将证书和证书撤销信息发布到一个数据库中。

3. 密钥备份及恢复系统

如果用户丢失了用于解密数据的密钥，则数据将无法被解密，这将造成合法数据丢失。为避免这种情况出现，PKI 提供了备份与恢复密钥的机制。但应注意，密钥的备份与恢复必须由可信的机构来完成，且密钥备份与恢复只能针对解密密钥，数字签名的私钥为确保其唯一性而不能够进行备份。

4. 证书作废系统

证书作废系统是 PKI 的一个必备部分。与日常生活中的各种身份证件一样，证书在有效期以内也可能需要作废，原因可能是密钥介质丢失或用户身份变更等。为实现这一点，PKI 必须提供作废证书的一系列机制。

5. API

PKI 的价值在于使用户方便地使用加密、数字签名等安全服务，因此一个完整的 PKI 必须提供良好的 API 系统，使得各种各样的应用能够以安全、一致、可信的方式与 PKI 交互，确保安全网络环境的完整性和易用性。

通常来说，CA 是证书的颁发机构，它是 PKI 的核心。众所周知，构建密码服务系统的核心内容是实现密钥管理。公开密钥加密体系涉及一对密钥（即私钥和公钥），私钥只由用户独立掌握，无须在网络中传输，而公钥是公开的，需要在网络中传输，故公开密钥加密体系的密钥管理主要是针对公钥的管理，目前较好的解决方案是数字证书机制。

4.7.2　PKI 技术的优势与应用

PKI 就是一种基础设施，其目标就是要充分利用公钥密码学的理论基础，建立起一种普遍适用的基础设施，为各种网络应用提供全面的安全服务。

1. PKI 技术的优势

PKI 技术的优势如下。

（1）采用公开密钥密码技术，能够支持可公开验证且无法仿冒的数字签名，从而在支持可追究的服务上具有不可替代的优势。这种可追究的服务也为原发数据完整性提供了更高级别的担保。支持公开验证，能更好地保护弱势个体，完善平等的网络系统间的信息和操作的可追究性。

（2）密码技术的使用使得保密性成为 PKI 得天独厚的优点。PKI 不仅能够在相互认识的实体之间提供保密性服务，还可以为陌生的用户之间的通信提供保密支持。

（3）由于数字证书可以由用户独立验证，不需要在线查询，原理上能够保证服务范围的无限制扩张，这使得 PKI 能够成为一种服务巨大用户群的基础设施。PKI 采用数字证书方式进行服务，即通过第三方颁发的数字证书来证明末端实体的密钥，而不是在线查询或在线分发。这种密钥管理方式突破了过去安全验证服务必须在线的限制。

（4）PKI 提供了证书的撤销机制，从而使得其应用领域不受具体应用的限制。证书的撤销机制提供了在意外情况下的补救措施，在各种安全环境下都可以让用户更加放心。另外，因为有证书的撤销机制，所以不论是永远不变的身份，还是经常变换的角色，都可以得到 PKI 的服务而不用担心身份或角色被窃后永远作废或被他人恶意盗用。

（5）PKI 具有极强的互联能力。不论是上下级的领导关系，还是平等的第三方信任关系，PKI 都能够按照人类世界的信任方式进行多种形式的互联互通，从而使自己能够很好地服务于符合人类习惯的大型网络信息系统。PKI 中各种互联技术的结合使建设一个复杂的网络信任体系成为可能。PKI 的互联技术为消除网络世界中的"信任孤岛"提供了充足的技术保障。

2. PKI 技术的应用

PKI 技术的应用领域非常广泛，包括电子商务、电子政务、网上银行、网上证券等。典型的基于 PKI 技术的常用应用包括 VPN、安全电子邮件、Web 安全、电子商务等。

（1）VPN。通常，企业在架构 VPN 时都会利用防火墙和访问控制技术来提高 VPN 的安全性，但这只解决了很少一部分问题。VPN 所需要的安全保障，如认证性、保密性、完整性、不可抵赖性以及易用性等都需要采用更完善的安全技术。就技术而言，除了基于防火墙的 VPN 之外，还可以有其他的结构方式，如基于黑盒的 VPN、基于路由器的 VPN、基于远程访问的 VPN 或者基于软件的 VPN。现实中构造的 VPN 往往并不局限于一种单一的结构，而是趋向于采用混合结构方式，以达到最适合具体环境、最理想的效果。在实现上，VPN 的基本思想是采用秘密通信通道，用加密的方法来实现。实现 VPN 的具体协议一般有 3 种：点对点隧道协议（Point-to-Point Tunneling Protocol，PPTP）、第二层隧道协议（Layer 2 Tunneling Protocol，L2TP）和互联网安全（Internet Protocol Security，IPSec）协议。

（2）安全电子邮件。作为 Internet 中最有效的应用之一，电子邮件凭借其易用、低成本和高效已经成为现代商业中的一种标准信息交换工具。随着 Internet 的持续发展，商业机构和政府机构都开始用电子邮件交换一些秘密的或是有商业价值的信息，这就引发了一些安全方面的问题，包括消息和附件可能在不为通信双方所知的情况下被读取、篡改或拦截；无法确定一封电子邮件是否真的来自某人，也就是说，发送方的身份可能会被人伪造。前一个问题关于安全，后一个问题关于信任，正是由于安全和信任的缺乏，企业、机构一般不用电子邮件交换关键的商务信息，即使电子邮件本身有着如此之多的优点。其实，电子邮件的安全需求也是保密性、完整性、认证性和不可抵赖性，而这些都可以利用 PKI 技术来获得。具体来说，利用数字证书和私钥，用户可以对其所发的电子邮件进行数字签名，这样就可以获得认证性、完整性和不可抵赖性，如果证书是由其所属公司或某一可信第三方颁发的，则接收方可以信任该邮件的来源。另外，在政策和法律允许的情况下，用加密的方法可以保障信息的保密性。目前发展很快的安全多用途互联网邮件扩展（Secure/Multipurpose Internet Mail Extensions，S/MIME）协议是一种允许发送加密和有签名邮件的协议，该协议的实现就需要依赖于 PKI 技术。

（3）Web 安全。浏览 Web 页面是人们常用的访问 Internet 的方式。一般来讲，Web 上的交易可能带来以下安全问题。

① 诈骗。建立网站相对比较容易，甚至可以直接复制其他网站的页面，因此伪装成一个商业机构的页面非常简单，在这样的网站上，可以让访问者填写一份详细的注册资料，并假装保护个人隐私，但实际上是为了获得访问者的隐私信息。调查显示，邮件地址和信用卡号的泄露大多是因为诈骗。

② 泄露。当交易的信息在网络中传播时，窃听者可以很容易地截取信息并提取其中的敏感信息。接收方可能无法确定一封电子邮件是否真的来自某人，也就是说，发送方的身份可能会被人伪造。

③ 篡改。截取信息的人还可以做一些更"高明"的工作，如替换其中某些域的值，类似姓名、信用卡号甚至金额等，以达到自己的目的。

④ 攻击。攻击主要是指对 Web 服务器的攻击，如 DDoS。攻击的发起者可以是心怀恶意的个人，也可以是同行的竞争者。

为了透明地解决 Web 的安全问题，较合适的着手点是浏览器。现在，无论是 IE 还是 Chrome，都支持 SSL。SSL 是一个在传输层和应用层之间的安全通信层，在两个实体进行通信之前，要先建立 SSL 连接，以此实现对应用层透明的安全通信。利用 PKI 技术，SSL 允许在浏览器和服务器之间进行加密通信。此外，还可以利用数字证书保证通信安全，服务器端和浏览器端分别由可信的第三方颁发数字证书，在交易时，双方可以通过数字证书确认对方的身份。需要注意的是，SSL 本身并不能提供对不可抵赖性的支持，这部分的工作必须由数字证书完成。结合 SSL 和数字证书，PKI 技术可以满足 Web 交易多方面的安全需求，使 Web 交易和面对面的交易一样安全。

（4）电子商务。PKI 技术是解决电子商务安全问题的关键，综合 PKI 的各种应用，我们可以建立一个可信任和足够安全的网络。在这个网络中，有可信的认证中心，如银行、政府或其他第三方；在通信中，利用数字证书可消除匿名带来的风险，利用加密技术可消除开放网络带来的风险，这样，商业交易就可以安全可靠地进行。

电子商务只是 PKI 技术目前比较热门的一种应用领域，必须看到，PKI 还是一项处于发展中的技术。例如，除了对身份认证的需求外，现在电子商务用户提出了对交易时间戳的认证需求。PKI 的应用前景决不仅限于电子商务，事实上，网络生活中的方方面面都有 PKI 的应用之处。

4.7.3　数字证书及其应用

随着互联网的不断发展，电子商务、电子银行以及其他的电子服务变得越来越普遍。与此同时，由于计算机网络的开放性和共享性，安全问题不断出现。为了保证各种信息的安全性，数字证书应运而生。

数字证书是由 CA 颁发的，是能够在网络中证明用户身份的权威的电子文件。它是用户身份及其公钥的有机结合，同时会附上认证的签名信息，使其不能被伪造和篡改。以数字证书为核心的加密技术可以对互联网中传输的信息进行加密/解密、数字签名和验证签名，确保了信息的保密性和完整性，因此数字证书广泛应用于安全电子邮件、安全终端保护、可信网站服务、身份授权管理等领域。

1. 数字证书的基本内容

最简单的数字证书包括所有者的公钥、名称及认证机构的数字签名。通常情况下，数字证书还包括证书的序列号、密钥的有效时间、认证机构名称等信息。目前常用的数字证书是 X.509 格式的证书，其中包括以下几项基本内容。

（1）证书的版本信息。

（2）证书的序列号，这个序列号在同一个证书机构中是唯一的。

（3）证书的认证机构名称。

（4）证书所采用的签名算法名称。

（5）证书的有效时间。

（6）证书所有者的名称。

（7）证书所有者的公钥信息。

（8）证书认证机构对证书的签名。

从数字证书的应用角度进行分类，数字证书可以分为电子邮件证书、服务器证书、客户端个人证书。电子邮件证书用来证明电子邮件发送方的真实性，接收方收到具有有效数字签名的电子邮件时，除了能相信邮件确实由指定邮箱发出外，还可以确信该邮件从被发出后没有被篡改过。服务器证书被安装于服务器上，用来证明服务器的身份和进行通信加密。客户端个人证书主要被用来进行客户端的身份认证和数字签名。

在 IE 的"Internet 选项"对话框中打开"内容"选项卡，单击"证书"按钮，弹出"证书"对话框，可以查看本机已经安装的数字证书，如图 4.11 所示。

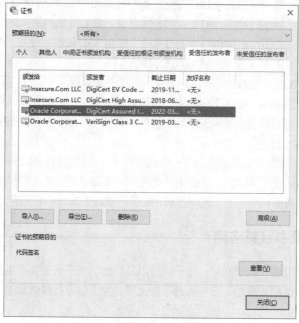

图 4.11　本机已经安装的数字证书

选择其中一个证书，单击"查看"按钮，弹出"证书"对话框，可以查看证书的常规信息（见图 4.12）、证书的详细信息（见图 4.13）、证书路径信息等。

图 4.12　证书的常规信息

图 4.13　证书的详细信息

2. 数字证书的应用

数字证书主要应用于各种需要身份认证的场合，目前广泛应用于网上银行、网上交易等领域。数字证书还可以应用于发送安全电子邮件、加密文件等方面。以下是几个数字证书的常用应用实例，读者从中可以更好地了解数字证书技术及其应用。

（1）保证网上银行的安全

只要用户申请并使用了银行提供的数字证书，即可保证网上银行业务的安全，即使黑客窃取了用户的账户和密码，因为没有用户的数字证书，也无法进入用户的网上银行账户。

（2）通过证书防范假冒网站

目前许多著名的电子商务网站使用数字证书来维护和确保信息安全。为了防范黑客假冒网站，可以申请一个服务器证书，并在网站上安装服务器证书。安装成功后，在网站醒目位置将显示"VeriSign 安全站点"签章并提示用户单击验证此签章。只要用户一单击此签章，就会连接 VeriSign 全球数据库验证网站信息，并显示真实站点的域名信息及该站点服务器证书的状态，这样其他人即可知道网站使用了服务器证书，是一个真实的安全网站，可以放心地在网站上进行交易或提交重要信息。另外，如果发现某个网站有以上安全站点的标志，则表明该网站激活了服务器证书，此时已建立了 SSL 连接，在该网站上提交的信息将会全部加密传输，能确保隐私信息的安全性。

（3）发送安全邮件

数字证书常见的应用就是发送安全邮件，即利用安全邮件数字证书对电子邮件进行签名和加密，这样既可保证发送的签名邮件不会被篡改，又可保证其他人无法阅读加密邮件的内容。

（4）保护 Office 文档安全

Office 可以通过数字证书来确认文档来源的可靠性，用户可以利用数字证书对 Office 文档或宏进行数字签名，从而确保它们都是自己编写的，没有被他人或病毒篡改过。

（5）防止网上投假票

目前，网上投票一般采用限制投票 IP 地址的方法来应对作假现象，但是电子设备断线后重新联网就会拥有一个新 IP 地址，因此只要不断下线和上线，即可重复投票。为了杜绝此类造假，部分网上投票使用了数字证书技术，要求每个投票者都安装并使用数字证书，在网上投票前要进行数字签名，没有签名的投票一律视为无效。由于每个人的数字签名都是唯一的，即使某些人不断地下线并上线重连进行投票，每次投票的数字签名都是相同的，也无法再投假票。

（6）屏蔽插件安装窗口

众所周知，用户使用 IE 浏览网页时，经常被要求安装各种插件，如 IE 伴侣、百度等。有些用户可能需要安装这些插件，但假如用户不想安装它们，则弹出的这些插件安装窗口就会使用户感到非常烦恼。使用 Windows 的数字证书机制，把插件的证书安装到"非信任区域"，即可屏蔽这些插件的安装窗口。

本章小结

本章包含 7 节。

4.1 节密码学概述，主要讲解了密码学的基本概念、密码学系统的安全性、密码学的发展阶段。

4.2 节古典密码学，主要讲解了替换密码技术、换位密码技术。

4.3 节对称加密算法及其应用，主要讲解了对称加密算法概述、DES 算法、AES 算法、其他常用的对称加密算法。

4.4 节非对称加密算法，主要讲解了非对称加密算法概述、RSA 算法。

4.5 节数字签名与认证技术，主要讲解了数字签名概述、数字签名的实现方法、认证技术。

4.6 节邮件加密软件 PGP，主要讲解了 PGP 系统概述、PGP 系统的工作原理。

4.7 节公钥基础设施和数字证书，主要讲解了 PKI 的定义及组成、PKI 技术的优势与应用、数字证书及其应用。

课后习题

1. 选择题

（1）对称加密技术的特点是（　　）。

    A. 无论加密还是解密都使用同一个密钥　　B. 接收方和发送方使用的密钥互不相同

    C. 不能从加密密钥推导出解密密钥　　D. 可以适应网络的开放性要求

（2）信息接收方在收到加密的报文后，需要使用（　　）来将加密后的报文还原。

    A. 明文　　　　　B. 密文　　　　　C. 算法　　　　　D. 密钥

（3）以下关于对称加密的说法正确的是（　　）。

    A. 加密方和解密方可以使用不同的算法　　B. 加密密钥和解密密钥可以是不同的

    C. 加密密钥和解密密钥必须是相同的　　D. 密钥的管理非常简单

（4）以下不属于公钥密码优点的是（　　）。

    A. 适应网络的开放性要求　　　　　B. 密钥管理较为简单

    C. 可方便实现数字签名和验证　　　　　D. 算法复杂

（5）以下对于对称加密算法说法不正确的是（　　）。

    A. 对称加密算法的密钥易于管理

    B. 加解密双方使用同样的密钥

    C. DES 算法属于对称加密算法

    D. 相对于非对称加密算法，对称加密算法的加解密处理速度比较快

（6）在通信过程中，只采用数字签名不可以解决（　　）问题。

    A. 数据完整性　　B. 数据不可抵赖性　　C. 数据的篡改　　D. 数据保密性

（7）以下关于数字签名说法正确的是（　　）。

    A. 数字签名能够解决数据的加密传输问题，即安全传输问题

    B. 数字签名能够解决篡改、伪造等安全性问题

    C. 数字签名一般采用对称加密机制

    D. 数字签名是在所传输的数据后附加一段和传输数据毫无关系的数字信息

（8）在信息安全的基本要素中，通过（　　）保障信息的源发鉴别。

    A. 数据加密　　　B. 数字签名　　　C. 散列函数　　　D. 时间戳

（9）在信息安全的基本要素中，通过（　　）保障信息的保密性。

    A. 数据加密　　　B. 数字签名　　　C. 散列函数　　　D. 时间戳

（10）在通信过程中，为了对数据产生的时间进行认证，从而验证这段数据在产生后是否经过篡改，采用的方法是（　　）。

    A. 数据加密　　　B. 时间戳　　　C. 散列函数　　　D. 数字签名

（11）DES 算法将明文分为（　　）位的数据分组，使用（　　）位的密钥进行变换。

    A. 32　　　　　B. 56　　　　　C. 64　　　　　D. 128

（12）以下密码算法中，属于非对称加密算法的是（　　　）。

    A. DES　　　　　　B. AES　　　　　　C. RSA　　　　　　D. IDEA

（13）PGP 采用了（　　　）和传统加密算法混合的算法，用于数字签名的信息摘要算法中或进行加密前压缩等。

    A. AES　　　　　　B. DES　　　　　　C. RSA　　　　　　D. 信息摘要

（14）在公开密钥体系中，加密密钥即（　　　）。

    A. 解密密钥　　　　B. 私密密钥　　　　C. 公开密钥　　　　D. 私有密钥

（15）以下关于 CA 的说法正确的是（　　　）。

    A. CA 使用了对称加密机制的认证方法

    B. CA 只负责签名，不负责证书的产生

    C. CA 负责证书的颁发和管理，并依靠证书证明一个用户的身份

    D. CA 不用保持中立，可以随便找一个用户作为 CA

（16）CA 的主要作用是（　　　）。

    A. 加密数据　　　　B. 发放数字证书　　C. 安全管理　　　　D. 解密数据

（17）数字签名用来作为（　　　）。

    A. 身份鉴别的方法　　　　　　　　　B. 加密数据的方法

    C. 传送数据的方法　　　　　　　　　D. 访问控制的方法

（18）加密有对称加密、非对称加密两种，其中对称加密的代表算法是（　　　）。

    A. DES　　　　　　B. PGP　　　　　　C. PKI　　　　　　D. RSA

（19）加密有对称加密、非对称加密两种，其中非对称加密的代表算法是（　　　）。

    A. DES　　　　　　B. PGP　　　　　　C. PKI　　　　　　D. RSA

（20）数字证书采用公钥体制时，每个用户设定一个公钥，由本人公开，用其进行（　　　）。

    A. 加密和验证签名　B. 解密和签名　　　C. 加密　　　　　　D. 解密

（21）（　　　）是网络通信中标志通信各方身份信息的一系列数据，提供了一种在 Internet 中认证身份的方式。

    A. 数字认证　　　　B. 数字证书　　　　C. 电子证书　　　　D. 认证

（22）数字签名为了保证不可抵赖性而使用的算法是（　　　）。

    A. 散列函数　　　　B. DES　　　　　　C. RSA　　　　　　D. AES

（23）可以认为数据的加密和解密是对数据进行的某种变换，加密和解密的过程都是在（　　　）的控制下进行的。

    A. 信息　　　　　　B. 密钥　　　　　　C. 明文　　　　　　D. 密文

（24）为了避免冒名发送数据后不承认的情况出现，可以采用的办法是（　　　）。

    A. 访问控制　　　　B. 数字水印　　　　C. 发送电子邮件　　D. 数字签名

（25）数字签名技术是公开密钥加密算法的一个典型应用，在发送方，采用（　　　）对要发送的信息进行数字签名；在接收方，采用（　　　）进行签名验证。

    A. 发送方的公钥　　B. 发送方的私钥　　C. 接收方的公钥　　D. 接收方的私钥

（26）【多选】在信息安全的基本要素中，通过（　　　）保障信息的完整性。

    A. 数据加密　　　　B. 数字签名　　　　C. 散列函数　　　　D. 时间戳

（27）【多选】在信息安全的基本要素中，通过（　　　）保障信息的不可抵赖性。

    A. 数据加密　　　　B. 数字签名　　　　C. 散列函数　　　　D. 时间戳

（28）【多选】一个完整的 PKI 系统必须包括（　　　　）。

  A．CA   B．数字证书库   C．密钥备份及恢复系统

  D．证书作废系统 E．API

2. 判断题

（1）加密数据的安全性取决于算法的保密性。（　　　）

（2）加密数据的安全性取决于密钥。（　　　）

（3）DES 算法是对称加密算法。（　　　）

（4）AES 算法是对称加密算法。（　　　）

（5）RSA 算法是对称加密算法。（　　　）

（6）数字签名解决了数据的保密性问题。（　　　）

（7）报文摘要算法是单向、不可逆的。（　　　）

（8）报文摘要算法是双向、可逆的。（　　　）

3. 简答题

（1）简述什么是明文、密文、加密、解密、密钥。

（2）简述数据加密技术常用的几种方式。

（3）简述密码学的发展阶段。

（4）简述替换密码技术的凯撒密码的工作原理。

（5）简述替换密码技术的 Playfair 密码的工作原理。

（6）简述换位密码技术的工作原理。

（7）简述 DES 算法的工作方式。

（8）简述 DES 算法中 S 盒的运算规则。

（9）简述什么是 AES 算法。

（10）简述什么是 RSA 算法。

（11）简述数字签名的主要功能。

（12）简述数字签名的实现方法。

（13）简述认证技术的实现方法。

（14）简述 PGP 系统的基本工作原理。

（15）简述 PKI 的定义及组成。

（16）简述 PKI 技术的优势与应用。

（17）简述数字证书的基本内容。

（18）简述数字证书的应用。

4. 计算题

（1）现获得一条密文内容为"OXMOT EAXEO LRDLE LMNUM VURVO"，又得知其密钥为"35214"，请通过现有资料将其通过列换位变换为初始明文。

（2）给定素数 $p=3$、$q=11$，使用 RSA 算法生成一对密钥。

① 计算密钥的模 n 和欧拉函数 $\phi(n)$。

② 若选公钥 $e=3$，则计算私钥 d 的值。

③ 计算对数据 $m=5$ 进行加密的结果，即计算密文 c 的值。

④ 对于密文 $c=2$，给出相应的解密过程及解密后的明文。

（3）Playfair 密码是一种常见的古典替换密码体系，已知密钥为"please open the door"，请对明文"balloons"进行加密，给出相应密钥矩阵以及相应的加密密文（密钥矩阵及密文都用大写字

母表示）。

（4）对于给定的明文"rainbow"，使用加密函数 $E(n)=(2n+3)\bmod 26$ 进行加密，其中，n 表示明文中被加密字符在字符集合{a,b,c,d,e,f,g,h,i,j,k,l,m,n,o,p,q,r,s,t,u,v,w,x,y,z}中的序号，序号依次为 1 到 26。请写出加密后的密文，并给出相应的加密过程。

（5）凯撒密码是一种基于字符替换的对称加密方法，它是通过对 26 个英文字母进行循环移位和替换来进行编码的。设待加密的消息为"bread"，密钥 k 为 4，试给出加密后的密文。

第5章
防火墙与VPN技术

本章主要讲解防火墙与虚拟专用网络（Virtual Private Network，VPN）技术的基本概念，包括防火墙的功能，防火墙的优缺点，防火墙端口区域及控制策略，防火墙的类型及工作流程，防火墙设备的连接及相关配置，VPN技术及其分类等。

【学习目标】

① 掌握防火墙的基本概念。
② 掌握防火墙端口区域及控制策略。
③ 掌握防火墙的类型及工作流程。

④ 掌握防火墙设备的连接及相关配置。
⑤ 掌握VPN相关技术。

【素养目标】

① 培养工匠精神，要求做事严谨、精益求精、着眼细节、爱岗敬业。

② 树立团队互助、合作进取的意识。

5.1 防火墙概述

古时候，人们常在寓所之间砌起一道砖墙，一旦发生火灾，它能够防止火势蔓延到别处。如果一个网络（内部网络）连接了Internet，则其用户可以访问外部网络并与之通信，同时外部网络也可以访问该网络并与之交互。为了保证网络安全，用户可以在该网络和Internet之间插入一个中介系统，建立一道安全屏障。这道屏障用于阻断外部网络对内部网络的威胁和入侵，作为守卫内部网络安全的关卡，它的作用与古时候的防火砖墙类似，因此人们把这道屏障叫作"防火墙"。

5.1.1 防火墙的基本概念

在网络中，"防火墙"实际上是一种隔离技术，属于经典的静态安全技术，用于逻辑隔离内部网络与外部网络。

1. 防火墙的定义

防火墙是一个由计算机硬件和软件组成的系统，部署于网络边界，是连接内部网络和外部网络之间的桥梁。它通过对进出网络的数据进行保护，防止恶意入侵、恶意代码的传播等，保障内部网络数据的安全。防火墙技术是建立在网络技术和信息安全技术基础上的应用性安全技术，几乎所有企业都会在内部网络与外部网络（如Internet）相连接的边界处放置防火墙。防火墙能够安全过滤和安全隔离外网攻击、入侵等有害的网络信息及行为，它是不同网络或网络安全域之间信息的唯一出入口，如图5.1所示。

V5-1 防火墙的
定义

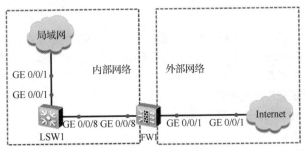

图 5.1 防火墙的部署

防火墙遵循的基本准则有两条。第一，它会拒绝所有未经允许的命令。防火墙的审查是基础的逐项审查，任何服务请求和应用操作都将被逐一审查，只有符合允许条件的命令才可能被执行，这为内部的网络安全提供了切实可行的保障。然而，用户可以申请的服务类型和服务数量是有限的，防火墙在提高安全性的同时也会减弱可用性。第二，它会允许所有未被拒绝的命令。防火墙在传递所有信息的时候都是按照约定的命令执行的，即在逐项审查后会拒绝存在潜在危害的命令，由于可用性级别高于安全性，从而导致安全性难以把控。

2. 防火墙的功能

防火墙是"木桶"理论在网络安全中的应用。所谓"木桶"理论，是指一个桶能装多少水不取决于桶有多高，而取决于组成该桶的最短的那块木板的高度。在一个没有防火墙的环境中，网络的安全性只能取决于每台主机的安全性，所有主机必须通力合作，才能使网络具有较高程度的安全性。而防火墙能够简化安全管理，使得网络的安全性可在防火墙系统上得到提高，而不是分布在内部网络的所有主机上。

V5-2 防火墙的功能

在逻辑上，防火墙是分离器，也是限制器，更是分析器，其有效地监控了内部网络和外部网络之间的任何活动，保证了内部网络的安全。典型的防火墙具有以下 3 个方面的基本特性。

（1）内部网络和外部网络之间的所有数据流都必须经过防火墙。

防火墙被部署在信任网络（内部网络）和非信任网络（外部网络）之间，它可以隔离外部网络（通常指 Internet）与内部网络（通常指内部局域网）的连接，同时不会妨碍用户对外部网络的访问。内部网络和外部网络之间的所有数据流都必须经过防火墙，因为防火墙是内部、外部网络之间的唯一通信通道，它可以全面、有效地保护企业内部网络不受侵害。

（2）只有符合安全策略的数据流才能通过防火墙。

部署防火墙的目的就是在网络连接之间建立一道安全控制屏障，通过允许、拒绝或重新定向经过防火墙的数据流，实现对进、出内部网络的服务和访问进行审计及控制。防火墙的基本功能是根据企业的安全规则控制（允许、拒绝、监测）出入网络的数据流，确保网络流量的合法性，并在此前提下将网络流量快速地从一条链路转发到另一条链路上。

（3）防火墙自身具有非常强的抗攻击能力。

防火墙自身具有非常强的抗攻击能力，它承担了企业内部网络的安全防护重任。防火墙处于网络边界，就像一个边界卫士一样，每时每刻都要抵御黑客的入侵，因此需要防火墙自身具有非常强的抗攻击入侵的能力。

防火墙除了具备上述 3 个方面的基本特性外，还具有以下几个方面的功能。

（1）支持网络地址转换（Network Address Translation，NAT）。防火墙的出口地址可以作为部署 NAT 的逻辑地址，因此防火墙可以用来解决 IPv4 地址空间不足的问题，并避免机构在变换 ISP 时带来的需要重新编址的麻烦。

（2）支持 VPN。防火墙支持具有 Internet 服务特性的企业内部网络技术——VPN，通过 VPN 可将企事业单位分布在全世界各地的局域网或专用子网有机地互联成一个整体。这不仅节省了部署专用通信线路的花费，还为信息共享提供了技术保障。

（3）支持用户制定的各种访问控制策略。

（4）支持网络存取和访问，并进行监控审计。

（5）支持身份认证等。

3. 防火墙的优缺点

（1）防火墙的优点如下。

① 增强了网络安全性。防火墙可防止非法用户进入内部网络，降低了其中主机的安全风险。

② 提供集中的安全管理。防火墙对内部网络实行集中的安全管理，通过制定安全策略，其安全防护措施可运行于整个内部网络系统中而无须在每台主机中分别设立。同时，可将内部网络中需改动的程序都存于防火墙中而不是分散到每台主机中，便于集中保护。

V5-3　防火墙的
优缺点

③ 增强了保密性。防火墙可阻止攻击者获取所攻击网络系统的有用信息。

④ 提供对系统的访问控制。防火墙可提供对系统的访问控制，例如，允许外部用户访问某些主机，同时禁止外部用户访问另外一些主机；允许/禁止内部用户使用某些资源等。

⑤ 能有效地记录网络访问情况。因为所有进出信息都必须通过防火墙，所以使用防火墙非常便于收集关于系统和网络使用或误用的信息。

（2）防火墙的缺点如下。

① 防火墙不能防范来自内部的攻击。防火墙对内部用户偷窃数据、破坏硬件和软件等行为无能为力。

② 防火墙不能防范未经过防火墙的攻击。对于没有经过防火墙的数据，防火墙无法检查，如个别内部网络用户绕过防火墙进行拨号访问等。

③ 防火墙不能防范因策略配置不当或错误配置带来的安全威胁。防火墙是一种被动的安全策略执行设备，就像门卫一样，要根据相关规定来执行安全防护操作，而不能自作主张。

④ 防火墙不能防范未知的威胁。防火墙能较好地防范已知的威胁，但不能自动防范未知的威胁。

5.1.2　防火墙端口区域及控制策略

防火墙是设置在不同网络（如可信任的企业内部网络和不可信任的 Internet）或网络安全域之间的一系列部件的组合，其本身具有较强的抗攻击力。它是提供信息安全服务、实现网络和信息安全的基础设施。

1. 防火墙端口区域

防火墙端口区域主要包括以下 3 种。

（1）信任区域：连接内部网络，一般指的是局域网。

（2）非信任区域：连接外部网络，一般指的是 Internet。

V5-4　防火墙
端口区域及控制
策略

（3）隔离区域（Demilitarized Zone，DMZ）：也称非军事区域。DMZ 中的系统通常为提供对外服务的系统，如 Web 服务器、FTP 服务器、E-mail 服务器等。DMZ 可增强信任区域中设备的安全性，其有特殊的访问策略，信任区域中的设备也会对 DMZ 中的系统进行访问。防火墙通用部署方式如图 5.2 所示。

2. DMZ 常规访问控制策略

DMZ 常规访问控制策略如下。

（1）内部网络可以访问 DMZ，以方便用户使用和管理 DMZ 中的服务器。

（2）外部网络可以访问 DMZ 中的服务器，同时需要由防火墙完成外部地址到服务器实际地址的转换。

（3）DMZ 不能访问外部网络。此策略也有例外，例如，如果 DMZ 中放置了 E-mail 服务器，则 DMZ 需要访问外部网络，否则 E-mail 服务器将不能正常工作。

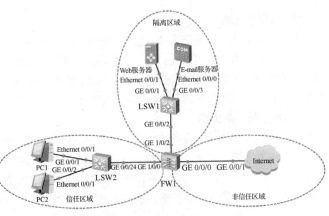

图 5.2　防火墙通用部署方式

5.2　防火墙的分类

防火墙按照使用技术可以分为包过滤防火墙、代理防火墙、状态检测防火墙、复合型防火墙和下一代防火墙；按照实现方式可以分为硬件防火墙和软件防火墙。

5.2.1　防火墙按使用技术分类

下面分别介绍包过滤防火墙、代理防火墙、状态检测防火墙、复合型防火墙和下一代防火墙。

V5-5　防火墙按使用技术分类

1. 包过滤防火墙

第一代防火墙为包过滤防火墙，几乎与路由器同时出现，采用了包过滤技术。其工作流程如图 5.3 所示。多数路由器本身就支持分组过滤功能，因此网络访问控制可通过路由控制来实现，从而使得具有分组过滤功能的路由器成为第一代防火墙。

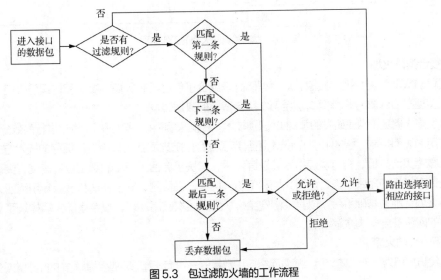

图 5.3　包过滤防火墙的工作流程

2. 代理防火墙

第二代防火墙为代理防火墙，也称为应用网关防火墙。第二代防火墙工作在应用层上，能够根据具体的应用对数据进行过滤或转发，也就是人们常说的代理服务器、应用网关。这样的防火墙彻底隔断了内部网络与外部网络的直接通信，内部网络用户对外部网络的访问变成防火墙对外部网络的访问，并由防火墙把访问的结果转发给内部网络用户。

3. 状态检测防火墙

第三代防火墙为状态检测防火墙。状态检测防火墙是基于动态包过滤技术（即目前所说的状态检测防火墙技术）的防火墙。对于 TCP 连接，每个可靠连接的建立都需要经过 3 次握手，这时的数据包并不是独立的，它们前后之间有着密切的状态联系。状态检测防火墙基于这种连接过程，根据数据包的状态变化来决定访问控制策略。状态检测防火墙的工作流程如图 5.4 所示。

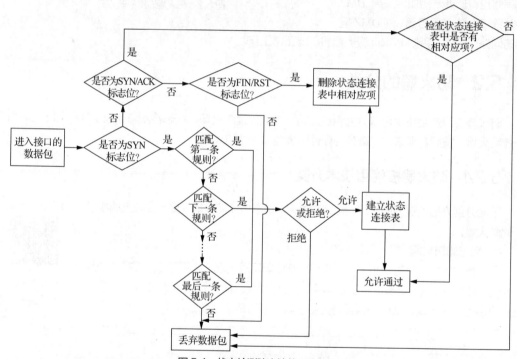

图 5.4　状态检测防火墙的工作流程

4. 复合型防火墙

第四代防火墙为复合型防火墙。复合型防火墙结合了包过滤防火墙的高速和代理防火墙的安全性等优点，实现了 OSI 参考模型第 3 层至第 7 层自适应的数据转发。

复合型防火墙基于自主研发的智能 IP 识别技术，在防火墙内核中对应用和协议进行高效分组识别，实现对应用的访问控制。智能 IP 识别技术还摒弃了复合型防火墙在内核中进行缓存的技术方式，创新地采用了零拷贝流分析、特有快速搜索算法等技术，加快了会话组织和规则定位的速度，突破了复合型防火墙效率较低的瓶颈。复合型防火墙具备防火墙、入侵检测、安全评估和虚拟专用网四大功能模块。以防火墙功能为基础平台，以其他的安全模块为多层次应用环境，复合型防火墙构筑了一套完整的、立体的网络安全解决方案。

5. 下一代防火墙

第五代防火墙为下一代防火墙。随着网络应用数量的高速增长和移动应用爆发式的出现，发生在网络中的安全事件越来越多，攻击方式也越来越复杂，单一的安全防护措施已经无法有效地解决企业面临的网络安全问题。随着网络带宽的增加，网络流量变得越来越大，要想对大流量进行应用层的精确识别，防火墙的性能必须更高，下一代防火墙就是在这种背景下出现的。为满足当前与未来的网络安全需求，下一代防火墙必须具备一些新功能，例如基于用户需求的高性能并行处理引擎。

5.2.2　防火墙按实现方式分类

下面分别介绍硬件防火墙和软件防火墙。

1. 硬件防火墙

硬件防火墙是指采用专供应用的集成电路（Application Specific Integrated Circuit，ASIC）芯片设计实现的复杂指令专用系统，它的指令、操作系统、过滤软件都采用定制的方式实现。硬件防火墙一般采取纯硬件设计（即嵌入或者固化计算机的方式，固化计算机方式是当前硬件防火墙的主流技术），通常将操作系统和特殊设计的计算机硬件结合，从而达到过滤内外网络数据的目的。

传统硬件防火墙至少应具备 3 个端口，分别用于连接内部网络、外部网络和 DMZ。一些新的硬件防火墙扩展了端口数量，常见的 4 端口防火墙一般将第 4 个端口作为配置端口或管理端口，还有一些防火墙可以进一步增加端口数量。多家 IT 厂商推出了自己的硬件防火墙系列产品，如华为的 USG6500E 系列防火墙、中科网威的防火墙等。

2. 软件防火墙

软件防火墙通常安装在隔离内部、外部网络的主机或服务器上，通过图形化的界面实现规则配置、访问控制、日志管理等功能。一般来说，安装软件防火墙的计算机就是整个网络的网关。软件防火墙与其他软件产品一样，需要在计算机上安装并做好配置才可以使用。

硬件防火墙、软件防火墙和软硬件结合防火墙的性能对比如表 5.1 所示。

表 5.1　硬件防火墙、软件防火墙和软硬件结合防火墙的性能对比

性能对比	硬件防火墙	软件防火墙	软硬件结合防火墙
操作系统	使用专用的操作系统平台，避免了通用操作系统的安全漏洞	基于通用操作系统，如 Windows、Linux、UNIX 等，对操作系统的安全性依赖很高	采用专用或通用操作系统
硬件	纯硬件方式，用专用芯片处理数据包，CPU 只用于管理功能	运行在通用操作系统中的、能安全控制存取访问的软件，性能依赖于计算机的 CPU、内存等	固化计算机的方式，机箱+CPU+防火墙软件集成为一体
吞吐量与带宽	高带宽、高吞吐量、真正线速防火墙，即实际带宽与理论值可以达到一致	由于操作系统平台的限制，极易造成网络带宽瓶颈，实际所能达到的带宽通常只有理论值的 20%～70%	核心技术仍然以软件方式实现，容易形成网络带宽瓶颈，可满足中、低带宽要求，吞吐量不高。通常带宽只能达到理论值的 20%～70%
用户限制	没有用户限制	有用户限制，一般需要按用户数购买	有用户限制，一般需要按用户数购买
管理界面	管理简单、快捷，具有良好的管理界面	管理复杂，与系统有关，要求维护人员必须熟悉各种工作站和操作系统的安装及维护	管理比较方便
安全与速度	安全与速度同时兼顾	可以满足低带宽、低流量环境中的安全需要，在高速环境中容易造成系统崩溃	中、低流量时可满足一定的安全要求，在高流量环境中会造成流量堵塞甚至导致系统崩溃
性价比	性价比高	性价比较低	性价比一般

5.3　防火墙的应用模式

通常防火墙是一组硬件设备，由于网络结构多种多样，各站点的安全要求也不尽相同，目前还没有一种统一的防火墙设计标准。防火墙的体系架构也有很多种，在设计过程中应该根据实际情况进行考虑。

5.3.1　防火墙的体系架构

在防火墙与网络的配置上，通常有以下 3 种典型的体系架构，即双宿主主机体系架构、屏蔽主机体系架构、屏蔽子网体系架构。

1. 双宿主主机体系架构

双宿主主机是指通过不同的网络接口接入多个网络的主机系统，是网络互联的关键设备。双宿主主机体系架构如图 5.5 所示，双宿主主机位于内部网络和外部网络之间，一般来说，它以一台装有两块网卡的堡垒主机作为防火墙。堡垒主机的两块网卡各自与内部网络和外部网络相连，分别属于内、外两个不同的网段。

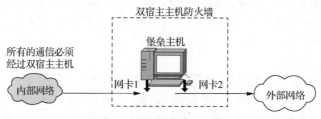

图 5.5　双宿主主机体系架构

堡垒主机上运行着防火墙软件，可以是转发应用程序、提供服务等。堡垒主机的系统软件虽然可用于维护系统日志，但是缺点也比较突出，若黑客入侵堡垒主机，并使其只具有路由功能，则任何外部网络用户都可以随意访问内部网络。双宿主主机体系架构非常简单，一般通过代理（Proxy）来实现，或者通过用户直接登录到该主机来提供服务。

2. 屏蔽主机体系架构

屏蔽主机体系架构由屏蔽路由器（即包过滤路由器）和堡垒主机组成，如图 5.6 所示。屏蔽主机体系架构易于实现，堡垒主机被安排在内部网络中，同时在内部网络和外部网络之间配备了屏蔽路由器。在这种体系架构中，通常在路由器上设立过滤规则，外部网络必须通过堡垒主机才能访问内部网络中的资源，并使这个堡垒主机成为唯一可直接从外部网络到达内部网络的主机，对内部网络的基本控制策略由安装在堡垒主机上的软件决定，这使得内部网络不受未被授权的外部用户的攻击；而内部网络中的计算机可以通过堡垒主机或者屏蔽路由器访问外部网络中的某些资源，即在屏蔽路由器上应设置数据包过滤规则。

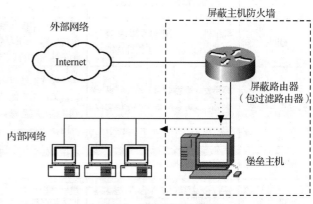

图 5.6　屏蔽主机体系架构

屏蔽主机体系架构的设置原则如下。

（1）内部网络中的计算机的网关指向屏蔽路由器，并在屏蔽路由器中设置过滤规则，允许除堡垒主机外的其他主机与外部网络连接，但仅限于某些特定的服务。

（2）屏蔽路由器不允许来自内部主机的所有连接，即其他主机只能通过堡垒主机使用代理服务。

屏蔽主机体系架构实现了网络层和应用层的安全，因而相比单独的包过滤或应用网关更加安全。在这种体系架构下，屏蔽路由器是否配置正确是整个内部网络安全与否的关键。如果堡垒主机被攻破或路由表遭到破坏，则堡垒主机可能被越过，使内部网络完全暴露。因此，堡垒主机必须是高度安全的计算机系统，并要保护好屏蔽路由器的路由表。

3. 屏蔽子网体系架构

屏蔽子网体系架构由一台防火墙和内、外两台路由器构成，如图 5.7 所示。与屏蔽主机体系架构相比，屏蔽子网体系架构添加了周边网络，在外部网络与内部网络之间加上了额外的安全层。这种体系架构是目前大部分企业所采用的体系架构。

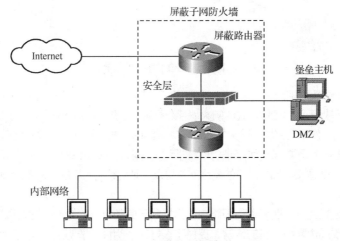

图 5.7　屏蔽子网体系架构

在实际运用中，某些主机需要对外提供服务，为了更好地提供服务，同时有效地保护内部网络的安全，可以将需要对外开放的主机与内部网络设备分隔开来，并采取相应的隔离措施。根据不同的需要，针对不同资源提供不同安全等级的保护，这样就构建了一个 DMZ，在屏蔽子网体系架构中，防火墙与 DMZ 相连接。DMZ 中包括堡垒主机及公共服务器（如 Web 服务器、FTP 服务器）等。DMZ 可以为主机环境提供网络级的保护，能减少为不信任客户提供服务而带来的风险，是存放公共信息的最佳位置。通过 DMZ，可以更加有效地保护内部网络的安全。

5.3.2　防火墙的工作模式

防火墙的工作模式包括路由工作模式、透明工作模式和 NAT 工作模式。如果防火墙的接口可同时工作在透明工作模式与路由工作模式下，那么这种工作模式叫作混合工作模式。某些防火墙支持最完整的混合工作模式，即路由+透明+NAT 工作模式这一最灵活的工作模式，便于防火墙接入各种复杂的网络环境，以满足网络多样化的部署需求。

1. 路由工作模式

传统防火墙一般工作于路由工作模式下。防火墙可以让处于不同网络的计算机通过路由转发的方式互相通信。防火墙路由工作模式的应用示例如图 5.8 所示。其中，内部网络 1 的网段地址为192.168.1.0/24，网关指向防火墙 FW1 的 GE 0/0/0 端口（IP 地址为 192.168.1.254/24）；内部网络 2 的网段地址为 192.168.2.0/24，网关指向防火墙 F 的 GE 0/0/1 端口（IP 地址为 192.168.2.254/24）；二者通过防火墙的路由转发包功能相互通信；防火墙 FW1 的 GE 0/0/2 端口（IP 地址为 192.168.3.1/30）与路由器 AR1 的 GE 0/0/0 端口连接，由路由器完成 NAT 功能，从而实现内部网络与外部网络的通信（IP 地址为 192.168.3.2/30）。

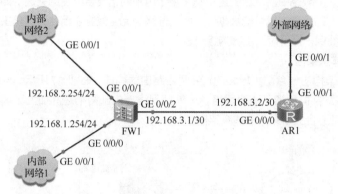

图 5.8　防火墙路由工作模式的应用示例

路由工作模式的防火墙相当于 OSI 参考模型中的三/四层的交换机，防火墙端口设置了 IP 地址，不使用 NAT 功能。但是处于路由工作模式的防火墙存在局限，当防火墙的不同端口所连接的局域网都位于同一网段时，传统的工作于网络层的防火墙是无法完成路由模式的转发的。被防火墙保护的网络内的主机要将原来指向路由器的网关修改为指向防火墙的网关。同时，被保护网络原来的路由器应该修改路由表以便转发防火墙的 IP 报文。如果用户的网络非常复杂，则会给防火墙的用户带来设置上的麻烦。

2. 透明工作模式

处于透明工作模式的防火墙可以克服路由工作模式下的防火墙的缺点，它可以完成同一网段的包转发，且不需要修改周边网络设备的设置，提供了很好的透明性。透明工作模式的特点就是防火墙对用户来说是透明的，即用户意识不到防火墙的存在。要想实现透明工作模式，防火墙必须在没有 IP 地址的情况下工作，即不需要对其端口设置 IP 地址，用户也不知道防火墙的 IP 地址。

处于透明工作模式的防火墙就像一台网桥（非透明工作模式下的防火墙像一台路由器），网络设备（包括主机、路由器、工作站等）和所有计算机的设置（包括 IP 地址和网关）无须改变，同时会解析所有通过它的数据包，既增加了网络的安全性，又降低了用户管理的复杂程度。

处于透明工作模式的防火墙的工作方式相当于 OSI 参考模型中的二层的交换机，防火墙端口不设置 IP 地址。防火墙透明工作模式的应用示例如图 5.9 所示。其中，内部网络的网段地址为 192.168.1.0/24，网关指向路由器 AR1 的 GE 0/0/0 端口（IP 地址为 192.168.1.254/24），防火墙 FW1 的 GE 0/0/0、GE 0/0/1 端口不设置 IP 地址，相当于一台交换机。

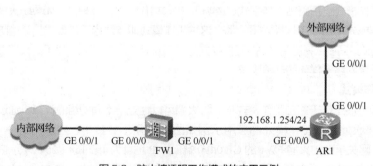

图 5.9　防火墙透明工作模式的应用示例

处于透明工作模式的防火墙可以实现透明接入，处于路由工作模式的防火墙可以实现不同网段的连接，但路由工作模式的优点和透明工作模式的优点是不能并存的。因此，大多数的防火墙同时保留了路由工作模式和透明工作模式，根据用户网络情况及用户需求，由用户在使用时进行选择，使防火墙在路由工作模式和透明工作模式下进行切换或采取混合工作模式，但防火墙的端口模式与物理端口是相关的，各端口只能工作在路由工作模式或透明工作模式下，而不能同时使用这两种模式。

3. NAT 工作模式

防火墙的另一种工作模式是 NAT 工作模式，它适用于内部网络中存在的一般用户区域和 DMZ，在 DMZ 中存在可以对外访问的服务器。防火墙 NAT 工作模式的应用示例如图 5.10 所示，一般用户区域网段地址为 192.168.2.0/24，网关为防火墙 FW1 的 GE 0/0/1 端口（IP 地址 192.168.2.254/24），在防火墙上实现 NAT 功能以访问外部网络，同时防火墙 FW1 的 GE 0/0/0 端口（IP 地址为 192.168.1.254/24）连接 DMZ，DMZ 内的服务器直接设置公有 IP 地址，这样可以保证外部网络用户能够访问内部网络服务器，解决了服务器内的应用程序在开发时使用了源地址的静态连接问题。处于 NAT 工作模式的防火墙的工作方式相当于 OSI 参考模型的三/四层的交换机，防火墙的端口需要设置 IP 地址，并使用 NAT 功能。

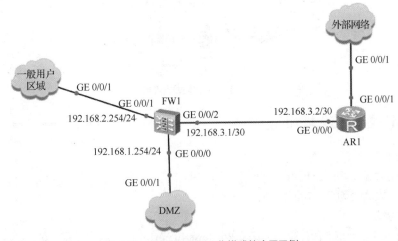

图 5.10　防火墙 NAT 工作模式的应用示例

在网络中使用哪种工作模式的防火墙取决于网络环境及安全的要求，应综合考虑内部网络服务、网络设备要求和网络拓扑，灵活地采取不同的工作模式来获得最高的安全性能和网络性能。

5.4　防火墙设备的连接与配置

不同厂商、不同型号的防火墙设备的外形结构可能存在差异，但它们的功能、端口类型相似，具体可参考相应厂商的产品说明书。防火墙的配置可以通过图形用户界面或命令行方式进行。不同厂商的配置方法稍有不同，但总体而言，都可以实现相应的功能配置。

这里主要介绍华为 USG6500 系列防火墙设备，其前、后面板如图 5.11 所示。

如图 5.12 所示，连接各线缆，并连接好电源适配器，给防火墙设备通电。防火墙设备没有电源开关，通电后会立即启动。若前面板上的系统指示灯每 2s 闪一次，则表明设备已进入正常运行状态，可以登录设备进行配置。以太网供电（Power over Ethernet，PoE，也称有源以太网）设备与防火墙必须通过网线直连。

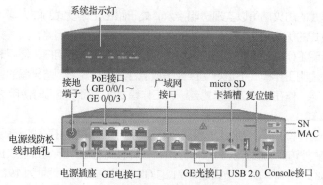

图 5.11 华为 USG6500 系列防火墙的前、后面板

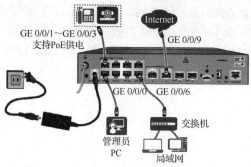

图 5.12 防火墙设备连接

实训 11 配置防火墙设备

【实训目的】

- 了解防火墙设备的工作原理。
- 掌握防火墙设备的基本配置步骤和方法。

【实训环境】

分组进行操作，一组 5 台计算机，安装 Windows 10 操作系统，测试环境。安装 eNSP 工具软件，进行模拟测试。

【实训步骤】

（1）配置防火墙，相关端口与 IP 地址配置如图 5.13 所示，进行网络拓扑连接。

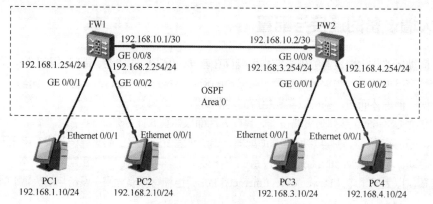

图 5.13 配置防火墙

（2）配置防火墙 FW1，相关实例代码如下。

```
<SRG>system-view
[SRG]sysname FW1
[FW1]interfaceGigabitEthernet 0/0/1
[FW1-GigabitEthernet0/0/1]ip address 192.168.1.254 24
[FW1-GigabitEthernet0/0/1]quit
[FW1]interfaceGigabitEthernet 0/0/2
[FW1-GigabitEthernet0/0/2]ip address 192.168.2.254 24
[FW1-GigabitEthernet0/0/2]quit
[FW1]interfaceGigabitEthernet 0/0/8
[FW1-GigabitEthernet0/0/8]ip address 192.168.10.1 30
[FW1-GigabitEthernet0/0/8]quit
[FW1]firewall zone trust
[FW1-zone-trust]add interfaceGigabitEthernet 0/0/1
[FW1-zone-trust]add interfaceGigabitEthernet 0/0/2
[FW1-zone-trust]add interfaceGigabitEthernet 0/0/8
[FW1-zone-trust]quit
[FW1]router id 1.1.1.1
[FW1]ospf 1
[FW1-ospf-1]area 0
[FW1-ospf-1-area-0.0.0.0]network 192.168.1.0 0.0.0.255
[FW1-ospf-1-area-0.0.0.0]network 192.168.2.0 0.0.0.255
[FW1-ospf-1-area-0.0.0.0]network 192.168.10.0 0.0.0.3
[FW1-ospf-1-area-0.0.0.0]quit
[FW1-ospf-1]quit
[FW1]
```

（3）配置防火墙 FW2，相关实例代码如下。

```
<SRG>system-view
[SRG]sysname FW2
[FW2]interfaceGigabitEthernet 0/0/1
[FW2-GigabitEthernet0/0/1]ip address 192.168.3.254 24
[FW2-GigabitEthernet0/0/1]quit
[FW2]interfaceGigabitEthernet 0/0/2
[FW2-GigabitEthernet0/0/2]ip address 192.168.4.254 24
[FW2-GigabitEthernet0/0/2]quit
[FW2]interfaceGigabitEthernet 0/0/8
[FW2-GigabitEthernet0/0/8]ip address 192.168.10.2 30
[FW2-GigabitEthernet0/0/8]quit
[FW2]firewall zone trust
[FW2-zone-trust]add interfaceGigabitEthernet 0/0/1
[FW2-zone-trust]add interfaceGigabitEthernet 0/0/2
[FW2-zone-trust]add interfaceGigabitEthernet 0/0/8
[FW2-zone-trust]quit
[FW2]router id 2.2.2.2
[FW2]ospf 1
[FW2-ospf-1]area 0
[FW2-ospf-1-area-0.0.0.0]network 192.168.3.0 0.0.0.255
[FW2-ospf-1-area-0.0.0.0]network 192.168.4.0 0.0.0.255
[FW2-ospf-1-area-0.0.0.0]network 192.168.10.0 0.0.0.3
[FW2-ospf-1-area-0.0.0.0]quit
[FW2-ospf-1]quit
[FW2]
```

（4）显示防火墙 FW1、FW2 的配置信息，以防火墙 FW1 为例，主要相关实例代码如下。

```
<FW1>display current-configuration
#
stp region-configuration
 region-name b05fe31530c0
 active region-configuration
#
interfaceGigabitEthernet0/0/1
 ip address 192.168.1.254 255.255.255.0
#
interfaceGigabitEthernet0/0/2
 ip address 192.168.2.254 255.255.255.0
#
interfaceGigabitEthernet0/0/8
 ip address 192.168.10.1 255.255.255.252
#
firewall zone local
 set priority 100
#
firewall zone trust
  set priority 85                        //信任区域的默认优先级为 85
  add interfaceGigabitEthernet0/0/0
  add interfaceGigabitEthernet0/0/1
  add interfaceGigabitEthernet0/0/2
  add interfaceGigabitEthernet0/0/8
#
firewall zone untrust
  set priority 5                         //非信任区域的默认优先级为 5
#
firewall zone dmz
  set priority 50                        //DMZ 的默认优先级为 50
#
ospf 1
 area 0.0.0.0
  network 192.168.1.0 0.0.0.255
  network 192.168.2.0 0.0.0.255
  network 192.168.10.0 0.0.0.3
#
sysname FW1
#
firewall packet-filter default permit interzone local trust direction inbound
  firewall packet-filter default permit interzone local trust direction outbound
  firewall packet-filter default permit interzone local untrust direction outbound
  firewall packet-filter default permit interzone local dmz direction outbound
#
 router id 1.1.1.1
#
return
<FW1>
```

（5）查看主机 PC2 访问主机 PC4 的结果，如图 5.14 所示。

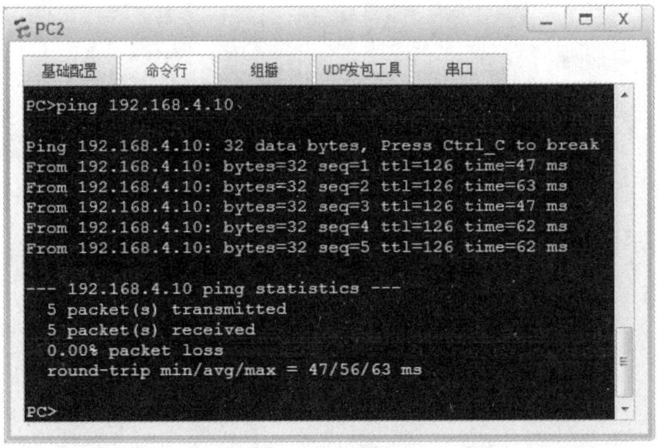

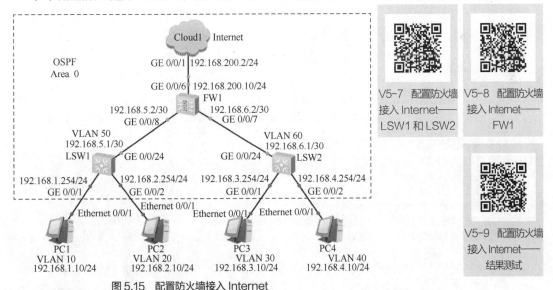

图 5.14 查看主机 PC2 访问主机 PC4 的结果

实训 12 配置防火墙接入 Internet

【实训目的】

- 了解防火墙设备的工作原理。
- 掌握防火墙接入 Internet 的配置步骤和方法。

【实训环境】

分组进行操作，一组 5 台计算机，安装 Windows 10 操作系统，测试环境。安装 eNSP 工具软件，进行模拟测试。

【实训步骤】

（1）配置防火墙接入 Internet，相关端口与 IP 地址配置如图 5.15 所示，进行网络拓扑连接。

图 5.15 配置防火墙接入 Internet

V5-7 配置防火墙接入 Internet——LSW1 和 LSW2

V5-8 配置防火墙接入 Internet——FW1

V5-9 配置防火墙接入 Internet——结果测试

（2）配置本地虚拟机 VMware Workstation 的网络地址，如图 5.16 所示。

（3）配置本机 VMnet8 网络，进行 NAT 设置，网关 IP 地址为 192.168.200.2，此地址为 Cloud1 的入口地址，如图 5.17 所示。

（4）配置 Cloud1 端口的相关信息，如图 5.18 所示。

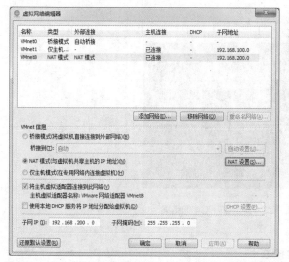

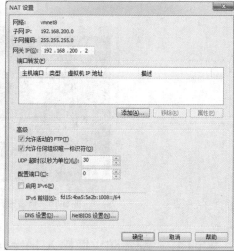

图 5.16　配置本地虚拟机 VMware Workstation 的网络地址　　　　图 5.17　VMnet8 网络的 NAT 设置

图 5.18　配置 Cloud1 端口的相关信息

（5）配置交换机 LSW1，相关实例代码如下。

```
<Huawei>system-view
[Huawei]sysname LSW1
[LSW1]vlan batch 10 20 50
[LSW1]interfaceGigabitEthernet 0/0/1
[LSW1-GigabitEthernet0/0/1]port link-type access
[LSW1-GigabitEthernet0/0/1]port default vlan 10
[LSW1-GigabitEthernet0/0/1]quit
[LSW1]interfaceGigabitEthernet 0/0/2
[LSW1-GigabitEthernet0/0/2]port link-type access
[LSW1-GigabitEthernet0/0/2]port default vlan 20
[LSW1-GigabitEthernet0/0/2]quit
[LSW1]interfaceGigabitEthernet 0/0/24
[LSW1-GigabitEthernet0/0/24]port link-type access
[LSW1-GigabitEthernet0/0/24]port default vlan 50
[LSW1-GigabitEthernet0/0/24]quit
```

```
[LSW1]interfaceVlanif 10
[LSW1-Vlanif10]ip address 192.168.1.254 24
[LSW1-Vlanif10]quit
[LSW1]interfaceVlanif 20
[LSW1-Vlanif20]ip address 192.168.2.254 24
[LSW1-Vlanif20]quit
[LSW1]interfaceVlanif 50
[LSW1-Vlanif50]ip address 192.168.5.1 30
[LSW1-Vlanif50]quit
[LSW1]router id 1.1.1.1
[LSW1]ospf 1
[LSW1-ospf-1]area 0
[LSW1-ospf-1-area-0.0.0.0]network 192.168.5.0 0.0.0.3          //路由通告
[LSW1-ospf-1-area-0.0.0.0]network 192.168.1.0 0.0.0.255        //路由通告
[LSW1-ospf-1-area-0.0.0.0]network 192.168.2.0 0.0.0.255        //路由通告
[LSW1-ospf-1-area-0.0.0.0]quit
[LSW1-ospf-1]quit
[LSW1]
```

（6）配置交换机 LSW2，相关实例代码如下。

```
<Huawei>system-view
[Huawei]sysname LSW2
[LSW2]vlan batch 30 40 60
[LSW2]interfaceGigabitEthernet 0/0/1
[LSW2-GigabitEthernet0/0/1]port link-type access
[LSW2-GigabitEthernet0/0/1]port default vlan 30
[LSW2-GigabitEthernet0/0/1]quit
[LSW2]interfaceGigabitEthernet 0/0/2
[LSW2-GigabitEthernet0/0/2]port link-type access
[LSW2-GigabitEthernet0/0/2]port default vlan 40
[LSW2-GigabitEthernet0/0/2]quit
[LSW2]interfaceGigabitEthernet 0/0/24
[LSW2-GigabitEthernet0/0/24]port link-type access
[LSW2-GigabitEthernet0/0/24]port default vlan 60
[LSW2-GigabitEthernet0/0/24]quit
[LSW2]interfaceVlanif 30
[LSW2-Vlanif30]ip address 192.168.3.254 24
[LSW2-Vlanif30]quit
[LSW2]interfaceVlanif 40
[LSW2-Vlanif40]ip address 192.168.4.254 24
[LSW2-Vlanif40]quit
[LSW2]interfaceVlanif 60
[LSW2-Vlanif60]ip address 192.168.6.1 30
[LSW2-Vlanif60]quit
[LSW2]router id 2.2.2.2
[LSW2]ospf 1
[LSW2-ospf-1]area 0
[LSW2-ospf-1-area-0.0.0.0]network 192.168.6.0 0.0.0.3          //路由通告
[LSW2-ospf-1-area-0.0.0.0]network 192.168.3.0 0.0.0.255        //路由通告
[LSW2-ospf-1-area-0.0.0.0]network 192.168.4.0 0.0.0.255        //路由通告
[LSW2-ospf-1-area-0.0.0.0]quit
[LSW2-ospf-1]quit
[LSW2]
```

（7）显示交换机 LSW1、LSW2 的配置信息，以交换机 LSW1 为例，主要相关实例代码如下。

```
<LSW1>display current-configuration
#
sysname LSW1
#
router id 1.1.1.1
#
vlan batch 10 20 50
#
interfaceVlanif10
 ip address 192.168.1.254 255.255.255.0
#
interfaceVlanif20
 ip address 192.168.2.254 255.255.255.0
#
interfaceVlanif50
 ip address 192.168.5.1 255.255.255.252
#
interfaceGigabitEthernet0/0/1
 port link-type access
 port default vlan 10
#
interfaceGigabitEthernet0/0/2
 port link-type access
 port default vlan 20
#
interfaceGigabitEthernet0/0/24
 port link-type access
 port default vlan 50
#
ospf 1
 area 0.0.0.0
  network 192.168.1.0 0.0.0.255
  network 192.168.2.0 0.0.0.255
  network 192.168.5.0 0.0.0.3
#
return
<LSW1>
```

（8）配置防火墙 FW1，相关实例代码如下。

```
<SRG>system-view
[SRG]sysname FW1
[FW1]interfaceGigabitEthernet 0/0/6
[FW1-GigabitEthernet0/0/6]ip address 192.168.200.10 24
[FW1-GigabitEthernet0/0/6]quit
[FW1]interfaceGigabitEthernet 0/0/7
[FW1-GigabitEthernet0/0/7]ip address 192.168.6.2 30
[FW1-GigabitEthernet0/0/7]quit
[FW1]interfaceGigabitEthernet 0/0/8
[FW1-GigabitEthernet0/0/8]ip address 192.168.5.2 30
[FW1-GigabitEthernet0/0/8]quit
[FW1]firewall zone untrust
[FW1-zone-untrust]add interfaceGigabitEthernet 0/0/6
[FW1-zone-untrust]quit
[FW1]firewall zone trust
```

```
[FW1-zone-trust]add interfaceGigabitEthernet 0/0/7
[FW1-zone-trust]add interfaceGigabitEthernet 0/0/8
[FW1-zone-trust]quit
[FW1]policy interzone trust untrust outbound
[FW1-policy-interzone-trust-untrust-outbound]policy 0
[FW1-policy-interzone-trust-untrust-outbound-0]action permit
[FW1-policy-interzone-trust-untrust-outbound-0]policy source 192.168.0.0
0.0.255.255
[FW1-policy-interzone-trust-untrust-outbound-0]quit
[FW1-policy-interzone-trust-untrust-outbound]quit
[FW1]nat-policy interzone trust untrust outbound
[FW1-nat-policy-interzone-trust-untrust-outbound]policy 1
[FW1-nat-policy-interzone-trust-untrust-outbound-1]action source-nat
[FW1-nat-policy-interzone-trust-untrust-outbound-1]policy source 192.168.0.0
0.0.255.255
[FW1-nat-policy-interzone-trust-untrust-outbound-1]quit
[FW1-nat-policy-interzone-trust-untrust-outbound]quit
[FW1]router id 3.3.3.3
[FW1]ospf 1
[FW1-ospf-1]default-route-advertise always cost 200 type 1
[FW1-ospf-1]area 0
[FW1-ospf-1-area-0.0.0.0]network 192.168.5.0 0.0.0.3
[FW1-ospf-1-area-0.0.0.0]network 192.168.6.0 0.0.0.3
[FW1-ospf-1-area-0.0.0.0]network 192.168.200.0 0.0.0.255
[FW1-ospf-1-area-0.0.0.0]quit
[FW1-ospf-1]quit
[FW1]ip route-static 0.0.0.0 0.0.0.0 192.168.200.2
```

（9）显示防火墙 FW1 的配置信息，主要相关实例代码如下。

```
<FW1>display current-configuration
#
stp region-configuration
 region-name e81582044529
 active region-configuration
#
interfaceGigabitEthernet0/0/0
 alias GE0/MGMT
 ip address 192.168.0.1 255.255.255.0
 dhcp select interface
 dhcp server gateway-list 192.168.0.1
#
interfaceGigabitEthernet0/0/6
 ip address 192.168.200.10 255.255.255.0
#
interfaceGigabitEthernet0/0/7
 ip address 192.168.6.2 255.255.255.252
#
interfaceGigabitEthernet0/0/8
 ip address 192.168.5.2 255.255.255.252
#
firewall zone trust
  set priority 85                      //信任区域的默认优先级为 85
  add interfaceGigabitEthernet0/0/0
  add interfaceGigabitEthernet0/0/7
  add interfaceGigabitEthernet0/0/8
```

```
#
firewall zone untrust
  set priority 5                          //非信任区域的默认优先级为 5
  add interfaceGigabitEthernet0/0/6
#
firewall zone dmz
  set priority 50                         //DNZ 的默认优先级为 50
#
ospf 1
 default-route-advertise always cost 200 type 1
 area 0.0.0.0
  network 192.168.5.0 0.0.0.3
  network 192.168.6.0 0.0.0.3
  network 192.168.200.0 0.0.0.255
#
 ip route-static 0.0.0.0 0.0.0.0 192.168.200.2
#
 sysname FW1
#
 router id 3.3.3.3
#
policy interzone trust untrust outbound
 policy 0
  action permit
  policy source 192.168.0.0 0.0.255.255
#
nat-policy interzone trust untrust outbound
 policy 1
  action source-nat
  policy source 192.168.0.0 0.0.255.255
  easy-ip GigabitEthernet0/0/6
#
return
<FW1>
```

（10）查看主机 PC1 访问主机 PC3 的结果，如图 5.19 所示。

（11）查看本地主机访问 Internet（地址为 www.16*.com）的结果，可以看出其 IP 地址为 111.32.151.14，如图 5.20 所示。

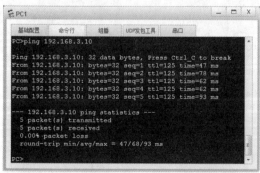

图 5.19　查看主机 PC1 访问主机 PC3 的结果　　　　图 5.20　查看本地主机访问 Internet 的结果

（12）查看主机 PC1 访问 IP 地址 111.32.151.14 的结果，如图 5.21 所示。

（13）查看主机 PC3 访问 IP 地址 111.32.151.14 的结果，如图 5.22 所示。

图 5.21　查看主机 PC1 访问 IP 地址 111.32.151.14 的结果　图 5.22　查看主机 PC3 访问 IP 地址 111.32.151.14 的结果

5.5　VPN 技术

随着企业网应用的不断增多，企业网的范围也不断扩大，从一个本地网络发展到一个跨地区、跨城市甚至是跨国的网络。采用传统的广域网方式建立企业网，往往需要租用昂贵的跨地区数字专线网络。如果只依赖公共网络，则企业的信息安全得不到保证。为了解决这个问题，VPN 应运而生，可以说 VPN 是企业网在公共网络中的延伸。VPN 可以提供与专用网络一样的安全性、可管理性和传输性能，而建设、运转和维护网络的工作也从企业内部的 IT 部门剥离出来，交由运营商负责。

5.5.1　VPN 技术概述

VPN 属于远程访问技术，简单地说就是利用公共网络架设专用网络。例如，某公司的员工出差到外地，想访问企业内网的服务器资源，这种访问就属于远程访问。

在传统的企业网配置中，要进行远程访问，传统的方法是租用数字专线或帧中继，这样的通信方案必然导致高昂的网络通信和维护费用。对于移动用户（移动办公人员）与远端个人用户，一般会通过拨号线路进入企业的局域网，但这种方法会带来安全上的隐患。

想让外地员工访问到内网资源，可以利用 VPN 技术。在内网中架设一台 VPN 服务器，外地员工在当地接入互联网后，通过互联网连接 VPN 服务器，并通过 VPN 服务器进入企业内网。为了保证数据安全，VPN 服务器和客户机之间的通信数据都进行了加密处理。有了数据加密，就可以认为数据是在一条专用的数据链路上进行的安全传输，就如同专门架设了一个专用网络。但实际上 VPN 使用的是互联网上的公共链路，其实质是利用加密技术在公共网络中封装出一个数据通信隧道。有了 VPN 技术，用户无论是在外地出差还是在家中办公，只要能接入互联网，就可以利用 VPN 访问企业内网资源，这就是 VPN 在企业中应用如此广泛的原因。

1. VPN 的定义

VPN 是指通过综合利用访问控制技术和加密技术，并通过一定的密钥管理机制，在公共网络中建立起安全的"专用"网络，实现数据在"加密管道"中进行安全传输的技术。通过 VPN，可以利用公共网络发送专用信息，形成逻辑上的专用网络，以在不安全的公共网络中建立一个安全的专用网络。

VPN 利用特殊设计的硬件和软件，通过共享的 IP 网络建立隧道来实现通信。通常将 VPN 当作广域网（Wide Area Network，WAN）解决方案，但它也可以简单地应用于局域网。VPN 类似于使用点对点直接拨号连接或租用线路连接，但它是以交换和路由的方式工作的。

V5-10　VPN 技术概述

2. VPN 的主要特点

VPN 是平衡 Internet 适用性和价格优势的最有前途的通信手段之一。利用共享的 IP 网络建立 VPN 连接，可以降低企业对昂贵租用线路和复杂远程访问方案的依赖性。VPN 具有以下几个特点。

（1）安全性。VPN 用加密技术对经过隧道传输的数据进行加密，以保证数据仅被指定的发送方和接收方了解，从而保证了数据的私有性和安全性。

（2）专用性。VPN 在非面向连接的公共网络中建立了一个逻辑的、点对点的连接，称为建立一个隧道。隧道的双方进行数据的加密传输，就像真正的专用网络一样。

（3）经济性。VPN 可以减少移动用户和一些小型的分支机构的网络开销，不仅可以大幅度削减传输数据的开销，还可以削减传输语音的开销。

（4）扩展性和灵活性。VPN 能够支持通过 Internet 和外联网（Extranet）的任何类型的数据流，方便增加新的节点，支持多种类型的传输介质，可以满足同时传输语音、图像、数据等的新应用对高质量传输以及带宽增加的需求。

3. VPN 的工作过程

一条 VPN 连接由客户机、隧道和服务器 3 部分组成。VPN 系统使分布在不同地方的专用网络在不可信任的公共网络中也能安全通信。它采用了复杂的算法来加密传输的数据，保证敏感的数据不会被窃听。其工作过程如下。

（1）要保护的主机发送明文信息到连接公共网络的 VPN 设备。

（2）VPN 设备根据网络管理员设置的规则，确定是对数据进行加密还是直接传输。

（3）对于需要加密的数据，VPN 设备对其整个数据包（包括要传输的数据、源 IP 地址和目的 IP 地址）进行加密并附上数据签名，加上新的数据报头（包括目的 VPN 设备需要的安全信息和一些初始化参数）重新封装。

（4）将封装后的数据包通过隧道在公共网络中传输。

（5）数据包到达目的 VPN 设备后，将其解封，核对数字签名无误后，对数据包进行解密。

5.5.2 VPN 的分类

VPN 可以按以下几个标准进行分类。

1. 按 VPN 的隧道协议分类

VPN 的隧道协议主要有 PPTP、L2TP、二层转发（Layer 2 Forwarding，L2F）协议、通用路由封装（Generic Routing Encapsulation，GRE）协议、IPSec 协议，其中 PPTP 和 L2TP 工作在 OSI 参考模型的第二层，又称为二层隧道协议；GRE、IPSec 协议工作在 OSI 参考模型的第三层，又称为三层隧道协议。

2. 按 VPN 的实现方式分类

VPN 按实现方式可分为以下 4 种。

（1）VPN 服务器：在大型局域网中，可以通过在网络中心中搭建 VPN 服务器的方法实现 VPN。

（2）软件 VPN：可以通过专用的软件实现 VPN。

（3）硬件 VPN：可以通过专用的硬件实现 VPN。

（4）集成 VPN：某些硬件设备，如路由器、防火墙等，都含有 VPN 功能，具有 VPN 功能的硬件设备通常较贵。

3. 按 VPN 的服务类型分类

VPN 按服务类型可以分为远程接入 VPN（Access VPN）、企业内部 VPN（Intranet VPN）和企业扩展 VPN（Extranet VPN）3 种。

（1）Access VPN

Access VPN 用于实现客户端到网关的连接，使用公共网络作为骨干网在设备之间传输 VPN 数据流量。如图 5.23 所示，Access VPN 通过一个与专用网络拥有相同策略的共享基础设施，提供对企业内部网络或外部网络的远程访问。Access VPN 能使用户随时随地以其所需的方式访问企业资源。Access VPN 使用了模拟、拨号、ISDN、x 数字用户线（x Digital Subscribe Line，xDSL）、移动 IP 和电缆技术，能够安全地连接移动用户、远程工作者或分支机构。

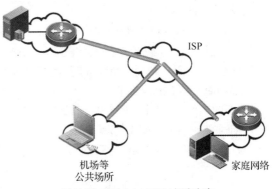

图 5.23　Access VPN 解决方案

Access VPN 非常适合企业内部经常有出差员工远程办公的情况。出差员工利用当地 ISP 提供的 VPN 服务，就可以和企业的 VPN 网关建立私有的隧道连接。RADIUS 服务器可对出差员工进行验证和授权，保证连接的安全，同时使企业负担的花费大大降低。

Access VPN 的优点如下。

① 减少了用于相关调制解调器和终端服务设备的费用，简化了网络。

② 实现了本地拨号接入的功能，以取代远距离接入，这样能显著降低远距离通信的费用。

③ 具有极大的可扩展性，可简便地对加入网络的新用户进行调度。

④ 远端验证拨入用户服务（RADIUS）基于标准、基于策略功能的安全服务。

（2）Intranet VPN

Intranet VPN 用于实现网关到网关的连接，通过企业的网络架构连接来自同一个企业的资源。它是企业的总部与分支机构之间通过公共网络构筑的虚拟网，是一种网络到网络以对等的方式连接起来所组成的 VPN，如图 5.24 所示。

Intranet VPN 的优点如下。

① 减少了 WAN 带宽的费用。

② 能使用灵活的拓扑结构，包括全网连接。

③ 能更快、更容易地连接新的站点。

④ 通过 ISP WAN 的连接冗余，可以延长网络的可用时间。

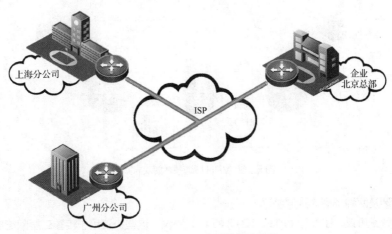

图 5.24　Intranet VPN 解决方案

（3）Extranet VPN

企业与其合作伙伴的网络一起构成 Extranet，Extranet VPN 用于对一个企业与另一个企业的资源进行连接。它通过使用连接的共享基础设施，将客户、供应商、合作伙伴或兴趣群体连接到企业内部网络，如图 5.25 所示。该企业拥有与专用网络相同的政策，包括安全、服务质量、可管理性和可靠性。

Extranet VPN 的优点如下。

① 能更容易地对外部网络进行部署和管理，外部网络的连接可以使用与部署内部网络及远端访问 VPN 相同的架构和协议进行部署。

② 外部网络的用户被许可只有一次机会连接到其合作伙伴的网络。

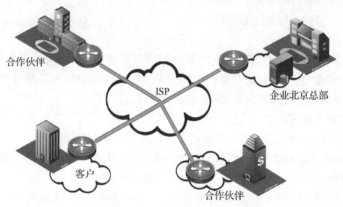

图 5.25　Extranet VPN 解决方案

5.5.3　VPN 使用的主要技术

VPN 主要使用了隧道技术、加密/解密（Encryption/Decryption）技术、密钥管理（Key Management）技术和身份认证技术。

1. 隧道技术

隧道技术指的是利用一种网络协议来传输另一种网络协议。它主要利用隧道协议来实现这种功能。其解决方案如图 5.26 所示。

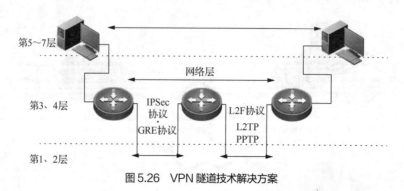

图 5.26　VPN 隧道技术解决方案

隧道技术涉及两种类型的隧道协议。

（1）二层隧道协议，主要有 PPTP、L2TP 和 L2F 协议，这些协议用于传输二层网络协议，以构建 Access VPN 和 Extranet VPN。

（2）三层隧道协议，主要有 GRE 协议、IPSec 协议，这两种协议用于传输三层网络协议，以构建 Intranet VPN 和 Extranet VPN。

2. 加密/解密技术

为确保私有资料在传输过程中不被其他人浏览、窃取或篡改，可以使用 SSH、S/MIME 协议。

3. 密钥管理技术

密钥管理的主要任务就是保证在开放网络环境中安全地传输密钥而不被黑客窃取。互联网密钥交换（Internet Key Exchange，IKE）协议用于通信双方协商和建立安全联盟，并交换密钥。

4. 身份认证技术

网络中的用户与设备都需要确定性的身份认证，可以使用用户名和密码[密码认证协议（Password Authentication Protocol，PAP）、挑战握手认证协议（Challenge Handshake Authentication Protocol，CHAP）]、数字证书签发中心所发出的符合 X.509 规范的标准数字证书、IKE 协议提供的预共享密钥（Pre-Shared Key，PSK）、公钥加密验证、数字签名验证等验证方法进行身份认证。其中，最后两种方法通过对 CA 的支持来实现。

5.6 GRE 与 IPSec 协议

随着 Internet 的发展，越来越多的企业直接通过 Internet 进行互联，但由于 IP 未考虑安全性，而且 Internet 中有大量的不可靠用户和网络设备，用户业务数据要穿越未知网络，根本无法保证数据的安全性，数据易被伪造、篡改或窃取。因此，迫切需要一种兼容 IP 的通用的网络安全方案。

为了解决上述问题，GRE、IPSec 协议应运而生。

5.6.1 GRE 协议

GRE 协议可以对某些网络层协议（如互联网分组交换协议、ATM、IPv6、AppleTalk 等）的数据报文进行封装，使这些被封装的数据报文能够在另一个网络层协议（如 IPv4）中传输。

GRE 协议提供了将一种协议的报文封装在另一种协议报文中的机制，是一种三层隧道封装技术，使报文可以通过 GRE 协议隧道进行透明的传输，解决了异种网络的传输问题。

1. GRE 协议的特点

（1）GRE 协议的实现机制简单，对隧道两端的设备造成的负担小。

（2）GRE 协议隧道可以通过 IPv4 网络连通多种网络协议的本地网络，有效利用了原有的网络架构，降低了成本。

（3）GRE 协议隧道扩展了跳数受限网络协议的工作范围，支持企业灵活设计网络拓扑。

（4）GRE 协议隧道可以封装组播数据，和 IPSec 协议结合使用时可以保证语音、视频等组播业务的安全性。

（5）GRE 协议隧道可使用多协议标记交换（Multiple Protocol Label Switching，MPLS）标记分配协议（Label Distribution Protocol，LDP），可承载 MPLS LDP 报文、建立 LDP 链路状态协议（Link State Protocol，LSP）链路，实现 MPLS 骨干网的互通。

（6）GRE 协议隧道可将不连续的子网连接起来，用于组建 VPN，实现企业总部和分公司间的安全连接。

2. GRE 协议封装后的报文格式

使用 GRE 协议封装后的报文格式如图 5.27 所示。

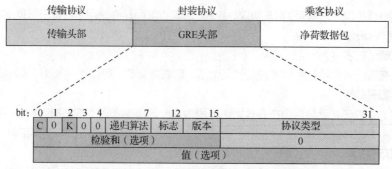

传输协议	封装协议	乘客协议
传输头部	GRE头部	净荷数据包

图 5.27　使用 GRE 协议封装后的报文格式

（1）乘客协议

封装前的报文称为净荷（Payload），净荷协议类型为乘客协议（Passenger Protocol）。

（2）封装协议

GRE 协议头是由封装协议（Encapsulation Protocol）完成并填充的，封装协议也称为运载协议（Carrier Protocol）。

（3）传输协议

负责对封装后的报文进行转发的协议称为传输协议（Delivery Protocol）。

3. GRE 协议隧道

报文在 GRE 协议隧道中传输时包括封装和解封装两个过程。GRE 协议隧道实现 X 协议互通组网的示例如图 5.28 所示，如果 X 协议报文从路由器 AR1 向路由器 AR2 传输，则封装在路由器 AR1 上完成，而解封装在路由器 AR2 上完成。封装后的数据报文在网络中传输的路径称为 GRE 协议隧道。

图 5.28　GRE 协议隧道实现 X 协议互通组网的示例

（1）封装

① 路由器 AR1 从连接 X 协议网络 1 的端口接收到 X 协议报文后，先将其交由 X 协议处理。

② X 协议根据报文头中的目的地址在路由表或转发表中查找出端口，确定转发此报文的方法。如果发现出端口是 GRE 协议隧道端口，则对报文进行 GRE 协议封装，即添加 GRE 协议头。

③ 因为骨干网传输协议为 IP，所以要为报文加上 IP 头。IP 头的源地址就是 GRE 协议隧道源地址，目的地址就是 GRE 协议隧道目的地址。

④ 根据该 IP 头的目的地址，在骨干网路由表中查找相应的出端口并发送报文，封装后的报文将在该骨干网中传输。

（2）解封装

解封装过程与封装过程相反。

① 路由器 AR2 从 GRE 协议隧道端口收到该报文并分析 IP 头后，发现报文的目的地址为 GRE 协议隧道目的地址，则路由器 AR2 剥掉 IP 头后将报文交由 GRE 协议处理。

② GRE 协议剥掉 GRE 协议头，获取 X 协议报文，再交由 X 协议对此数据报文进行后续处理。

5.6.2 IPSec 协议

IPSec 协议是对 IP 的安全性补充，其工作在网络层，为 IP 网络通信提供透明的安全服务。

IPSec 是由因特网工程任务组（Internet Engineering Task Force，IETF）制定的一组开放的网络安全协议。它并不是一个单独的协议，而是一系列为 IP 网络提供安全性的协议和服务的集合，包括鉴别头（Authentication Header，AH）和封装安全负载（Encapsulating Security Payload，ESP）这两个安全协议、密钥交换协议和用于认证及加密的一些算法，如图 5.29 所示。通过这些协议，可在两台设备之间建立一条 IPSec 隧道，数据通过 IPSec 隧道进行转发，以保护数据的安全。

安全协议	ESP			AH		
加密	DES	3DES	AES			
认证	MD5	SHA1	SHA2	MD5	SHA1	SHA2
密钥交换	IKE（ISAKMP、DH）					

图 5.29　IPSec 体系

1. 安全协议

IPSec 使用 AH 和 ESP 这两种 IP 传输层协议来提供认证及加密等安全服务。

（1）AH

AH 协议仅支持认证功能，不支持加密功能。AH 会在每一个数据包的标准 IP 头后面添加一个 AH 头，AH 协议对数据包和认证密钥进行哈希计算，接收方收到带有计算结果的数据包后，执行同样的哈希计算并与原计算结果进行比较，传输过程中对数据的任何更改都将使计算结果无效，这样就提供了数据来源认证和数据完整性校验。AH 协议的完整性验证范围为整个 IP 报文。

（2）ESP 协议

ESP 协议支持认证和加密功能。ESP 协议会在每一个数据包的标准 IP 头后面添加一个 ESP 头，并在数据包后面追加一个 ESP 尾（ESP 尾和 ESP 源数据认证和完整性校验）。与 AH 协议不同的是，ESP 协议会先对数据中的有效载荷进行加密后再将其封装到数据包中，以保证数据的保密性，但 ESP 协议没有对 IP 头的内容进行保护，除非 IP 头被封装在 ESP 协议内部（采用隧道模式）。

2. 封装模式

封装模式是指将 AH 或 ESP 协议的相关字段插入原始 IP 报文中，以实现对报文的认证和加密。封装模式有传输模式和隧道模式两种。

（1）传输模式

在传输模式中，AH 头或 ESP 头被插入 IP 头与传输层协议头之间，以保护 TCP/UDP/ICMP 负载。因为传输模式未添加额外的 IP 头，所以原始报文中的 IP 地址在加密后报文的 IP 头中可见，以 TCP 报文为例，原始报文经过传输模式封装后的报文格式如图 5.30 所示。

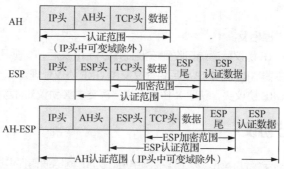

图 5.30　TCP 报文经过传输模式封装后的报文格式

在传输模式中，与 AH 协议相比，ESP 协议的完整性验证范围不包括 IP 头，无法保证 IP 头的安全性。

（2）隧道模式

在隧道模式中，AH 头或 ESP 头被插入原始 IP 头之前，另外生成一个新的报文头放到 AH 头或 ESP 头之前，以保护 IP 头和负载。以 TCP 报文为例，原始报文经过隧道模式封装后的报文格式如图 5.31 所示。

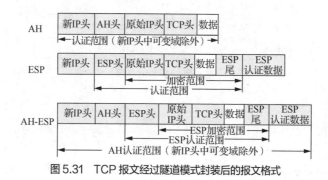

图 5.31　TCP 报文经过隧道模式封装后的报文格式

在隧道模式中，与 AH 协议相比，ESP 协议的完整性认证范围不包括新 IP 头，无法保证新 IP 头的安全。

传输模式和隧道模式的区别如下。

① 从安全性来讲，隧道模式优于传输模式。它可以完全地对原始 IP 数据报进行认证和加密。隧道模式下可以隐藏内部 IP 地址、协议类型和端口。

② 从性能来讲，隧道模式有一个额外的 IP 头，比传输模式占用更多带宽。

③ 从场景来讲，传输模式主要用于两台主机之间或一台主机和一台 VPN 网关之间的通信；隧道模式主要用于两台 VPN 网关之间或一台主机和一台 VPN 网关之间的通信。

当安全协议同时采用 AH 和 ESP 协议时，AH 和 ESP 协议必须采用相同的封装模式。

3. 加密和认证

IPSec 协议提供了两种安全机制：加密和认证。其中，加密机制保证了数据的保密性，防止数据在传输过程中被窃听；认证机制保证了数据真实可靠，防止数据在传输过程中被仿冒和篡改。

（1）加密

IPSec 协议采用对称加密算法对数据进行加密和解密。如图 5.32 所示，IPSec 发送方和 IPSec 接收方使用相同的密钥进行加密、解密。

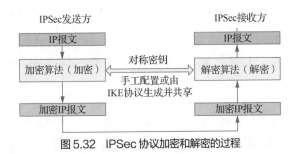

图 5.32　IPSec 协议加密和解密的过程

用于加密和解密的对称密钥可以手工配置，也可以通过 IKE 协议自动协商生成。

常用的对称加密算法包括 DES、3DES、AES、SM1（Senior Middle 1）和 SM4（Senior Middle 4）算法。其中，DES 和 3DES 算法的安全性低，存在安全风险，不推荐使用。

（2）认证

IPSec 协议的加密功能无法认证解密后的信息是否为原始发送的信息或是否完整。IPSec 协议采用了密钥散列消息认证码（Hash Message Authentication Code，HMAC）功能，比较数字签名以进行数据包完整性和真实性认证。

通常情况下，加密和认证需要配合使用。如图 5.33 所示，在 IPSec 发送方，加密后的报文通过认证算法和对称密钥生成数字签名，IP 报文和数字签名同时被发送给 IPSec 接收方[数字签名填写在 AH 和 ESP 头的完整性校验值（Integrity Check Value，ICV）字段中]；在 IPSec 接收方，使用相同的认证算法和对称密钥对加密报文进行处理，同样得到数字签名，再通过比较数字签名进行数据完整性和真实性认证。将认证不通过的报文直接丢弃，对认证通过的报文进行解密。

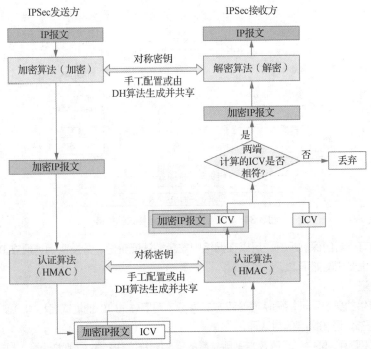

图 5.33　IPSec 协议认证的过程

同加密一样，用于认证的对称密钥也可以手工配置，或者通过 IKE 协议自动协商生成。

常用的认证算法包括 MD5、SHA1、SHA2 和 SM3 算法。其中，MD5 和 SHA1 算法的安全性低，存在安全风险，不推荐使用。

4. 密钥交换

使用对称密钥进行加密、认证时，如何安全地共享密钥是一个很重要的问题。有以下两种方法可以解决这个问题。

（1）带外共享密钥

在发送、接收设备上手工配置静态的加密、认证密钥。双方通过带外共享的方法（如通过电话或邮件）保证密钥的一致性。这种方法的缺点是安全性低，可扩展性差，在点对多点组网中配置密钥的工作量成倍增加。另外，为提升网络安全性，需要周期性地修改密钥，但这在使用带外共享的方法下很难实施。

（2）使用安全的密钥分发协议

这种方法指通过 IKE 协议自动协商密钥。IKE 协议采用 DH（迪菲-赫尔曼）算法在不安全的网络中安全地分发密钥。这种方法配置简单，可扩展性好，在大型动态的网络环境中更能突出其优势。同时，通信双方通过交换密钥信息来计算共享的密钥，即使第三方截获了双方用于计算密钥的所有信息，也无法计算出真正的密钥，极大地提高了数据的安全性。

IKE 协议建立在 Internet 安全关联（Security Association，SA）和密钥管理协议定义的框架上，是基于 UDP 的应用层协议。它为 IPSec 协议提供了自动协商密钥、建立 IPSec SA 的服务，能够简化 IPSec 协议的配置和维护工作。

IKE 协议与 IPSec 协议的关系如图 5.34 所示，对等体之间通过建立一个 IKE SA 完成身份认证和密钥信息交换后，在 IKE SA 的保护下，根据配置的 AH/ESP 安全协议等参数协商出一对 IPSec SA。此后，对等体间的数据将在 IPSec 隧道中加密传输。IKE SA 是一个双向的逻辑连接，两个对等体间只需建立一个 IKE SA。

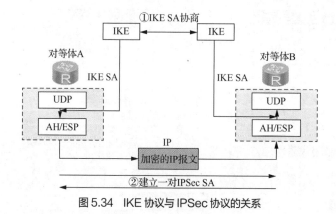

图 5.34　IKE 协议与 IPSec 协议的关系

IKE 协议具有一套自保护机制，可以在网络中安全地认证身份、分发密钥、建立 IPSec SA。

IKE 协议的主要功能如下。

（1）身份认证

IKE 协议提供的身份认证指确认通信双方的身份（对等体的 IP 地址或名称），包括预共享密钥认证、RSA 数字证书认证和数字信封认证。

① 在预共享密钥认证中，通信双方采用共享的密钥对报文进行散列函数计算，判断双方的计算结果是否相同。如果相同，则认证通过，否则认证失败。当有一个对等体对应多个对等体时，需要为每个对等体配置预共享密钥，该方法在小型网络中容易建立，但安全性较低。

② 在 RSA 数字证书认证中，通信双方使用 CA 颁发的证书进行数字证书合法性认证，双方各有

自己的公钥（网络中传输）和私钥（自己持有）。发送方对原始报文进行散列函数计算，并用自己的私钥对报文计算结果进行加密，生成数字签名。接收方使用发送方的公钥对数字签名进行解密，并对报文进行散列函数计算，判断计算结果与解密后的结果是否相同。如果相同，则认证通过，否则认证失败。使用 RSA 数字证书安全性高，但需要 CA 来颁发数字证书，适合在大型网络中使用。

③ 在数字信封认证中，发送方先随机产生一个对称密钥，使用接收方的公钥对此对称密钥进行加密（被公钥加密的对称密钥称为数字信封），发送方使用对称密钥加密报文，同时用自己的私钥生成数字签名。接收方用自己的私钥解密数字信封得到对称密钥，再用对称密钥解密报文，同时根据发送方的公钥对数字签名进行解密，验证发送方的数字签名是否正确。如果正确，则认证通过，否则认证失败。数字信封认证在设备需要符合国家密码管理局的要求时使用，此认证方法只在 IKEv1 协议的主模式协商过程中支持。IKE 协议支持的认证算法包括 MD5、SHA1、SHA2-256、SHA2-384、SHA2-512 和 SM3 算法。

（2）身份保护

身份数据在密钥产生之后加密传输，实现了对身份数据的保护。IKE 协议支持的加密算法包括DES、3DES、AES-128、AES-192、AES-256、SM1 和 SM4 算法。

本章小结

本章包含 6 节。

5.1 节防火墙概述，主要讲解了防火墙的基本概念、防火墙端口区域及控制策略。

5.2 节防火墙的分类，主要讲解了防火墙按使用技术分类、防火墙按实现方式分类。

5.3 节防火墙的应用模式，主要讲解了防火墙的体系架构、防火墙的工作模式。

5.4 节防火墙设备的连接与配置，主要讲解了防火墙设备连接、防火墙设备配置。

5.5 节 VPN 技术，主要讲解了 VPN 技术概述、VPN 的分类、VPN 使用的主要技术。

5.6 节 GRE 与 IPSec 协议，主要讲解了 GRE 协议、IPSec 协议。

课后习题

1. 选择题

（1）屏蔽主机防火墙采用的技术基于（　　　）。

    A. 包过滤技术　　　　B. 应用网关技术　　　　C. 代理服务技术　　　　D. 3 种技术的结合

（2）华为防火墙 DMZ 的默认优先级为（　　　）。

    A. 5　　　　　　　　　B. 50　　　　　　　　　C. 85　　　　　　　　　D. 100

（3）华为防火墙信任区域的默认优先级为（　　　）。

    A. 5　　　　　　　　　B. 50　　　　　　　　　C. 85　　　　　　　　　D. 100

（4）华为防火墙非信任区域的默认优先级为（　　　）。

    A. 5　　　　　　　　　B. 50　　　　　　　　　C. 85　　　　　　　　　D. 100

（5）防火墙中地址翻译的主要作用是（　　　）。

    A. 提供代理服务　　　B. 进行入侵检测　　　　C. 防止病毒入侵　　　　D. 隐藏内部网络地址

（6）随着 Internet 的发展和防火墙的更新，防火墙将被取代的功能包含（　　　）。

    A. 使用 IP 加密技术　　　　　　　　　　　　　B. 日志分析工具

    C. 攻击检测和报警　　　　　　　　　　　　　D. 对访问行为实施静态、固定的控制

（7）屏蔽主机体系架构的优点是（　　　）。

    A. 此类型防火墙的安全级别较高

    B. 如果路由表遭到破坏，则数据包会路由到堡垒主机上

    C. 使用此结构时，必须关闭双宿主主机上的路由分配功能

    D. 此类型防火墙结构简单，方便部署

（8）IPSec 是开放的 VPN 协议，对它的描述有误的是（　　　）。

    A. 适用于向 IPv6 迁移　　　　　　　　B. 提供在网络层上的数据加密保护

    C. 支持动态的 IP 地址分配　　　　　　D. 不支持除 TCP/IP 外的其他协议

（9）在防火墙技术中，代理服务技术又称为（　　　）。

    A. 帧过滤技术　　　B. 应用层网关技术　　　C. 动态包过滤技术　　D. 网络层过滤技术

（10）最大的优点是对用户透明，并且隐藏真实 IP 地址，同时解决合法 IP 地址不够用的问题，这种防火墙技术称为（　　　）。

    A. 包过滤技术　　　B. 状态检测技术　　　C. 代理服务技术　　　D. 以上都不正确

（11）在防火墙技术中，代理服务技术的最大优点是（　　　）。

    A. 透明　　　　　　B. 有限的连接　　　　C. 有限的性能　　　　D. 有限的应用

（12）在防火墙体系架构中，使用（　　　）时必须关闭双宿主主机上的路由分配功能。

    A. 筛选路由器　　　　　　　　　　　　B. 双宿主主机体系架构

    C. 屏蔽主机体系架构　　　　　　　　　D. 屏蔽子网体系架构

（13）当某一服务器需要同时为内网用户和外网用户提供安全可靠的服务时，该服务器一般要置于防火墙的（　　　）。

    A. 内部　　　　　　B. 外部　　　　　　　C. DMZ　　　　　　　D. 都可以

（14）以下关于传统防火墙的描述中不正确的是（　　　）。

    A. 既可防内，又可防外

    B. 存在结构限制，无法适应当前有线和无线并存的需要

    C. 工作效率较低，如果硬件配置较低或参数配置不当，则防火墙将形成网络瓶颈

    D. 容易出现单点故障

（15）防火墙采用的简单的技术是（　　　）。

    A. 安装保护卡　　　B. 隔离　　　　　　　C. 包过滤　　　　　　D. 设置进入密码

（16）最适用于公司内部经常有流动人员远程办公的 VPN 方式是（　　　）。

    A. Access VPN　　　B. Intranet VPN　　　C. Extranet VPN　　　D. Trunk VPN

（17）【多选】下列 VPN 隧道属于三层协议的是（　　　）。

    A. PPTP　　　　　　B. L2TP　　　　　　　C. IPSec 协议　　　　D. GRE 协议

（18）【多选】对于防火墙的设计准则，业界有一个非常著名的标准，即两个基本的策略（　　　）。

    A. 允许从内部站点访问 Internet 而不允许从 Internet 访问内部站点

    B. 没有明确允许的就是禁止的

    C. 没有明确禁止的就是允许的

    D. 只允许从 Internet 访问特定的系统

（19）【多选】防火墙的主要优点有（　　　）。

    A. 增强了网络安全性　　　　　　　　　B. 提供集中的安全管理

    C. 提供对系统的访问控制　　　　　　　D. 能有效地记录网络访问情况

（20）【多选】VPN 的主要特点有（　　　）。

    A. 安全性　　　　　B. 专用性　　　　　C. 经济性　　　　　D. 扩展性和灵活性

（21）【多选】VPN 使用的主要技术有（　　　）。

    A. 隧道技术　　　　B. 加解密技术　　　C. 密钥管理技术　　D. 身份认证技术

（22）【多选】防火墙的工作模式有（　　　）。

    A. 路由工作模式　　B. 透明工作模式　　C. NAT 工作模式　　D. 以上都不是

2. 简答题

（1）简述防火墙的定义。

（2）简述防火墙的功能。

（3）简述防火墙的优缺点。

（4）简述防火墙的端口区域及控制策略。

（5）简述防火墙按使用技术可划分的类型。

（6）简述防火墙的体系架构。

（7）简述 VPN 的主要特点。

（8）简述 VPN 按服务类型可划分的种类。

第6章
无线网络安全技术

06

本章主要讲解 WLAN 技术的基本概念、WLAN 的优势与不足、WLAN 的攻击与安全机制、WLAN 配置的基本思路以及 WLAN 配置的方法等。

【学习目标】

① 掌握 WLAN 技术的基本概念。
② 理解 WLAN 技术的优势与不足。
③ 掌握 WLAN 的攻击与安全机制。

④ 掌握 WLAN 配置的基本思路。
⑤ 理解 WLAN 配置的方法。

【素养目标】

① 培养自我学习的能力和习惯。

② 培养工匠精神，要求做事严谨、精益求精、着眼细节、爱岗敬业。

6.1 WLAN 技术概述

无线局域网（Wireless Local Area Network，WLAN）是指应用无线通信技术将计算机设备互联起来，构成可以互相通信和实现资源共享的网络体系。WLAN 的本质特点是不再使用通信电缆来连接计算机与网络，而是通过无线的方式连接，从而使网络的构建和终端的移动更加灵活。它是相当便利的数据传输系统，它采用射频（Radio Frequency，RF）技术，使用电磁波在空中进行通信连接，存取架构非常简单。用户通过它可实现"信息随身化，便利走天下"。

在 WLAN 发明之前，人们要想通过网络进行联络和通信，必须先用物理线缆组建一个电子通路。随着网络规模的不断扩大，人们发现这种有线网络无论是组建、拆装，还是在原有基础上进行重新布局和改建，都非常困难，且成本高昂。因此，WLAN 组网方式应运而生。

6.1.1 WLAN 技术简介

WLAN 起步于 1997 年。1997 年 6 月，第一个 WLAN 标准 IEEE 802.11 正式颁布并实施，为 WLAN 技术提供了统一标准，但当时的传输速率只有 1～2Mbit/s。随后，IEEE 又开始制定新的 WLAN 标准，分别将其命名为 IEEE 802.11a 和 IEEE 802.11b。IEEE 802.11b 标准于 1999 年 9 月正式颁布，其传输速率为 11Mbit/s。经过改进的 IEEE 802.11a 标准于 2001 年年底正式颁布，它的传输速率可达到 54Mbit/s，几乎是 IEEE 802.11b 标准的 5 倍。尽管如此，WLAN 的应用并未真正开始，因为这时 WLAN 的应用环境并不成熟。

WLAN 的真正发展是从 2003 年 3 月英特尔公司第一次推出带有无线网卡芯片模块的迅驰处理器开始的。尽管当时 WLAN 的应用环境还非常不成熟，但是由于英特尔公司的捆绑销售，加上迅驰处理器具有高性能、低功耗等显著优点，使得许多 WLAN 服务商看到了商机，且当时 11Mbit/s 的传输速率在一般的小型局域网内已经可以进行一些日常应用，于是各国的 WLAN 服务商开始在公共场所（如机场、宾馆、咖啡厅等）提供热点，实际上就是布置一些无线访问点（Access Point，AP），方便移动商务人士无线上网。当时，基于 IEEE 802.11b 标准的 WLAN 产品和应用已相当成熟，但 11Mbit/s 的传输速率还远远不能满足实际的网络应用需求。

2003 年 6 月，一种兼容 IEEE 802.11b 标准，同时可提供 54Mbit/s 传输速率的新标准——IEEE 802.11g，在 IEEE 的努力下正式发布。

目前使用最多的是 IEEE 802.11n 和 IEEE 802.11ac 标准，它们既可以工作在 2.4GHz 频段，又可以工作在 5GHz 频段。但严格来说，只有支持 IEEE 802.11ac 标准的网络才是真正的"5G 网络"，目前支持 2.4GHz 和 5GHz 双频的路由器其实大部分只支持 IEEE 802.11n 标准。

4G 网络的下行极限速率为 150Mbit/s，理论传输速率可达 600Mbit/s；5G 网络的下行极限速率为 1Gbit/s，理论传输速率可达 10Gbit/s。

6.1.2　WLAN 的优势与不足

WLAN 的优势与不足如下。

1. WLAN 的优势

（1）具有灵活性和移动性。在有线网络中，网络设备的安放位置受网络位置的限制，而 WLAN 在无线信号覆盖区域内的任何一个位置都可以接入网络，且连接到 WLAN 的用户可以在移动的情况下与网络保持连接。

（2）安装便捷。WLAN 可以最大限度地减少或免去网络布线的工作，一般只要安装一台或多台接入点设备，就可建立覆盖整个区域的局域网。

（3）易于进行网络规划和调整。对有线网络来说，办公地点或网络拓扑的改变通常意味着重新布线。重新布线是一个昂贵、费时、费力的过程，WLAN 可以减少或避免以上情况的发生。

V6-1　WLAN 的
优势与不足

（4）易于定位故障。有线网络出现物理故障时，尤其是由线路连接不良造成的网络中断，往往很难查明，且检修线路需要付出很大的代价。而 WLAN 很容易定位故障，只需更换故障设备即可恢复网络连接。

（5）易于扩展。WLAN 有多种配置方式，可以很快从只有几个用户的小型局域网扩展到有上千个用户的大型网络，并且能够提供节点间"漫游"等有线网络无法实现的特性。

由于 WLAN 具有以上优势，其发展得十分迅速。近几年来，WLAN 已经在企业、医院、商店、工厂和学校等场合得到了广泛应用。

2. WLAN 的不足

WLAN 在给网络用户带来便捷和实用的同时，也存在着一些不足，其不足之处体现在以下几个方面。

（1）性能易受影响。WLAN 是依靠电磁波进行传输的，电磁波通过无线发射装置进行发射，而建筑物、车辆、树木和其他障碍物等都可能阻碍电磁波的传输，从而影响网络的性能。

（2）速率较低。无线信道的传输速率与有线信道相比要低得多。WLAN 的最大传输速率为 1Gbit/s，只适用于个人终端和小规模网络。

（3）安全性差。电磁波不要求建立物理连接通道，无线信号是发散的。从理论上讲，电磁波广播范围内的任何信号都很容易被监听，从而造成通信信息泄露。

6.2 WLAN 的攻击与安全机制

目前，WLAN 受到大量安全风险和安全问题的困扰，如来自黑客的攻击、未认证的用户获得存取权限、被黑客窃听等。如果没有有效的安全机制来保障网络安全，WLAN 很容易成为整个网络的攻击入口。

6.2.1 WLAN 常见的攻击方式

WLAN 可能受到的攻击分为两类，一类是针对网络访问控制、数据保密性和数据完整性进行的攻击，这类攻击在有线环境下也会发生；另一类是由无线介质本身的特性决定的，攻击者利用 WLAN 设计、部署和维护的独特方式进行攻击。

1. WEP 中存在的弱点

IEEE 制定的 802.11 标准最早是在 1999 年发布的，它描述了 WLAN 和无线城域网（Wireless Metropolitan Area Network，WMAN）的物理层的规范。为了防止出现无线网络用户偶然窃听的情况并提供与有线网络中功能等效的安全措施，IEEE 引入了有线等效保密（Wired Equivalent Privacy，WEP）算法。和许多新技术一样，最初设计的 WEP 被专家发现存在许多严重的弱点，并利用已经发现的弱点攻破了 WEP 声称具有的所有安全控制功能。总体来说，WEP 在以下方面存在弱点。

（1）整体设计。在无线环境中，不使用保密措施是具有很大风险的，但 WEP 协议只是 802.11 标准设备实现的一个可选项。

（2）加密算法。WEP 中的初始化向量（Initialization Vector，IV）具有位数太短和初始化复位设计，容易出现重用现象，从而被人破解密钥。而用于流加密的 RC4 算法，其前 256 字节数据中的密钥存在弱点，目前还没有任何一种实现方案能修正这个弱点。此外，用于对明文进行完整性校验的循环冗余校验（Cyclic Redundancy Check，CRC）码只能确保数据正确传输，并不能保证其未被修改，因而它并不是安全的校验码。

（3）密钥管理。802.11 标准指出，WEP 使用的密钥需要接受外部密钥管理系统的控制。外部控制可以减少 IV 的冲突数量，使得无线网络难以被攻破。但是这个过程非常复杂，并且需要手工操作。因而很多网络的部署者更倾向于使用默认的 WEP 密钥，这使得黑客为破解密钥所做的工作大大减少。此外，一些高级的解决方案（如 RADIUS）需要使用额外资源，实施成本较高。

（4）用户行为。许多用户不会修改默认的配置选项，这使得黑客可以很容易地推断出或猜出密钥。

2. 执行搜索

NetStumbler 是第一款被广泛用来进行无线网卡信号侦测的软件。据统计，有超过 50% 的无线网络是不使用加密功能的。通常即使加密功能处于活动状态，无线 AP 广播信息中仍然包括许多可以用来推断出 WEP 密钥的明文信息，如网络名称、服务集标识符（Service Set Identifier，SSID）等。

3. 窃听、截取和网络监听

窃听是指偷听流经网络的计算机通信的电子形式。它是以被动和无法觉察的方式入侵检测设备的。即使网络不对外广播网络信息，只要能够发现任何明文信息，攻击者就可以使用一些网络工具，如 Ethereal 和 TCPDump 来监听和分析通信量，从而识别出可以破坏的信息。截取和网络监听使用 VPN、SSL 来防止无线拦截。

截取是指在未经用户同意和认可的情况下攻击者获得了信息或相关数据。

网络监听是一种监视网络状态、数据流量以及网络中信息传输的管理工具，它可以将网络接口设定为监听模式，并且可以截获网络中所传输的信息。也就是说，当黑客登录网络主机并取得超级用户权限后，若要登录其他主机，则可以利用网络监听有效地截获网络中的数据。

4. 欺骗和非授权访问

因为 TCP/IP 设计的原因，其几乎无法防止 MAC/IP 地址欺骗，只有通过静态定义 MAC 地址表才能防止这种类型的攻击。但是这种方案的管理负担巨大，很少被采用。通过智能事件记录和监控日志可以对付已经出现过的欺骗。当攻击者试图连接到网络的时候，简单地让另一个节点重新向 AP 提交身份验证请求就可以很容易地通过 WLAN 身份验证。许多无线设备提供商允许终端用户通过使用设备附带的配置工具，重新定义网卡的 MAC 地址。使用外部双因子身份验证，如 RADIUS 或 SecurID，可以防止非授权用户访问 WLAN 及其连接的资源，并对需要经过强认证才能访问的资源进行严格的限制。

5. 网络接管与篡改

同样因为 TCP/IP 设计的原因，某些技术可供攻击者接管为 WLAN 上的其他资源建立网络连接。如果攻击者接管了某个 AP，那么所有来自无线网络的通信流量都会传到攻击者的机器上，包括其他用户试图访问合法网络主机时需要使用的密码和其他信息。欺诈 AP 可以让攻击者从有线网络或无线网进行远程访问，且这种攻击通常不会引起用户的重视。用户通常会在毫无防备的情况下输入自己的身份验证信息，甚至在接收到许多 SSL 错误或其他密钥错误的通知之后也是如此，这使得攻击者可以继续接管连接，而不必担心被用户发现。

6. DoS 攻击

无线信号传输的特性和 AP 设备专门使用的扩频技术，使得无线网络特别容易受到 DoS 攻击的威胁。要造成 DoS 攻击，第一种手段是让不同的设备使用相同的频率，从而造成无线频谱内部出现冲突；第二种可能的手段是发送大量非法（或合法）的身份验证请求；第三种手段是攻击者接管 AP，并且不把通信流量传递到恰当的目的地，这样所有的网络用户都将无法使用网络。无线攻击者可以利用高性能的方向性天线，从很远的地方攻击无线网络。已经获得有线网络访问权的攻击者，可以通过发送无线 AP 无法处理的通信流量来进行攻击。

7. 恶意软件

恶意软件是凭借技巧定制的应用程序，攻击者可以通过它直接到用户系统中查找、访问信息。例如，访问用户系统的注册表或其他存储位置，以便获取 WEP 密钥并把它发送回攻击者的机器上。注意，使软件保持更新，并切断攻击的可能来源（Web 浏览器、电子邮件、运行不当的服务器服务等），都是可以避免恶意软件攻击的保护措施。

8. 偷窃用户设备

只要得到了一块无线网卡，攻击者就可以拥有一个使用无线网络的合法 MAC 地址。也就是说，如果终端用户的笔记本电脑被盗，则其丢失的不仅仅是笔记本电脑本身，还包括设备中的身份验证信息，如网络的 SSID 及密钥。而对于别有用心的攻击者而言，这些往往比笔记本电脑本身更有价值。

6.2.2　WLAN 的安全机制

到目前为止，无线网络安全机制主要包括访问控制和信息保密两部分，可以通过 SSID、MAC 地址过滤、WEP、Wi-Fi 保护接入（Wi-Fi Protected Access，WPA）等技术来实现，而最新的 IEEE 802.11i 和无线局域网鉴别与保密基础架构（WLAN Authentication and Privacy Infrastructure，WAPI）则在这些技术的基础上提供了更加安全的保护措施。

1. SSID

SSID 被称为第一代无线安全标识，它用来区分不同的 AP 和客户端，只有客户端的 SSID 与 AP 的一致时，客户端才能接入 AP。当网络中存在多个无线 AP 时，可以设置不同的 SSID，并要求无线工作站出示正确的 SSID 才能访问 AP，这样就可以允许不同群组的用户接入，并对资源访问的权限进行区分限制。这在一定程度上限制了非法用户的接入，但是 IEEE 标准要求广播 SSID，这样所有在覆盖范围之内的无线终端都可以发现 AP 的 SSID。为了提高安全性，一般的策略是在产品中关闭 SSID 的广播，防止无关人员获取 AP 的信息。但是很多无线嗅探器工具可以很容易地在 WLAN 数据中捕获有效的 SSID，因此单靠 SSID 限制用户接入只能提供较低级别的安全服务。

2. MAC 地址过滤

MAC 地址过滤属于硬件认证，而不是用户认证。它针对每块无线工作站的网卡都有唯一的 MAC 地址这一条件，通过在 AP 中手工维护一组允许访问的 MAC 地址表，实现 MAC 地址过滤。这个方案要求 AP 中的 MAC 地址表必须随时更新，可扩展性差，无法实现机器在不同 AP 之间的漫游，且 MAC 地址在理论上可以伪造，因此这也是较低级别的授权认证。

3. WEP 安全机制

WEP 在数据链路层采用了 RC4 对称加密技术，用户的密钥只有与 AP 的密钥相同时才能获准存取网络的资源，从而防止非授权用户的监听以及非法用户的访问。WEP 安全机制通常会和设备中的开放系统认证或共享密钥认证机制结合起来使用。

开放系统认证在明文状态下进行认证，它其实是一个空认证，即它没有验证用户或者设备。开放系统认证可以配置是否启用 WEP，通常会选择启用 WEP 的开放系统认证方式。在这种模式下，客户端可以和任何一个 AP 连接，但拥有错误 WEP 密钥的客户端是不能发送和接收数据的，因为所有的数据都会使用 WEP 进行加密。

共享密钥认证与开放系统认证类似，但是开放系统认证的认证过程不加密，而共享密钥认证使用 WEP 对认证过程进行加密，要求客户端和 AP 有相同的 WEP 密钥。WEP 提供了 64 位和 128 位长度的密钥机制，但是它们仍然存在许多缺陷，如 WEP 没有规定共享密钥的管理方案，通常需要手工进行配置、维护，且一个服务区内的所有用户共享同一个密钥，一个用户丢失或者泄露密钥将使整个网络存在安全隐患。

4. WPA 安全机制

为了克服 WEP 的不足，IEEE 802.11i 工作小组制定了新一代安全标准，即过滤安全网络和强健安全网络。其中，过滤安全网络中规定了在其网络中可以兼容现有的 WEP 方式的设备，使现有的 WLAN 可以向 802.11i 平稳过渡，WPA 就是在这种情况下由 Wi-Fi 联盟提出的一种新的安全机制。WPA 使用 802.1x 和预共享密钥两种方式进行身份验证，当 WPA 使用 802.1x 进行身份验证时，会使用 AES 加密算法进行加密保护，人们称这种机制为 WPA2。

5. WPAI 安全机制

WPAI 是我国自主制定的无线安全标准，它采用了椭圆曲线密码算法和对称密码体系，分别用于 WLAN 设备的数字证书、证书鉴别、密钥协商和传输数据的加密，从而实现设备的身份鉴别、链路验证、访问控制和用户信息在无线传输状态下的加密保护。

与其他 WLAN 安全体制相比，WAPI 的优越性主要体现在以下几个方面。

（1）使用数字证书进行身份验证。

（2）真正实现双向鉴别，确保了客户端和 AP 之间的双向验证。

（3）采用了集中式密钥管理，对局域网内的证书进行统一管理。

（4）具有完善的鉴别协议，由于采用了椭圆曲线密码算法，保障了信息的完整性，安全强度高。

6.3 WLAN 配置实例

WLAN 配置前要先查看接入控制器（Access Controller，AC）和 AP 的软件版本是否一致。AP 既可以进行独立配置，又可以使用 AC 进行配置下发。终端 IP 地址的分配通常使用 AC 进行 DHCP 分配，也可以使用三层交换机进行分配。配置 AC 时，需要进行创建域管理模板、创建 SSID 模板、创建安全策略、创建 VAP 模板、创建 AP 组、添加 AP 等相关操作。

无线 AP 的含义很广，它不仅指无线接入点，还包括无线路由器（如无线网关、无线网桥）等设备，主要提供无线工作站和有线局域网之间的双向访问。在访问接入点覆盖范围内的无线工作站时，可以通过无线 AP 与其他接入点的无线工作站进行相互通信。无线 AP 是用于 WLAN 的无线交换机，也是 WLAN 的核心设备。无线 AP 是移动计算机用户进入有线网络的接入点，主要用于家庭、大楼内部及园区内部，覆盖范围为几十米至上百米，目前采用的主要标准为 IEEE 802.11 系列标准。

下面介绍 WLAN 配置中涉及的几种设备。

AC 是 WLAN 接入控制设备，负责对来自不同 AP 的数据进行汇聚并接入 Internet。AC 还负责管理 AP 设备包括配置管理、无线用户的认证与管理、宽带访问、安全控制等，并对无线用户的权限进行控制。

无线接入点的控制和配置协议（Control And Provisioning of Wireless Access Points Protocol Specification，CAPWAP）是由 IETF 标准化组织于 2009 年 3 月定义的。CAPWAP 工作组协议由两部分组成：CAPWAP 和无线 BINDING 协议。CAPWAP 协议是一个通用的隧道协议，用于完成 AP 发现 AC 等基本协议功能，与具体的无线接入技术无关。无线 BINDING 协议用于提供与某种无线接入技术相关的配置管理的功能。简单来说，CAPWAP 规定了各个阶段需要执行的任务，无线 BINDING 协议则具体到在各种接入方式下应该怎么完成这些任务。

PoE 交换机：AP 的上联网络设备，为 AP 提供数据交换和电源。如果 AC 设备自带 PoE 端口，则在只需单台 AC 设备情况下，可以省略 PoE 交换机。

RADIUS 服务器：负责无线用户身份的验证和权限分配，通常会作为插件安装在存储程序系统的元素（Stord Program Element System，SPES）服务器中。

集中管理平台：管理无线网络设备 AP 和 AC，主要用于实时监控、告警和数据分析。

影响 WLAN 部署的因素较多，包括技术影响（如环境信号干扰、有线网络质量状况等）和非技术影响（如当地法律法规、物业政策等）。只有在满足以下所有前提条件的情况下，才可部署 WLAN：当地法律法规未限制 2.4GHz 和 5GHz 频段的使用，无须申请；网络覆盖地点的物业允许进行 WLAN 建设。WLAN 配置思路如图 6.1 所示。

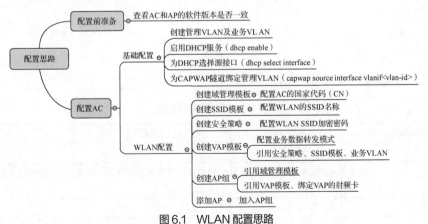

图 6.1 WLAN 配置思路

实训 13　配置 WLAN

【实训目的】

- 了解 WLAN 设备的工作原理。
- 掌握 WLAN 配置的步骤和方法。

【实训环境】

分组进行操作，一组 5 台计算机，安装 Windows 10 操作系统，测试环境。安装 eNSP 工具软件，进行模拟测试。

【实训步骤】

WLAN 配置方法如下。

（1）配置 WLAN，配置相关端口与 IP 地址，管理主机 PC1 及 WLAN 终端设备 STA，需要由 AC 进行 DHCP 地址分配，如图 6.2 所示，进行网络拓扑连接。

V6-2　WLAN
配置——LSW1和
LSW2

V6-3　WLAN
配置——
AC1

V6-4　WLAN
配置——结果
测试

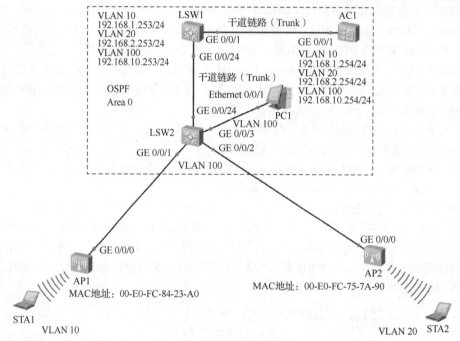

图 6.2　配置 WLAN

（2）业务数据规划，如表 6.1 所示。

表 6.1　业务数据规划

项目类型	数据描述
AC 的源端口 IP 地址	192.168.10.254/24
AP 组	名称：ap-group1、ap-group2。引用模板：VAP 模板 wlan-vap1、域管理模板 domain
域管理模板	名称：domain1。国家代码：CN

项目类型	数据描述
安全模板	名称：lncc-security。安全与认证策略：OPEN
SSID 模板	名称：lncc-ssid。SSID 名称：lncc-A401
流量模板	名称：traffic1
VAP 模板	名称：lncc-vap-vlan10、lncc-vap-vlan20。SSID 名称：lncc-A401。业务数据转发模式：直接转发。业务 VLAN：VLAN 10、VLAN 20。 引用模板：安全模板 lncc-security、SSID 模板 lncc-ssid、流量模板 traffic1
DHCP 服务器	AC1 作为 DHCP 服务器，为 AP、STA、Cellphone 和 PC 分配地址
AP 的网关及 IP 地址池范围	VLANIF100：192.168.10.254/24，192.168.10.1～192.168.10.249/24
WLAN 用户的网关及 IP 地址池范围	VLANIF10：192.168.1.254/24，192.168.1.1～192.168.1.249/24。VLANIF20：192.168.2.254/24，192.168.2.1～192.168.2.249/24
AP1	射频 0：信道 1、功率等级 10。 射频 1：信道 153、功率等级 10
AP2	射频 0：信道 6、功率等级 10。 射频 1：信道 157、功率等级 10

（3）查看无线 AP1 与无线 AP2 的 MAC 地址，如图 6.3 所示。

图 6.3　查看无线 AP1 与无线 AP2 的 MAC 地址

（4）配置交换机 LSW1，相关实例代码如下。

```
<Huawei>system-view
Enter system view, return user view with Ctrl+Z.
[Huawei]sysname LSW1
[LSW1]vlan batch 10 20 100
[LSW1]dhcp enable
[LSW1]interfaceGigabitEthernet 0/0/1
[LSW1-GigabitEthernet0/0/1]port link-type trunk
[LSW1-GigabitEthernet0/0/1]port trunk pvid vlan 100
[LSW1-GigabitEthernet0/0/1]port trunk allow-pass vlan all
[LSW1-GigabitEthernet0/0/1]quit
[LSW1]interfaceGigabitEthernet 0/0/24
[LSW1-GigabitEthernet0/0/24]port link-type trunk
[LSW1-GigabitEthernet0/0/24]port trunk allow-pass vlan all
[LSW1-GigabitEthernet0/0/24]quit
[LSW1]interfaceVlanif 10
[LSW1-Vlanif10]ip address 192.168.1.253 24
```

```
[LSW1-Vlanif10]dhcp select relay
[LSW1-Vlanif10]dhcp relay server-ip 192.168.10.254
[LSW1-Vlanif10]quit
[LSW1]interfaceVlanif 20
[LSW1-Vlanif20]ip address 192.168.2.253 24
[LSW1-Vlanif20]dhcp select relay
[LSW1-Vlanif20]dhcp relay server-ip 192.168.10.254
[LSW1-Vlanif20]quit
[LSW1]interfaceVlanif 100
[LSW1-Vlanif100]ip address 192.168.10.253 24
[LSW1-Vlanif100]dhcp select relay
[LSW1-Vlanif100]dhcp relay server-ip 192.168.10.254
[LSW1-Vlanif100]quit
[LSW1]router id 1.1.1.1
[LSW1]ospf 1
[LSW1-ospf-1]area 0
[LSW1-ospf-1-area-0.0.0.0]network 192.168.1.0 0.0.0.255      //路由通告
[LSW1-ospf-1-area-0.0.0.0]network 192.168.2.0 0.0.0.255      //路由通告
[LSW1-ospf-1-area-0.0.0.0]network 192.168.10.0 0.0.0.255     //路由通告
[LSW1-ospf-1-area-0.0.0.0]quit
[LSW1-ospf-1]quit
[LSW1]
```

（5）显示交换机 LSW1 的配置信息，主要相关实例代码如下。

```
<LSW1>display current-configuration
#
sysname LSW1
#
router id 1.1.1.1
#
vlan batch 10 20 100
#
dhcp enable
#
interfaceVlanif10
 ip address 192.168.1.253 255.255.255.0
 dhcp select relay
 dhcp relay server-ip 192.168.10.254
#
interfaceVlanif20
 ip address 192.168.2.253 255.255.255.0
 dhcp select relay
 dhcp relay server-ip 192.168.10.254
#
interfaceVlanif100
 ip address 192.168.10.253 255.255.255.0
 dhcp select relay
 dhcp relay server-ip 192.168.10.254
#
interfaceGigabitEthernet0/0/1
 port link-type trunk
 port trunk pvid vlan 100
 port trunk allow-pass vlan 2 to 4094
#
```

```
interfaceGigabitEthernet0/0/24
 port link-type trunk
 port trunk allow-pass vlan 2 to 4094
#
ospf 1
 area 0.0.0.0
  network 192.168.1.0 0.0.0.255
  network 192.168.2.0 0.0.0.255
  network 192.168.10.0 0.0.0.255
#
return
<LSW1>
```

（6）配置交换机 LSW2，相关实例代码如下。

```
<Huawei>system-view
[Huawei]sysname LSW2
[LSW2]vlan batch 10 20 100
[LSW2]interface Ethernet 0/0/1
[LSW2-Ethernet0/0/1]port link-type trunk
[LSW2-Ethernet0/0/1]port trunk pvid vlan 100
[LSW2-Ethernet0/0/1]port trunk allow-pass vlan 10 100
[LSW2-Ethernet0/0/1]quit
[LSW2]interface Ethernet 0/0/2
[LSW2-Ethernet0/0/2]port link-type trunk
[LSW2-Ethernet0/0/2]port trunk pvid vlan 100
[LSW2-Ethernet0/0/2]port trunk allow-pass vlan 20 100
[LSW2-Ethernet0/0/2]quit
[LSW2]interface Ethernet 0/0/3
[LSW2-Ethernet0/0/3]port link-type access
[LSW2-Ethernet0/0/3]port default vlan 100
[LSW2-Ethernet0/0/3]quit
[LSW2]interface Ethernet 0/0/24
[LSW2-Ethernet0/0/24]port link-type trunk
[LSW2-Ethernet0/0/24]port trunk allow-pass vlan all
[LSW2-Ethernet0/0/24]quit
[LSW2]
```

（7）显示交换机 LSW2 的配置信息，主要相关实例代码如下。

```
<LSW2>display current-configuration
#
sysname LSW2
#
vlan batch 10 20 100
#
interfaceGigabitEthernet0/0/1
 port link-type trunk
 port trunk pvid vlan 100
 port trunk allow-pass vlan 10 100
#
interfaceGigabitEthernet0/0/2
 port link-type trunk
 port trunk pvid vlan 100
 port trunk allow-pass vlan 20 100
#
interfaceGigabitEthernet0/0/3
 port link-type access
```

```
 port default vlan 100
#
interfaceGigabitEthernet0/0/24
 port link-type trunk
 port trunk allow-pass vlan 2 to 4094
#
return
<LSW2>
```

（8）配置控制器 AC1，相关实例代码如下。

```
<AC6605>system-view
[AC6605]sysname AC1
[AC1]vlan batch 10 20 100
[AC1]dhcp enable
[AC1]interfaceGigabitEthernet 0/0/1
[AC1-GigabitEthernet0/0/1]port link-type trunk
[AC1-GigabitEthernet0/0/1]port trunk pvid vlan 100
[AC1-GigabitEthernet0/0/1]port trunk allow-pass vlan all
[AC1-GigabitEthernet0/0/1]quit
[AC1]interfaceVlanif 10
[AC1-Vlanif10]ip address 192.168.1.254 24
[AC1-Vlanif10]dhcp select interface
[AC1-Vlanif10]dhcp server excluded-ip-address 192.168.1.250 192.168.1.253
[AC1-Vlanif10]quit
[AC1]interfaceVlanif 20
[AC1-Vlanif20]ip address 192.168.2.254 24
[AC1-Vlanif20]dhcp select interface
[AC1-Vlanif20]dhcp server excluded-ip-address 192.168.2.250 192.168.2.253
[AC1-Vlanif20]quit
[AC1]interfaceVlanif 100
[AC1-Vlanif100]ip address 192.168.10.254 24
[AC1-Vlanif100]dhcp select interface
[AC1-Vlanif100]dhcp server excluded-ip-address 192.168.10.250 192.168.10.253
[AC1-Vlanif100]quit
[AC1]router id 2.2.2.2
[AC1]ospf 1
[AC1-ospf-1]area 0
[AC1-ospf-1-area-0.0.0.0]network 192.168.1.0 0.0.0.255        //路由通告
[AC1-ospf-1-area-0.0.0.0]network 192.168.2.0 0.0.0.255        //路由通告
[AC1-ospf-1-area-0.0.0.0]network 192.168.10.0 0.0.0.255       //路由通告
[AC1-ospf-1-area-0.0.0.0]quit
[AC1-ospf-1]quit
[AC1]
[AC1]capwap source interfaceVlanif 100        //为 CAPWAP 隧道绑定管理 VLAN
[AC1]wlan                                     //进入 WLAN 配置视图
[AC1-wlan-view]regulatory-domain-profile name domain1
 //创建域管理模板，名称为 domain1
[AC1-wlan-regulate-domain-domain1]country-code CN    //配置国家代码：CN
[AC1-wlan-regulate-domain-domain1]quit
[AC1-wlan-view]ap-group name ap-group1        //创建 AP 组，名称为 ap-group1
[AC1-wlan-ap-group-ap-group1]regulatory-domain-profile domain1 //绑定域管理模板
Warning: Modifying the country code will clear channel, power and antenna gain
configurations of the radio and reset the AP. Continue?[Y/N]:y
```

```
[AC1-wlan-ap-group-ap-group1]quit
[AC1-wlan-view]ap-group name ap-group2          //创建 AP 组，名称为 ap-group2
[AC1-wlan-ap-group-ap-group2]regulatory-domain-profile domain1 //绑定域管理模板
Warning: Modifying the country code will clear channel, power and antenna gain c
onfigurations of the radio and reset the AP. Continue?[Y/N]:y
[AC1-wlan-ap-group-ap-group2]quit
[AC1-wlan-view]quit
[AC1]wlan
[AC1-wlan-view]ap-id 1 ap-mac 00E0-FC84-23A0     //添加 AP1，查看 AP1 的 MAC 地址
[AC1-wlan-ap-1]ap-name AP1
[AC1-wlan-ap-1]ap-group ap-group1                //将 AP1 添加到 ap-group1 组中
[AC1-wlan-ap-1]quit
[AC1-wlan-view]ap-id 2 ap-mac 00E0-FC75-7A90     //添加 AP2，查看 AP2 的 MAC 地址
[AC1-wlan-ap-2]ap-name AP2
[AC1-wlan-ap-2]ap-group ap-group2                //将 AP2 添加到 ap-group2 组中
[AC1-wlan-ap-2]quit
[AC1-wlan-view]ssid-profile name lncc-ssid       //创建 SSID 模板，名称为 lncc-ssid
[AC1-wlan-ssid-prof-lncc-ssid]ssidlncc-A401      //配置 SSID，名称为 lncc-A401
[AC1-wlan-ssid-prof-lncc-ssid]quit
[AC1-wlan-view]security-profile name lncc-security
                                                 //创建安全策略，名称为 lncc-security
[AC1-wlan-sec-prof-lncc-security]securitywpa-wpa2 psk pass-phrase lncc123456-aes
                                                 //SSID 密码为 lncc123456
[AC1-wlan-sec-prof-lncc-security]quit
[AC1-wlan-view]traffic-profile name traffic1          //创建流量模板
[AC1-wlan-traffic-prof-traffic1]user-isolate l2       //二层用户隔离
[AC1-wlan-traffic-prof-traffic1]quit
[AC1-wlan-view]vap-profile name lncc-vap-vlan10       //创建 VAP 模板
[AC1 wlan-vap-prof-lncc-vap-vlan10]forward-mode direct-forward //配置业务数据转发模式
[AC1-wlan-vap-prof-lncc-vap-vlan10]ssid-profile lncc-ssid      //绑定 SSID 模板
[AC1-wlan-vap-prof-lncc-vap-vlan10]service-vlan vlan-id 10     //绑定业务 VLAN
[AC1-wlan-vap-prof-lncc-vap-vlan10]traffic-profile traffic1    //绑定流量模板
[AC1-wlan-vap-prof-lncc-vap-vlan10]quit
[AC1-wlan-view]vap-profile name lncc-vap-vlan20       //创建 VAP 模板
[AC1-wlan-vap-prof-lncc-vap-vlan20]forward-mode direct-forward //配置业务数据转发模式
[AC1-wlan-vap-prof-lncc-vap-vlan20]ssid-profile lncc-ssid      //绑定 SSID 模板
[AC1-wlan-vap-prof-lncc-vap-vlan20]service-vlan vlan-id 20     //绑定业务 VLAN
[AC1-wlan-vap-prof-lncc-vap-vlan20]traffic-profile traffic1    //绑定流量模板
[AC1-wlan-vap-prof-lncc-vap-vlan20]quit
[AC1-wlan-view]ap-group name ap-group1
[AC1-wlan-ap-group-ap-group1]regulatory-domain-profile domain1    //绑定域管理模板
[AC1-wlan-ap-group-ap-group1]vap-profile lncc-vap-vlan10 wlan 1 radio 0
                                 //绑定 VAP 模板 lncc-vap-vlan10 到射频卡 0 上
[AC1-wlan-ap-group-ap-group1]vap-profile lncc-vap-vlan10 wlan 1 radio 1
                                 //绑定 VAP 模板 lncc-vap-vlan10 到射频卡 1 上
[AC1-wlan-ap-group-ap-group1]vap-profile lncc-vap-vlan20 wlan 2 radio 0
                                 //绑定 VAP 模板 lncc-vap-vlan20 到射频卡 0 上
```

```
[AC1-wlan-ap-group-ap-group1]vap-profile lncc-vap-vlan20  wlan 2  radio 1
                                  //绑定 VAP 模板 lncc-vap-vlan20 到射频卡 1 上
[AC1-wlan-ap-group-ap-group1]quit
[AC1-wlan-view]ap-group name ap-group2
[AC1-wlan-ap-group-ap-group2]regulatory-domain-profile domain1   //绑定域管理模板
[AC1-wlan-ap-group-ap-group2]vap-profile lncc-vap-vlan10  wlan 1  radio 0
                                  //绑定 VAP 模板 lncc-vap-vlan10 到射频卡 0 上
[AC1-wlan-ap-group-ap-group2]vap-profile lncc-vap-vlan10  wlan 1  radio 1
                                  //绑定 VAP 模板 lncc-vap-vlan10 到射频卡 1 上
[AC1-wlan-ap-group-ap-group2]vap-profile lncc-vap-vlan20  wlan 2  radio 0
                                  //绑定 VAP 模板 lncc-vap-vlan20 到射频卡 0 上
[AC1-wlan-ap-group-ap-group2]vap-profile lncc-vap-vlan20  wlan 2  radio 1
                                  //绑定 VAP 模板 lncc-vap-vlan20 到射频卡 1 上
[AC1-wlan-ap-group-ap-group2]quit
[AC1-wlan-view]quit
[AC1]wlan
[AC1-wlan-view]ap-id 1                      //配置 AP1
[AC1-wlan-ap-1]radio 0                      //配置 AP1，射频 0：信道 1、功率等级 10
[AC1-wlan-radio-1/0]channel 20mhz 1
Warning: This action may cause service interruption. Continue?[Y/N]y
[AC1-wlan-radio-1/0]eirp 10
[AC1-wlan-radio-1/0]quit
[AC1-wlan-ap-1]radio 1                      //配置 AP1，射频 1：信道 153、功率等级 10
[AC1-wlan-radio-1/1]channel 20mhz 153
Warning: This action may cause service interruption. Continue?[Y/N]y
[AC1-wlan-radio-1/1]eirp 10
[AC1-wlan-radio-1/1]quit
[AC1-wlan-ap-1]quit
[AC1-wlan-view]ap-id 2             //配置 AP2
[AC1-wlan-ap-2]radio 0            //配置 AP2，射频 0：信道 6、功率等级 10
[AC1-wlan-radio-2/0]channel 20mhz 6
Warning: This action may cause service interruption. Continue?[Y/N]y
[AC1-wlan-radio-2/0]eirp 10
[AC1-wlan-radio-2/0]quit
[AC1-wlan-ap-2]radio 1                 //配置 AP2，射频 1：信道 157、功率等级 10
[AC1-wlan-radio-2/1]channel 20mhz 157
Warning: This action may cause service interruption. Continue?[Y/N]y
[AC1-wlan-radio-2/1]eirp 10
[AC1-wlan-radio-2/1]quit
[AC1-wlan-ap-2]quit
[AC1-wlan-view]quit
[AC1]
```

（9）显示控制器 AC1 的配置信息，主要相关实例代码如下。

```
<AC1>display current-configuration
#
sysname AC1
#
router id 2.2.2.2
#
vlan batch 10 20 100
#
```

```
interfaceVlanif10
 ip address 192.168.1.254 255.255.255.0
dhcp select interface
dhcp server excluded-ip-address 192.168.1.250 192.168.1.253
#
interfaceVlanif20
 ip address 192.168.2.254 255.255.255.0
 dhcp select interface
 dhcp server excluded-ip-address 192.168.2.250 192.168.2.253
#
interfaceVlanif100
 ip address 192.168.10.254 255.255.255.0
 dhcp select interface
 dhcp server excluded-ip-address 192.168.10.250 192.168.10.253
#
interfaceGigabitEthernet0/0/1
 port link-type trunk
 port trunk pvid vlan 100
 port trunk allow-pass vlan 2 to 4094
#
ospf 1
 area 0.0.0.0
  network 192.168.1.0 0.0.0.255
  network 192.168.2.0 0.0.0.255
  network 192.168.10.0 0.0.0.255
#
capwap source interfacevlanif100
#
wlan
 traffic-profile name default
 traffic-profile name traffic1
  user-isolate l2
 security-profile name default
 security-profile name default-wds
 security-profile name default-mesh
 security-profile name lncc-security
  securitywpa-wpa2 psk pass-phrase %^%#KkHXOTi^BD-kk&/\#aNR4Wt!PvbXq!q6$%Q@p|<K
%^%# aes
 ssid-profile name default
 ssid-profile name lncc-ssid
  ssidlncc-A401
 vap-profile name default
 vap-profile name lncc-vap-vlan10
  service-vlan vlan-id 10
  ssid-profile lncc-ssid
  traffic-profile traffic1
 vap-profile name lncc-vap-vlan20
  service-vlan vlan-id 20
  ssid-profile lncc-ssid
  traffic-profile traffic1
 ap-group name ap-group1
  regulatory-domain-profile domain1
  radio 0
   vap-profile lncc-vap-vlan10 wlan 1
   vap-profile lncc-vap-vlan20 wlan 2
```

```
  radio 1
   vap-profile lncc-vap-vlan10 wlan 1
   vap-profile lncc-vap-vlan20 wlan 2
 ap-group name ap-group2
  regulatory-domain-profile domain1
  radio 0
   vap-profile lncc-vap-vlan10 wlan 1
   vap-profile lncc-vap-vlan20 wlan 2
  radio 1
   vap-profile lncc-vap-vlan10 wlan 1
   vap-profile lncc-vap-vlan20 wlan 2
 ap-id 1 type-id 45 ap-mac 00e0-fc84-23a0 ap-sn 21023544831073700056
  ap-name AP1
  ap-group ap-group1
  radio 0
   channel 20mhz 1
   eirp 10
 radio 1
   channel 20mhz 153
 ap-id 2 type-id 45 ap-mac 00e0-fc75-7a90 ap-sn 21023544831089153338
  ap-name AP2
  ap-group ap-group2
  radio 0
   channel 20mhz 6
   eirp 10
  radio 1
   channel 20mhz 157
   eirp 10
 provision-ap
#
return
<AC1>
```

（10）WLAN 安全配置完成后的效果如图 6.4 所示。

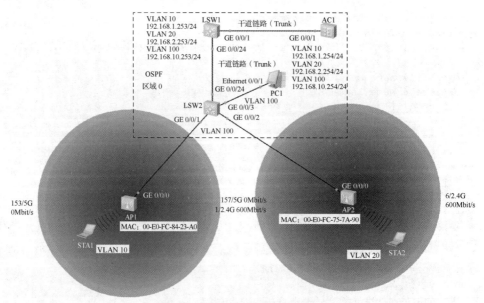

图 6.4　WLAN 安全配置完成后的效果

（11）查看控制器 AC1 的站点信息，执行 display station all 命令，如图 6.5 所示。

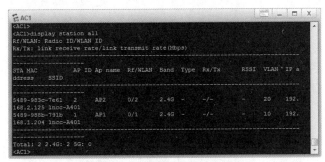

图 6.5　控制器 AC1 的站点信息

（12）查看控制器 AC1 的 AP 信息，执行 display ap all 命令，如图 6.6 所示。

（13）查看主机 PC1 的配置信息及连通性，执行 ipconfig 命令，查看 DHCP 服务器分配的 IP 地址，并测试网关地址，如图 6.7 所示。

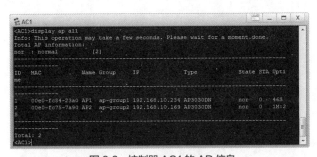

图 6.6　控制器 AC1 的 AP 信息

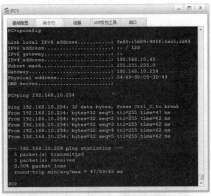

图 6.7　主机 PC1 的配置信息及连通性

（14）查看 AP1 的配置信息，如图 6.8 所示。

（15）查看 AP2 的配置信息，如图 6.9 所示。

图 6.8　AP1 的配置信息

图 6.9　AP2 的配置信息

（16）查看 STA1 的连接状态，如图 6.10 所示。

图 6.10　STA1 的连接状态

（17）查看 STA1 的配置信息及连通性，执行 ipconfig 命令，如图 6.11 所示。

（18）查看 STA2 的连接状态，如图 6.12 所示。

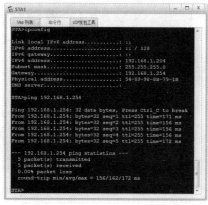

图 6.11　STA1 的配置信息及连通性

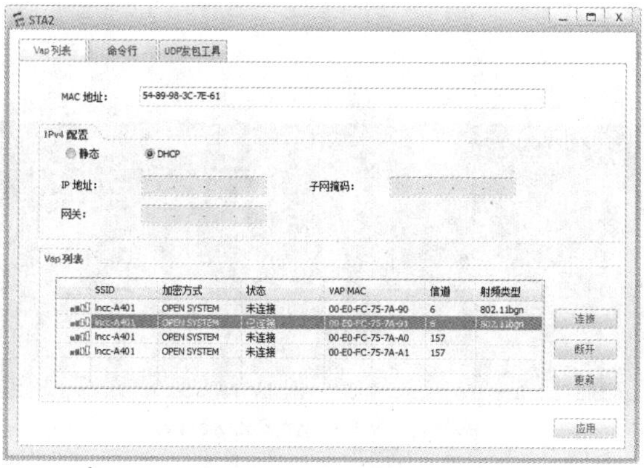

图 6.12　STA2 的连接状态

（19）查看 STA2 的配置信息及连通性，执行 ipconfig 命令，如图 6.13 所示。

（20）查看主机 PC1 访问 STA1、STA2 的结果，如图 6.14 所示。

图 6.13　STA2 的配置信息及连通性

图 6.14　主机 PC1 访问 STA1、STA2 的结果

本章小结

本章包含 3 节。

6.1 节 WLAN 技术概述，主要讲解了 WLAN 技术简介、WLAN 的优势与不足。

6.2 节 WLAN 的攻击与安全机制，主要讲解了 WLAN 常见的攻击方式、WLAN 的安全机制。

6.3 节 WLAN 配置实例，主要讲解了 WLAN 配置的基本思路、WLAN 配置的方法。

课后习题

1. 选择题

（1）5G 网络的理论传输速率为（　　）。

    A. 1Gbit/s   B. 10Gbit/s   C. 100Mbit/s   D. 600Mbit/s

（2）WLAN 标准是（　　）。

    A. IEEE 802.11   B. IEEE 802.1q   C. IEEE 802.1w   D. IEEE 802.1d

（3）【多选】WLAN 技术的优势为（　　）。

    A. 具有灵活性和移动性   B. 安装便捷和易于扩展

    C. 易于进行网络规划和调整   D. 故障定位容易

（4）【多选】WLAN 常见的攻击方式有（　　）。

    A. 执行搜索   B. 窃听、截取和监听

    C. 欺骗和非授权访问   D. 网络接管与篡改

（5）【多选】WLAN 的安全机制有（　　）。

    A. SSID   B. MAC 地址过滤   C. WEP 安全机制   D. WPAI 安全机制

2. 简答题

（1）简述 WLAN 技术的优势。

（2）简述 WLAN 技术的不足。

（3）简述 WLAN 常见的攻击方式。

（4）简述 WLAN 的安全机制。

（5）简述 WLAN 配置的基本思路。

第7章

数据存储备份技术

07

本章主要讲解数据存储备份的基本概念，包括数据备份的 RAID 类型、数据备份的分类、数据存储技术以及远程数据复制。

【学习目标】

① 理解数据备份的基本概念。
② 理解数据备份的 RAID 类型。
③ 掌握数据备份的分类。

④ 掌握数据存储技术以及远程数据复制技术。
⑤ 掌握个人数据备份的方法。

【素养目标】

① 培养解决实际问题的能力，树立团队协助、合作进取等意识。

② 培养工匠精神，要求做事严谨、精益求精、着眼细节、爱岗敬业。

//// 7.1 数据备份概述

数据备份是为了在系统遇到人为或自然灾难时，能够通过备份的数据对系统进行有效的灾难恢复。没有绝对安全的防护系统，当系统遭受攻击或入侵时，数据被破坏的可能性是非常大的。对企业来说，数据的损失意味着经济损失，这种损失很多时候是企业不能承受的。企业对信息化系统的依赖实际上是对系统中流动的数据的依赖，因此数据备份非常重要，这正是近年来数据存储行业、数据备份行业兴起的原因。

7.1.1 数据完整性概念

为了保护数据完整性，通常使用数字签名或散列函数对密文进行运算，得到一个"数字指纹"，并对数字指纹进行加密运算。在数据到达目的地后，接收方对数据进行"取指纹"运算，并核对解密后的"数字指纹"。如果"数字指纹"一致，则表明数据没有任何变动；如果不一致，则表明数据在传输过程中发生了变动。

1. 数据完整性的定义

数据完整性是信息安全的基本要素之一。数据完整性是指在存储、传输信息或数据的过程中，确保信息或数据不在未授权的情况下被篡改，或在篡改后能够被迅速发现。

在信息安全领域中，数据完整性的概念常常和数据保密性的概念相互混淆。保护数据完整性与保护数据保密性使用的算法不同，保护数据完整性的算法并非加密算法，而是一种"校验"算法。这意味着数字签名、散列函数对数据的运算并非是双向可逆的过程。使用加密算法对明文数据进行加密运算后，只要用户掌握了相关密钥，数据即可用对应的解密算法进行解密，从而还原成明文。而使用数字签名算法、各种散列函数算法对明文数据进行运算后，通常会得到同样长度的一段数据，可以理解为原始明文数据的"电子指纹"，不同的明文数据对应不同的"电子指纹"，但是无法利用"电子指纹"将密文还原成原始的明文数据。

2. 保障数据完整性的方法

目前，数据完整性可以通过散列值计算、数字签名跟踪和文件修改跟踪等方式来保障。用户大多使用数字签名跟踪来对数据完整性进行保护，数字签名采用的是非对称密钥体系，通常用数据发送方的私钥进行签名，接收方收到数据后，用发送方的公钥核对签名，若用发送方的公钥可以对数据进行解密，则意味着签名有效。

MD5、SHA1 都是较复杂的算法，需要使用比较密集的资源才能保证一台计算机上所有数据的完整性。而文件修改跟踪方法有些不可靠，因为现在的许多恶意软件能够通过修改时间来隐藏对文件的修改。

7.1.2 数据备份的 RAID 类型

在信息技术与数据管理领域，备份指将文件系统中的数据加以复制，一旦发生灾难或错误操作，能够方便而及时地恢复系统的有效数据并保证系统正常运行。

独立磁盘冗余阵列（Redundant Arrays of Independent Disks，RAID）通常简称为磁盘阵列。简单来说，RAID 是由多个独立的高性能磁盘驱动器组成的磁盘子系统，提供了比单个磁盘更强的存储性能和更好的数据冗余技术。

1. RAID 中的关键概念和技术

（1）镜像

镜像是一种冗余技术，为磁盘提供了保护功能，以防止磁盘发生故障而造成数据丢失。对于 RAID 而言，采用镜像技术将会同时在 RAID 中产生两个完全相同的数据副本，分布在两个不同的磁盘驱动器组中。镜像提供了完全的数据冗余能力，当一个数据副本失效不可用时，外部系统仍可正常访问另一个数据副本，不会对应用系统的运行和性能产生影响。此外，镜像不需要额外的计算和校验，用于修复故障时速度非常快，直接复制即可。镜像技术可以从多个副本并发读取数据，提供了更高的读取性能，但个能并行写数据，写多个副本时会导致一定的 I/O 性能降低。

V7-1 RAID 中的关键概念和技术

（2）数据条带

磁盘存储的性能瓶颈在于磁头寻道定位，它是一种慢速机械运动，无法与高速的 CPU 匹配。此外，单个磁盘驱动器的性能存在物理极限，I/O 性能非常有限。RAID 由多个磁盘组成，数据条带技术将数据以块的方式分散存储在多个磁盘中，从而可以对数据进行并发处理。这样写入和读取数据即可在多个磁盘中同时进行，并发产生非常高的聚合 I/O，有效地提高整体 I/O 性能，且具有良好的线性扩展性。这在对大容量数据进行处理时效果尤其显著，如果不分块，则数据只能先按顺序存储在 RAID 的磁盘中，需要时再按顺序读取。而通过数据条带技术，可获得数倍于顺序访问的性能提升。

（3）数据校验

镜像具有安全性高、读取性能高的特点，但冗余开销太大。数据条带通过并发性大幅提高了性能，但未考虑数据安全性、可靠性。数据校验也是一种冗余技术，它通过校验数据保证数据的安全性，可以检测数据错误，并在能力允许的前提下进行数据重构。相对于镜像，数据校验大幅缩减了冗余开销，用较小的代价换取了极佳的数据完整性和可靠性。数据条带技术提升了整体 I/O 性能，数据校验提供了数据安全性，不同等级的 RAID 往往结合使用这两种技术。

采用数据校验技术时，RAID 要在写入数据的同时进行校验计算，并将得到的校验数据存储在 RAID

成员磁盘中。校验数据可以集中保存在某个磁盘中或分散存储在多个磁盘中，校验数据也可以分块，不同 RAID 等级的分块实现各不相同。当 RAID 中的一部分数据出错时，可以对剩余数据和校验数据进行反校验计算以重建丢失的数据。相对于镜像技术而言，数据校验技术节省了大量开销，但由于每次数据读写都要进行大量的校验运算，因此对计算机的运算速度要求很高，必须使用硬件 RAID 控制器。在数据重建恢复方面，数据校验技术比镜像技术复杂得多且速度慢得多。

2. 常见的 RAID 类型

（1）RAID0

RAID0 会把连续的数据分散到多个磁盘中进行存取，当系统有数据请求时，可以被多个磁盘并行执行，每个磁盘执行属于自己的那一部分数据请求。如果要实现 RAID0，则一台服务器至少需要两块硬盘，其读写速度是一块硬盘的两倍。如果有 N 块硬盘，则其读写速度是一块硬盘的 N 倍。虽然 RAID0 的读写速度可以提高，但是其没有数据备份功能，因此安全性会低很多。图 7.1 所示为 RAID0 技术结构示意。

RAID0 技术的优缺点和应用场景如下。

RAID0 的优点：充分利用 I/O 总线性能，使读写带宽翻倍，读写速度翻倍；充分利用磁盘空间，磁盘空间利用率为 100%。

RAID0 的缺点：不提供数据冗余；无数据校验，无法保证数据的正确性；存在单点故障。

RAID0 的应用场景：对数据完整性要求不高的场景，如日志存储、个人娱乐；对读写效率要求高，而对安全性能要求不高的场景，如图像工作站。

（2）RAID1

RAID1 会通过磁盘数据镜像实现数据冗余，在成对的独立磁盘中产生互为备份的数据。当原始数据繁忙时，其可直接从镜像副本中读取数据。要实现 RAID1 至少需要两块硬盘，当读取数据时，其中一块硬盘会被读取，另一块硬盘会被用作备份。其数据安全性较高，但是磁盘空间利用率较低，只有50%。图 7.2 所示为 RAID1 技术结构示意。

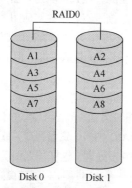
注：A 为磁盘存储数据的内容；Disk 为磁盘。
图 7.1 RAID0 技术结构示意

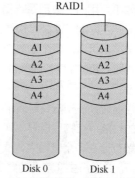
注：A 为磁盘存储数据的内容；Disk 为磁盘。
图 7.2 RAID1 技术结构示意

RAID1 技术的优缺点和应用场景如下。

RAID1 的优点：提供了数据冗余，实现了数据双倍存储；提供了良好的读取性能。

RAID1 的缺点：无数据校验；磁盘空间利用率低，成本高。

RAID1 的应用场景：存放重要数据的场景，如数据存储领域。

（3）RAID5

RAID5 是目前常见的 RAID 类型之一，它具备很好的扩展性。当 RAID 磁盘数量增加时，RAID5 并行操作的能力也随之增加，可支持更多的磁盘，从而拥有更大的容量及更高的性能。RAID5 的磁盘可同时存储数据和校验数据，数据块和对应的校验数据保存在不同的磁盘中，当一个磁盘损坏时，系统可以根据同一条带的其他数据块和对应的校验数据来重建损坏的数据。与其他 RAID 类型一样，重建数据时，RAID5 的性能会受到较大的影响。

RAID5 考虑了存储性能、数据安全和存储成本等各方面因素，基本上可以满足大部分的存储应用需求，数据中心大多采用它作为应用数据的保护方案。RAID0 大幅提升了设备的读写性能，但不具备容错能力；RAID1 虽然十分注重数据安全，但是磁盘空间利用率太低。RAID5 可以理解为 RAID0 和 RAID1 的折中方案，是目前综合性能最好的数据保护解决方案之一。图 7.3 所示为 RAID5 技术结构示意。

RAID5 技术的优缺点和应用场景如下。

RAID5 的优点：读写性能高，有校验机制，磁盘空间利用率高。

RAID5 的缺点：磁盘越多，安全性能越差。

RAID5 的应用场景：对安全性能要求高的场景，如金融、数据库、存储等。适合中小企业采用。

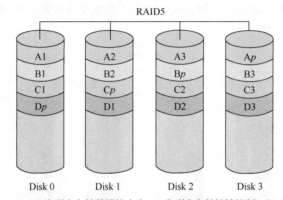

注：A、B、C、D 为磁盘存储数据的内容；p 为磁盘存储校验机制；Disk 为磁盘。

图 7.3　RAID5 技术结构示意

（4）RAID01

RAID01 是先做条带化再做镜像，本质是对物理磁盘实现镜像；而 RAID10 是先做镜像再做条带化，本质是对虚拟磁盘实现镜像。相同的配置下，RAID01 比 RAID10 具有更好的容错能力。

RAID01 的数据将同时写入两个磁盘阵列中，即使其中一个阵列损坏，也仍可继续工作，在保证数据安全性的同时提高了性能。RAID01 和 RAID10 内部都含有 RAID1 模式，因此整体磁盘空间利用率仅为 50%。图 7.4 所示为 RAID01 技术结构示意。

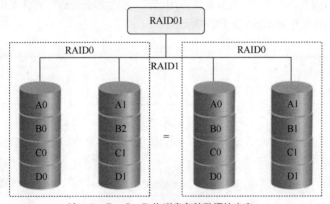

注：A、B、C、D 为磁盘存储数据的内容。

图 7.4　RAID01 技术结构示意

RAID01 技术的优缺点和应用场景如下。

RAID01 的优点：提供了较高的 I/O 性能，提供了数据冗余，无单点故障。

RAID01 的缺点：成本稍高，安全性能比 RAID10 差。

RAID01 的应用场景：特别适用于既有大量数据需要存取，又对数据安全性要求严格的领域，如银行、金融、商业超市、仓储库房、档案管理等。

（5）RAID10

图 7.5 所示为 RAID10 技术结构示意。

RAID10 技术的优缺点和应用场景如下。

RAID10 的优点：RAID10 的读取性能优于 RAID01，提供了较高的 I/O 性能，提供了数据冗余，无单点故障，安全性能高。

RAID10 的缺点：成本稍高。

RAID10 的应用场景：适用于读写性能要求高，对数据安全性要求严格的领域，如银行、数据库管理等。适合大企业采用。

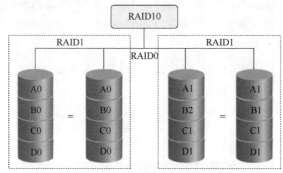

注：A、B、C、D 为磁盘存储数据的内容。

图 7.5　RAID10 技术结构示意

（6）RAID50

RAID50 具有 RAID5 和 RAID0 的共同特性。它由至少两组 RAID5 磁盘组成（其中，每组最少有 3 个磁盘），每一组都使用了分布式奇偶位；而两组 RAID5 磁盘再组建成 RAID0，实现跨磁盘数据读取。RAID50 提供了可靠的数据存储功能和优秀的整体性能，并支持更大的卷尺寸。即使两个物理磁盘（每个阵列中的一个）发生故障，也可以顺利恢复数据。RAID50 最少需要 6 个磁盘，其适用于需要高可靠性存储、高读取速度、高数据传输性能的应用场景，包括事务处理和有许多用户存取小文件的办公应用程序。图 7.6 所示为 RAID50 技术结构示意。

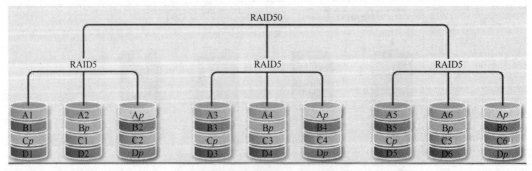

注：A、B、C、D 为磁盘存储数据的内容；p 为磁盘存储校验机制。

图 7.6　RAID50 技术结构示意

7.1.3 数据备份的分类

数据备份的最终目的是在系统遇到人为或自然灾难时，能够通过备份内容对系统进行有效的灾难恢复。数据备份不是单纯的复制，管理也是数据备份的重要组成部分。管理包括备份的可计划性、磁盘的自动化操作、历史记录的保存及日志记录等。

数据备份技术有多种实现形式，从不同的角度出发可以对备份进行不同的分类。

1. 按备份时系统的工作状态分类

按备份时系统的工作状态，数据备份可分为冷备份和热备份。

（1）冷备份

冷备份又称离线备份，指在进行备份操作时，系统处于停机或维护状态下的备份。采用这种方式备份的数据与系统中此时段的数据完全一致。冷备份的缺点是备份期间备份数据源不能使用。

V7-2　数据备份
的分类

（2）热备份

热备份又称在线备份或同步备份，指进行备份操作时，系统处于正常运转状态下的备份。这种情况下，由于系统中的数据可能随时在更新，备份的数据相对于系统的真实数据可能有一定的滞后。

2. 按备份策略分类

按备份策略，数据备份可分为全量备份、增量备份和差分备份。

（1）全量备份

全量备份（Full Backup）是指对整个系统或用户指定的所有文件进行一次完整的备份，这是最基本也是最简单的备份方式。这种备份方式的好处是很直观，容易被人理解。然而，它也有不足之处，首先，由于每天都对整个系统进行全量备份，造成备份的数据大量重复。这些重复的数据占用了大量的磁盘空间，这对用户来说就意味着成本的增加；其次，由于需要备份的数据量较大，备份所需的时间也较长，对于那些业务繁忙、备份时间有限的企业来说，选择这种备份方式是不明智的。

（2）增量备份

为了克服全量备份的主要缺点，增量备份（Incremental Backup）应运而生。增量备份只备份相对于上一次备份操作以来新创建或者更新过的数据，通常特定的时间段内只有少量的文件发生改变，没有重复的备份数据，既节省了存储空间，又缩短了备份的时间。这种备份方式比较经济，可以频繁地进行。例如，周日进行一次全量备份，然后在接下来的 6 天里只对当天新的或被修改过的数据进行备份。这种备份方式的优点是节省了磁盘空间，缩短了备份时间；缺点是当灾难发生时，数据的恢复比较麻烦。例如，系统在周三的早晨发生故障，丢失了大量的数据，那么现在就要将系统恢复到周二晚上时的状态。此时，系统管理员要先找出周日的全量备份磁盘进行系统恢复，再找出周一的磁盘来恢复数据，然后找出周二的磁盘来恢复数据。很明显，这种方式很烦琐。另外，这种备份的可靠性很差。在这种备份方式下，各磁盘间的关系就像链条一样，一环套一环，其中任何一个磁盘出现问题都会导致整个链条脱节。例如，在上例中，若周二的磁盘出现了故障，那么管理员最多只能将系统恢复到周一晚上时的状态。

（3）差分备份

差分备份（Differential Backup）即备份上一次全量备份后产生和更新的所有数据。系统管理员先在周日进行一次系统全量备份，在接下来的几天里，系统管理员将当天所有与周日不同的数据（新的或修改过的）备份到磁盘。差分备份在避免了以上两种备份方式的缺点的同时，又具有它们的所有优点。首先，它无须每天都对系统做全量备份，因此备份所需时间短，并节省了磁盘空间；其次，它的灾难恢复很方便。在上例中，系统管理员只需两个磁盘，即周日的磁盘与灾难发生前一天的磁盘，就可以将系统恢复。

在实际应用中，数据备份策略通常是以上 3 种备份方式的结合。例如，每周一至周六进行一次增量备份或差分备份，每周日进行一次全量备份，每月底进行一次全量备份，每年底进行一次全量备份。

7.2 数据存储技术

存储设备与服务器的连接方式通常有 3 种：一是将存储设备与服务器直接相连，称为直接附接存储（Direct Attached Storage，DAS）；二是将存储设备直接接入现有的 TCP/IP 网络，称为网络附接存储（Network Attached Storage，NAS）；三是将各种存储设备集中起来形成一个存储网络，以便于对数据进行集中管理，这样的网络称为存储区域网（Storage Area Network，SAN）。

7.2.1 DAS 技术

DAS 技术是最早被采用的存储技术，如同 PC 的结构，它把外部的数据存储设备直接挂在服务器内部的总线上。数据存储设备是服务器结构的一部分，它依赖于服务器，其本身是硬件的堆叠，不带有任何存储操作系统，如图 7.7 所示。但这种存储技术是把设备直接挂在服务器上，随着需求的不断增大，越来越多的设备添加到网络环境中，导致服务器和存储设备数量较多，资源利用率低下，使得数据共享受到严重的限制，因此适用于一些小型网络。

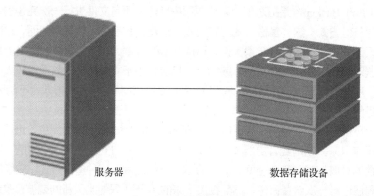

服务器　　　　　　　　　　　数据存储设备

图 7.7　DAS 连接模式

DAS 主要依赖于服务器主机操作系统进行数据的 I/O 读写和存储维护管理，数据备份和恢复要求占用服务器主机资源（包括 CPU、系统 I/O 等），数据流需要先回流到主机再到服务器连接着的磁带机（库），数据备份通常占用服务器主机资源的 20%～30%，因此许多企业用户的日常数据备份常常在深夜或业务系统不繁忙时进行，以免影响正常业务系统的运行。DAS 的数据量越大，备份和恢复的时间就越长，对服务器硬件的依赖和影响也就越大。

DAS 与服务器主机之间的连接通道通常是小型计算机系统接口（Small Computer System Interface，SCSI）通道。随着服务器 CPU 的处理能力越来越强，存储硬盘空间越来越大，阵列的硬盘数量越来越多，SCSI 通道将会成为 I/O 瓶颈；服务器主机 SCSI ID 资源有限，能够建立的 SCSI 通道连接也有限。

无论是 DAS 还是服务器主机的扩展，从一台服务器扩展为由多台服务器组成的集群，或存储阵列容量的扩展，都会造成业务系统的停机，从而给企业带来经济损失。对于银行、电信、传媒等行业要求 7×24h 服务的关键业务系统，这是不可接受的。此外，DAS 或服务器主机的升级扩展只能由原设备厂商提供，往往受原设备厂商的限制。

DAS 的优点：部署简单、成本低、适合本地数据存储。

DAS 的缺点：扩展性差、资源浪费、管理分散，存在异构化问题及数据备份问题。

7.2.2　NAS 技术

NAS 按字面意思简单来说就是连接在网络上的具备资料存储功能的装置，因此也被称为"网络存储器"。NAS 对 DAS 进行了改进，通过标准的网络拓扑结构，用户只需直接与企业网络连接即可使用 NAS 提供的服务，不依赖其他服务器，如图 7.8 所示。NAS 在一个小型磁盘阵列柜的基础上结合了内置的 CPU、内存、主板，自带嵌入式操作系统。工业级的部件配合精简化的操作系统，使得其具备独立工作的能力。NAS 通常提供易用的操作界面，非计算机专业的操作人员也可轻松掌握。NAS 是一种专用数据存储服务器，它以数据为中心，将存储设备与服务器彻底分离，可集中管理数据，从而释放带宽、提高性能、降低总成本、保护投资。其成本远远低于使用服务器存储，而效率远远高于使用服务器存储。

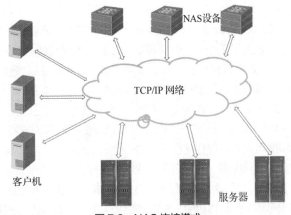

图 7.8　NAS 连接模式

7.2.3　SAN 技术

传统 SAN 的主要支撑技术是光纤信道（Fiber Channel，FC）技术。与 NAS 不同，SAN 不是把所有的存储设备集中安装在一台服务器中，而是将这些设备单独通过光纤交换机连接起来，形成一个光纤信道存储在网络中，并与企业的局域网进行连接。这种技术的最大特点就是将网络、设备的通信协议与存储传输介质隔离开，因此存储数据的传输不会受网络状态的影响。

基于光纤交换机的 SAN 通常会综合运用链路冗余与设备冗余的方式，如图 7.9 所示，同一服务器访问磁盘阵列有多条冗余路径，不论是其中的部分线路还是部分光纤交换机出现故障，都不会导致服务器存储失败。这种方式部署成本较高，但对银行、数据中心等存储了大量关键数据，且不允许业务中断的行业来说非常适用。

SAN 的优点：将存储和服务器隔离，简化了存储管理，能够统一、集中地管理各种资源，使存储更为高效。网络中通常存在这种情况：一台服务器可用空间都被使用了，另一台服务器还有很多可用空间。SAN 把所有存储空间有效汇集在一起，每台服务器都享有访问组织内部的所有存储空间的同等权限。SAN 能屏蔽系统的硬件，可以同时采用不同厂商的存储设备。

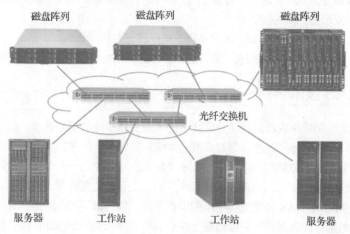

磁盘阵列　　　　磁盘阵列　　　　磁盘阵列

光纤交换机

服务器　　　　工作站　　　　工作站　　　　服务器

图 7.9　SAN 连接模式

SAN 的缺点：跨平台性能没有 NAS 高，价格偏高，搭建 SAN 比在服务器后端安装 NAS 要复杂得多。

目前处于迅速成长阶段的 IP SAN 是在传统的 FC SAN 的基础上演变而来的。IP SAN 是在以太网上架构一个 SAN，把服务器或普通工作站与存储设备连接起来的存储技术。IP SAN 在 FC SAN 的基础上更进一步，它把 SCSI 协议完全封装在 IP 之中。简单来说，IP SAN 就是把 FC SAN 中光纤信道解决的问题通过更为成熟的以太网解决，从逻辑上讲，它是提供区块级服务的 SAN 架构。

IP SAN 的优点：能节约大量成本、加快实施速度、提高可靠性并增强扩展能力等。采用互联网 SCSI（iSCSI）技术组成的 IP SAN 可以提供和传统 FC SAN 相媲美的存储解决方案，且普通服务器或 PC 只需要具备网卡即可共享和使用大容量的存储空间。与传统的 SAN 不同，IP SAN 采用了集中的存储方式，极大地提高了存储空间的利用率，方便了用户的维护管理。

对比前面介绍的 3 种技术，可得出以下结论：DAS 一般应用在中小企业中，与计算机采用直连方式；NAS 通过以太网将设备添加到计算机中；SAN 使用了 FC 接口，提供了性能更高的存储。NAS 和 SAN 的区别主要体现在操作系统在什么位置。NAS 和 SAN 混合搭配的解决方案为大多数企业带来了强大的灵活性和性能优势。服务器环境越是异构化，NAS 就越重要，因为它能无缝集成异构的服务器；而企业数据量越大，高效的 SAN 就越重要。

7.3　远程数据复制

远程数据复制技术是远程容灾系统的核心技术，在保持两地间的数据一致性和实现灾难恢复中起到了关键作用。数据复制的主要目的是提高分布式系统的可用性及访问性能。目前数据复制的主要方式有同步数据复制和异步数据复制两种。

7.3.1　同步数据复制

同步数据复制（Synchronous Data Replication，SDR）又称实时数据复制，是指对业务数据进行实时复制，数据源和备份中心之间的数据互为镜像，保持完全一致。这种方式实时性强，灾难发生时远端数据与本地数据完全相同，可以实现数据的零丢失，保证数据的高度完整性和一致性。

在同步数据复制方式中，复制数据在任何时间和任何节点均保持一致。如果复制环境中任何一个节点的数据发生了更新操作，则这种变化会立刻反映到其他所有节点。为了保证系统性能和实用性，数据被复制在多个节点，同步数据复制在所有节点通过更新事务保证所有备份一致。同步数据复制在没有并发事务发生时连续执行，但减少了更新执行，增加了事务响应时间，因为事务附加了额外的更新操作和消息发送。

7.3.2　异步数据复制

异步数据复制（Asynchronous Data Replication，ADR）指将本地的数据通过后台同步的方式复制到异地。这种方式可能有分钟级或短时间内的数据丢失，很难达到数据零丢失。异步数据复制的原理是对本地主卷写入完成后，不必等待远程二级卷写入完成，主机立即可以处理下一个 I/O。因此，其对本地主机性能影响很小。

与同步数据复制方式相比，异步数据复制方式对带宽和距离的要求低很多，它只要求在某个时间段内将数据全部复制到异地即可，同时异步数据复制方式不会明显影响应用系统的性能。从传输距离上来说，异步数据复制可以使用信道扩展器或其他技术，使传输距离延长，能够达到几千千米。其缺点是在本地生产数据发生灾难时，异地系统中的数据可能会短暂损失（当广域网速率较低，数据未完整发送时）。现在常用异步数据复制与同步数据复制相结合的远程数据复制方式，这样既可以实现数据的零丢失，又可以达到异地容灾的目的。

实训 14　使用 Windows 自带的数据备份功能备份个人数据

【实训目的】
* 掌握 Windows 自带的数据备份功能备份个人数据的步骤和方法。

【实训环境】
分组进行操作，一组 1 台计算机，安装 Windows 10 操作系统，测试环境。

【实训原理】
在 Windows 系列操作系统中，Windows 2000 及其之后的操作系统，如 Windows XP、Windows 7、Windows10 等，都内置了数据备份功能。当没有专业数据备份软件可用时，使用 Windows 自带的数据备份功能也能在一定程度上起到数据保护的作用。

下面以 Windows 10 操作系统自带的数据备份功能为例进行操作讲解。

【实训步骤】
（1）按照如下路径打开系统备份功能界面："开始"→"设置"→"更新和安全"→"备份"→"正在查找较旧的备份"→"转到'备份和还原'（Windows 10）"→"创建系统映像"。选择系统备份文件的存储位置，可以选择另一块硬盘的任意分区（系统推荐），也可以选择同一块硬盘的另一个分区（如 D 盘），如图 7.10 所示。

（2）选择要备份的分区，默认包含引导分区（默认为 500MB）和系统分区（默认为 C 盘），如图 7.11 所示。

（3）确认要备份的分区信息和备份文件的大小及位置等，即确认备份设置，如图 7.12 所示。

（4）单击"开始备份"按钮后即可启动备份程序，如图 7.13 所示。

（5）备份完成后，会提示"是否要创建系统修复光盘？"，如图 7.14 所示。该功能可将系统备份刻录到一张光盘中，如因某种突发情况导致系统彻底崩溃，则可以用这个光盘进行数据恢复。

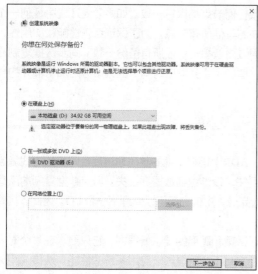

图 7.10　选择系统备份文件的存储位置

图 7.11　选择要备份的分区

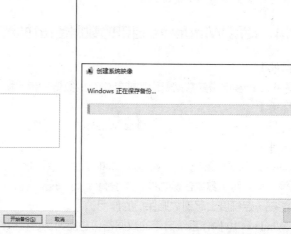

图 7.12　确认备份设置

图 7.13　启动备份程序

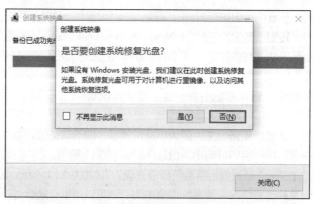

图 7.14　提示"是否要创建系统修复光盘？"

实训 15　使用 Ghost 工具备份个人数据

【实训目的】
- 掌握 Ghost 工具备份个人数据的步骤和方法。

【实训环境】

分组进行操作，一组 1 台计算机，安装 Windows 10 操作系统，测试环境。

【实训原理】

Ghost 是一种强大、易用、专业的备份工具，它可针对整个磁盘进行备份/恢复，也可针对磁盘上的特定分区进行备份/恢复。Ghost 还支持强大的网络备份/恢复功能，可通过网络进行主机间一对一、一对多的数据备份/恢复操作。用户在管理包含众多主机的机房时，通过网络进行批量主机操作系统备份/恢复非常方便。

V7-3　使用
Ghost 工具备份
个人数据

【实训步骤】

下面以 Ghost 11.5 实现磁盘分区备份为例，讲解 Ghost 的基本用法。

（1）在一台已安装好操作系统的计算机上，打开 BIOS 界面，设置 U 盘启动盘为第一启动项，重启后打开 PE 界面。单击"Ghost"图标。运行 Ghost 后，单击"OK"按钮，如图 7.15 所示。

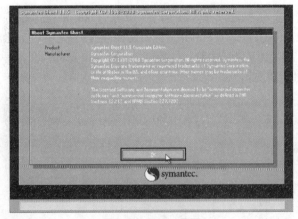

图 7.15　Ghost 界面

（2）如图 7.16 所示，依次选择"Local"→"Partition"→"To Image"（"本地"→"分区"→"到镜像文件"）命令，开始备份操作。

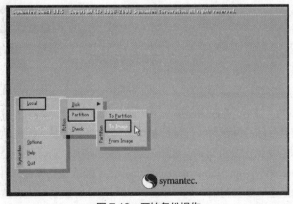

图 7.16　开始备份操作

（3）如图 7.17 所示，打开选择本地硬盘窗口，单击要备份的分区所在的硬盘，并单击"OK"按钮。

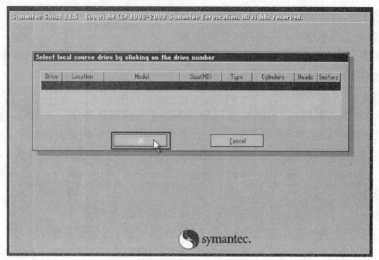

图 7.17　选择本地硬盘窗口

（4）此时弹出存储位置对话框，如图 7.18 所示。单击"Look in"右侧的下拉按钮，在弹出的下拉列表中选择要存储镜像文件的分区（要确保该分区有足够的存储空间），进入相应的文件夹（要记牢存放镜像文件的文件夹，否则恢复系统时将难以找到它），在"File name"文本框中输入镜像文件的文件名，单击"Open"按钮继续操作。

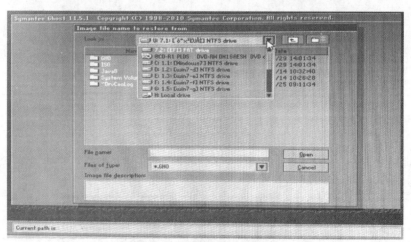

图 7.18　存储位置对话框

（5）此时弹出"Compress image file?"（是否压缩镜像文件？）提示，并选择压缩比，如图 7.19 所示，有"No"（不压缩）、"Fast"（快速压缩）、"High"（高压缩比压缩）3 个按钮。压缩比越小，备份速度越快，但占用磁盘存储空间越大；压缩比越大，备份速度越慢，但占用磁盘存储空间越小。一般单击"No"按钮，以避免备份文件出错。如果磁盘存储空间小，则可单击"High"按钮。

（6）此时弹出"Proceed with partition image creation?"（确认建立镜像文件？）提示，单击"Yes"按钮开始备份（若发觉上述某步骤有误，则可单击"No"按钮，重新进行设置），如图 7.20 所示。

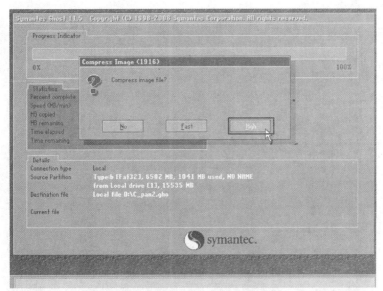

图 7.19　选择压缩比

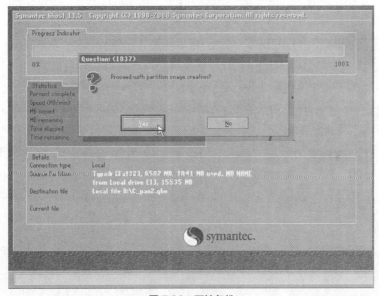

图 7.20　开始备份

　　（7）开始备份。此过程与恢复操作系统时类似，蓝色进度条"走"到 100%（此过程中鼠标指针被隐藏，时间长短由机器配置及数据量大小等因素决定，一般为 2～20min）即备份成功。若此过程中弹出确认对话框，则一般是因为所备份分区较大，需要建立分卷镜像文件，单击"OK"按钮确认即可。如弹出其他错误提示，则在确认硬盘可用空间足够的情况下，可能是硬件系统存在故障，请排除硬件故障后再进行备份。如图 7.21 所示，中部蓝色区域有 6 项动态数值，从上到下依次为"Percent complete"（完成进度百分比）、"Speed（MB/min）"（速度）、"HB copied"（已经复制数据量）、"HB remaining"（剩余数据量）、"Time elapsed"（已用时间）、"Time remaining"（剩余时间）。

　　（8）弹出"Image Creation Completed Successfully"提示表示备份成功，单击"Continue"按钮即可回到 Ghost 初始界面，如图 7.22 所示，表明备份完成。

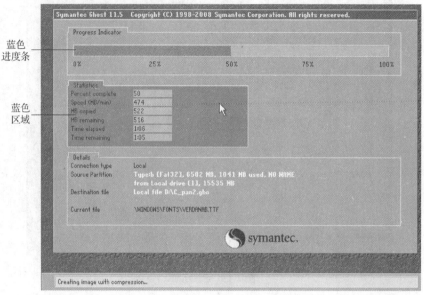

图 7.21　备份过程

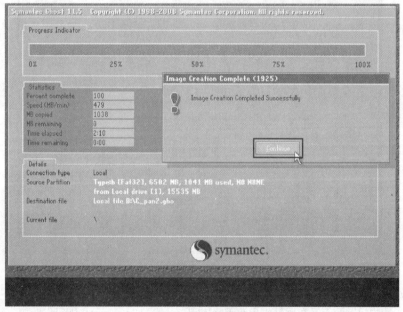

图 7.22　备份完成

本章小结

本章包含 3 节。

7.1 节数据备份概述，主要讲解了数据完整性概念、数据备份的 RAID 类型、数据备份的分类。

7.2 节数据存储技术，主要讲解了 DAS 技术、NAS 技术、SAN 技术。

7.3 节远程数据复制，主要讲解了同步数据复制、异步数据复制。

课后习题

1. 选择题

（1）对整个系统或用户指定的所有文件进行一次完整的备份属于（　　）。

    A. 全量备份　　　　B. 增量备份　　　　C. 差分备份　　　　D. 以上都不是

（2）目前广泛使用的数据存储技术是（　　）。

    A. DAS 技术　　　　B. NAS 技术　　　　C. FC SAN 技术　　D. IP SAN 技术

（3）【多选】按备份时系统的工作状态分类，数据备份可分为（　　）。

    A. 冷备份　　　　　B. 热备份　　　　　C. 硬件备份　　　　D. 软件备份

（4）【多选】目前数据复制的主要方式有（　　）。

    A. 同步数据复制　　B. 异步数据复制　　C. 网络数据复制　　D. 以上都不是

2. 简答题

（1）简述数据完整性的定义。

（2）简述数据备份的 RAID 类型及其优缺点。

（3）简述备份策略的分类。

（4）简述数据存储技术的分类。

（5）简述远程数据备份的方法。

（6）简述个人数据备份的方法。

第8章
Web应用安全

本章主要讲解 Web 应用安全概述、Web 服务器软件的安全以及 Web 浏览器的安全，包括 Web 应用的体系架构、Web 应用的安全威胁、Web 应用的安全实现方法、Web 应用的安全防范措施、Web 服务器软件的安全威胁、Web 服务器软件的安全防范措施、Web 浏览器的安全威胁以及 Web 浏览器的安全防范措施等。

【学习目标】

①掌握 Web 应用的体系架构。
②掌握 Web 应用的安全威胁。
③掌握 Web 应用的安全实现方法以及 Web 应用的安全防范措施。

④掌握 Web 服务器软件的安全威胁以及 Web 服务器软件的安全防范措施。
⑤掌握 Web 浏览器的安全威胁以及 Web 浏览器的安全防范措施。

【素养目标】

①培养实践动手能力，以解决工作中的实际问题，树立爱岗敬业精神。
②树立团队互助、合作进取的意识。

8.1 Web 应用安全概述

目前，互联网已经进入"应用为王"的时代。随着网络音乐、网络视频、即时通信等网络应用的发展，作为这些网络应用载体的 Web 应用已经深入人们工作及生活的各个方面。这些 Web 应用在为人们带来极大便利的同时，也为人们带来了前所未有的安全风险，针对 Web 应用的安全攻击也越来越多。根据安全机构和安全厂商所公布的安全报告及统计数据可知，网络攻击中大约有 75%是针对 Web 应用的。

8.1.1 Web 应用的体系架构

传统的信息系统应用体系架构是 C/S。在 C/S 体系架构中，服务器端完成存储数据、对数据进行统一的管理、统一处理多个客户端的并发请求等功能，客户端作为和用户交互的程序，完成用户界面设计、数据请求和表示等功能。

随着浏览器的普遍应用，浏览器和 Web 应用的结合造就了浏览器/服务器（Browser/Server，B/S）体系架构。在 B/S 体系架构中，浏览器作为"瘦"客户端，只完成数据的显示和展示功能，使得 Web 应用程序的更新、维护不需要向大量客户端分发、安装、更新任何软件，大大提升了部署和应用 Web 应用的便捷性，有效地促进了 Web 应用的飞速发展。Web 应用的体系架构如图 8.1 所示。

浏览器　　　　　传输网络　　　　　Web服务器　　　　　Web应用程序　　　　　数据库

图 8.1　Web 应用的体系架构

在图 8.1 中，浏览器主要实现数据的显示和展示内容的渲染功能，而由 Web 服务器、Web 应用程序、数据库组成的功能强大的"胖"服务器端则完成业务的处理功能，客户端和服务器端之间的请求、应答通信通过传输网络进行。

Web 服务器接收客户端对资源的请求，对这些请求执行一些基本的解析处理后，将它传输给 Web 应用程序进行业务处理，待 Web 应用程序处理完成并返回响应时，Web 服务器再将响应结果返回给客户端，在浏览器上进行本地执行、展示和渲染。目前，常见的 Web 服务器有微软公司的 IIS、开源的 Apache 等。

作为 Web 应用核心的 Web 应用程序，其通常采用了由表示层、业务逻辑层和数据层这 3 层组成的体系架构。其中，表示层的功能是接收 Web 客户端的输入并显示结果，Web 客户端通常由 HTML 格式显示的 Web 页面、输入表单等标签构成；业务逻辑层从表示层接收输入，在数据层的协助下完成业务逻辑处理工作，并将结果送回表示层；数据层则完成数据的存储功能。目前，流行的 Web 应用程序有 PHP、ASP 和 ASP.NET 等。

8.1.2　Web 应用的安全威胁

针对 Web 应用体系架构的组成部分，Web 应用的安全威胁主要分为以下 4 类。

（1）针对终端用户的 Web 浏览器安全威胁。该类威胁主要包括网页木马、网站钓鱼、浏览器劫持、Cookie 欺骗等。

（2）针对传输网络的安全威胁。该类威胁具体包括针对 HTTP 明文传输协议的网络监听行为，网络层、传输层和应用层都存在的假冒身份攻击，传输层的 DoS 攻击，等等。

（3）针对 Web 应用程序的安全威胁。开发人员在使用 PHP、ASP 等脚本语言实现 Web 应用程序时，由于缺乏安全意识或者编程习惯不良等，导致开发出来的 Web 应用程序存在安全漏洞，从而容易被攻击者所利用。典型的安全威胁有结构查询语言（Structure Query Language，SQL）注入攻击、跨站脚本（Cross Site Scripting，XSS）攻击等。

（4）针对 Web 服务器软件的安全威胁。IIS 等流行的 Web 服务器软件都存在一些安全漏洞，攻击者可以利用这些漏洞对 Web 服务器进行入侵渗透。

8.1.3　Web 应用的安全实现方法

从 TCP/IP 协议栈的角度出发，实现 Web 应用安全的方法可以分为以下 3 类。

1. 基于应用层实现 Web 应用安全

这种解决方法是将安全服务直接嵌入应用程序中，从而在应用层实现通信安全。PGP 系统就是在应用层实现 Web 应用安全的例子，它可以提供保密性、完整性和不可抵赖性，以及认证等安全服务。目前，很多安全厂商已经开发了专门针对 Web 应用的安全产品，即 Web 应用防火墙（Web Application Firewall，WAF），其也被称为网站应用级入侵防御系统、Web 应用防护系统。WAF 是通过执行一系列针对 HTTP/HTTPS 的安全策略来为 Web 应用提供专门保护的一款产品。同时，WAF 具有多面

V8-1　Web 应用
的安全实现方法

性的特点。例如，从网络入侵检测的角度来看，可以把 WAF 看作运行在 HTTP 层上的 IDS 设备；从防火墙角度来看，WAF 是一种防火墙的功能模块；还可以把 WAF 看作深度检测防火墙的增强版。

WAF 对 HTTPS 进行双向深层次检测，对于来自 Internet 的攻击进行实时防护，避免黑客利用应用层漏洞非法获取或破坏网站数据，可以有效地抵御黑客的各种攻击，如 SQL 注入攻击、XSS 攻击、缓冲区溢出攻击、应用层 DoS/DDoS 攻击等；同时，其对 Web 服务器响应的出错信息、恶意内容及不合规格内容进行实时过滤，避免敏感信息泄露，确保网站信息的可靠性。

2. 基于传输层实现 Web 应用安全

SSL 是一种常见的基于传输层实现 Web 应用安全的解决方法。SSL 协议提供的安全服务采用了对称加密和公钥加密两种加密机制，对 Web 服务器端和客户端的通信提供了保密性、完整性和认证服务。SSL 协议在应用层协议通信之前就已经完成加密算法、通信密钥的协商及服务器的认证工作。在此之后，应用层协议所传输的数据都会被加密，从而保证了通信的安全。

3. 基于网络层实现 Web 应用安全

传统的安全体系一般建立在应用层上，但是网络层的 IP 数据包本身不具备任何安全特性，很容易被查看、篡改、伪造和重播，因此存在很大的安全隐患，而基于网络层的 Web 安全技术能够很好地解决这一问题。IPSec 可提供基于端到端的安全机制，可以在网络层上对数据包进行安全处理，以保证数据的保密性和完整性。这样各种应用层的程序就可以使用 IPSec 提供的安全服务和密钥管理，而不必设计和实现自己的安全机制，因此减少了密钥协商的开销，降低了产生安全漏洞的可能性。

8.1.4　Web 应用的安全防范措施

为了提升 Web 应用的安全性，可以从以下几个方面入手制定防范措施。

（1）在满足用户需求的情况下，尽量使用静态页面代替动态页面。与静态 HTML 相比，采用动态内容、支持用户输入的 Web 应用程序具有较高的安全风险，因此，在设计和开发 Web 应用时，应谨慎考虑是否使用动态页面。通常信息发布类网站无须使用动态页面引入用户交互，目前新浪、网易等门户网站就采用了以静态页面代替动态页面的构建方法。

（2）对于必须提供用户交互、采用动态页面的 Web 站点，尽量使用具有良好安全声誉和稳定技术支持力量的 Web 应用软件包，并定期进行 Web 应用程序的安全评估和漏洞检测，升级并修复安全漏洞。

（3）强化程序开发者在 Web 应用开发过程中的安全意识，对用户输入的数据进行严格验证，并采用有效的代码安全质量保障技术对代码进行安全检测。

（4）操作后台数据库时，尽量采用视图、存储过程等技术，以提升安全性。

（5）使用 Web 服务器软件提供的日志功能，对 Web 应用程序的所有访问请求进行日志记录和安全审计。

8.2　Web 服务器软件的安全

Web 服务器软件作为 Web 应用的承载体，接收客户端对资源的请求并将 Web 应用程序的响应返回给客户端，是整个 Web 应用体系中不可缺少的一部分。但目前主流的 Web 服务器软件，如开源的 Apache、微软的 IIS 等，都不可避免地存在不同程度的安全漏洞，攻击者可以利用这些漏洞对 Web 服务器实施渗透攻击、获取敏感信息等。

8.2.1　Web 服务器软件的安全威胁

Web 服务器软件成为攻击者攻击 Web 应用的途径的主要原因如下。

（1）Web 服务器软件存在安全漏洞。

（2）Web 服务器管理员在配置 Web 服务器时使用了不安全的配置。

（3）在 Web 服务器的管理上没有做好安全配置，如没有做到定期下载安全补丁，选用了从网络中下载的简单的 Web 服务器软件，没有进行严格的口令管理等。

V8-2　Web
服务器软件的安全
威胁

虽然现在针对 Web 服务器软件的攻击行为相对减少了，但是仍然存在。下面列举几类目前比较常见的 Web 服务器软件的安全漏洞。

（1）源代码泄露安全漏洞。通过这类漏洞，攻击者能够查看没有设置防护措施的 Web 服务器上的应用程序源代码，甚至可以利用这些漏洞查看系统级的文件，如 IIS 的"+.hr"漏洞。

（2）服务器功能扩展模块漏洞。Web 服务器软件可以通过一些功能扩展模块来为核心的 HTTP 引擎增加其他功能，如 IIS 的索引服务模块可以启动站点检索功能。和 Web 服务器软件相比，这些功能扩展模块的编写质量要差很多，因此存在更多的安全漏洞。

（3）资源解析安全漏洞。Web 服务器软件在处理资源请求时，需要将同一资源的不同表示方式解析为标准化名称，这个过程称为资源解析，而其中存在安全漏洞。IIS Unicode 解析错误漏洞就是一个典型的例子，IIS 4.0/5.0 在 Unicode 字符解码的实现中存在安全漏洞，用户可以利用该漏洞通过 IIS 远程执行任意命令。

（4）数据驱动的远程代码执行安全漏洞。针对这类漏洞的攻击行为包括缓冲区溢出、不安全指针、格式化字符等远程渗透攻击。通过这类漏洞，攻击者能在 Web 服务器上直接获得远程代码的执行权限，并能以较高的权限执行命令。IIS 在 6.0 以前的多个版本中就存在大量这类安全漏洞，如著名的数据块编码堆溢出漏洞等。IIS 6.0 以后的版本虽然在安全性方面有了大幅度的提升，但是仍存在这类安全漏洞。

通过前面介绍的这些 Web 服务器软件安全漏洞，攻击者可以在 Web 服务器软件层面对目标 Web 站点实施攻击。

8.2.2　Web 服务器软件的安全防范措施

针对上述各种类型的 Web 服务器软件安全漏洞，安全管理人员在 Web 服务器的配置、管理和使用上应该采取有效的防范措施，以提升 Web 站点的安全性。Web 服务器软件的安全防范措施如下。

（1）及时进行 Web 服务器软件的补丁更新。可以通过 Windows 的自动更新服务、Linux 的 yum 等自动更新工具，实现对 Web 服务器软件的及时更新。

（2）对 Web 服务器进行全面的漏洞扫描，并及时修复这些安全漏洞，以防范攻击者利用这些安全漏洞实施攻击。

（3）采用提升 Web 服务器安全性的一般性措施。例如，设置强口令，对 Web 服务器进行严格的安全配置；关闭不需要的服务，不到必要的时候不向用户暴露 Web 服务器的相关信息；等等。

8.3　Web 浏览器的安全

Web 浏览器是互联网时代用户常用的客户端软件之一。随着 Web 浏览器的广泛应用，近年来针对 Web 浏览器及使用 Web 浏览器的用户的渗透攻击已经成为攻击者攻击 Web 应用的主要手段。

8.3.1　Web 浏览器的安全威胁

常见的针对 Web 浏览器的安全威胁主要包括以下几个方面。

（1）针对 Web 浏览器软件及其插件程序的安全漏洞实施的渗透攻击。这种攻击主要包括以下两个方面。

① 网页木马。攻击者将一段恶意代码或脚本程序嵌入正常的网页中，利用该代码或脚本实施木马植入（俗称"挂马"），一旦用户浏览了被挂马的网页就会感染木马，从而被攻击者控制以获得用户敏感信息。

② 浏览器劫持。攻击者通过对用户的浏览器进行篡改，引导用户登录被修改或并非用户本意要浏览的网页，从而收集用户敏感信息，危及用户隐私安全。

（2）针对 Web 浏览器所在的系统平台的安全威胁。用户使用的 Web 浏览器及其插件都是运行在 Windows 等桌面操作系统之上的，桌面操作系统存在的安全漏洞使得 Web 浏览器环境存在被攻击的风险。

（3）针对互联网用户的"社会工程学"攻击。这是网站钓鱼攻击所采用的方法，攻击者利用 Web 用户本身的人性、心理弱点等，通过构建钓鱼网站的手段来骗取用户的个人敏感信息。

8.3.2　Web 浏览器的安全防范措施

针对常见的 Web 浏览器安全威胁，常用的安全防范措施包括以下几个方面。

（1）定期升级、修复漏洞。将操作系统和 Web 浏览器软件更新到最新版本，确保所使用的计算机始终处于相对安全的状态。

（2）合理利用 Web 浏览器软件、网络安全厂商软件和设备提供的安全功能设置，提升 Web 浏览器的安全性。

（3）加强安全意识，通过学习提升自己抵御"社会工程学"攻击的能力。例如，尽量避免打开来历不明的网站链接、邮件附件和文件等，不要轻易相信未经证实的陌生电话、尽量不要在公共场所访问需要提供个人信息的网站等。

下面以 IE 为例，从清除 IE 缓存、设置 IE 安全级别等几个方面简单介绍提升 IE 安全性的方法。

实训 16　清除 IE 缓存

【实训目的】

• 掌握清除 IE 缓存的步骤和方法。

【实训环境】

分组进行操作，一组 1 台计算机，安装 Windows 10 操作系统，测试环境。

【实训原理】

用户在使用 IE 访问网页时，IE 会自动将访问过的网页的临时副本、登录信息等内容保存下来，以便用户下次访问时能更快地显示该网页。这些内容不仅占用磁盘空间，还为黑客获取用户信息提供了方便。因此，建议用户在每次关闭浏览器时及时清除这些上网痕迹。

【实训步骤】

具体操作步骤如下。

（1）在 IE 中选择"工具"→"Internet 选项"选项，弹出"Internet 选项"对话框，在其中打开"常规"选项卡，如图 8.2 所示。在"主页"选项组中，可以设置打开 IE 时显示的主页；在"浏览历史记录"选项组中，选中"退出时删除浏览历史记录"复选框，同时单击"删除"按钮，弹出"删除浏览历史记录"对话框，如图 8.3 所示，在其中可以选中所有复选框，清除所有历史记录。

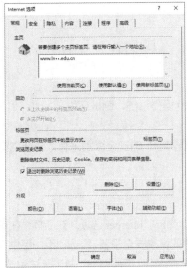
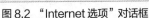

图 8.2 "Internet 选项"对话框

图 8.3 "删除浏览历史记录"对话框

（2）在"Internet 选项"对话框中，在"浏览历史记录"选项组中单击"设置"按钮，弹出"网站数据设置"对话框，打开"Internet 临时文件"选项卡，如图 8.4 所示，可以选择检查存储的页面的较新版本；打开"历史记录"选项卡，如图 8.5 所示，可以设置在历史记录中保存网页的天数；打开"缓存和数据库"选项卡，如图 8.6 所示，可以设置允许使用网站缓存和数据库。

图 8.4 "Internet 临时文件"选项卡

图 8.5 "历史记录"选项卡

图 8.6 "缓存和数据库"选项卡

实训 17　设置 IE 安全级别

【实训目的】

● 掌握设置 IE 安全级别的步骤和方法。

【实训环境】

分组进行操作，一组 1 台计算机，安装 Windows 10 操作系统，测试环境。

【实训原理】

IE 本身提供了强大的安全保护功能，用户可以通过设置 IE 的安全级别来有效降低浏览器访问恶意站点、运行有害程序的可能性。

【实训步骤】

具体操作步骤如下。

（1）在 IE 中选择"工具"→"Internet 选项"选项，弹出"Internet 选项"对话框，在其中打开"安全"选项卡，如图 8.7 所示。在"选择一个区域以查看或更改安全设置。"选项组中提供了可选择的 4 种安全区域，分别是"Internet""本地 Intranet""受信任的站点""受限制的站点"，这里选择"Internet"选项。在"该区域的安全级别"选项组中单击"自定义级别"按钮，弹出"安全设置-Internet 区域"对话框，如图 8.8 所示，在其中可以进行调整，例如，对.NET Framework 的使用进行限制，可以在一定程度上减少其所带来的安全隐患。

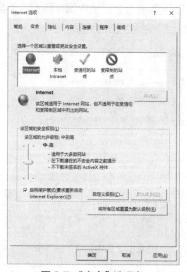

图 8.7　"安全"选项卡

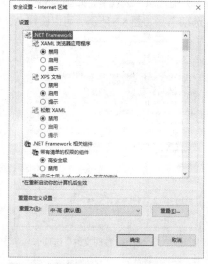

图 8.8　"安全设置-Internet 区域"对话框

（2）在"选择一个区域以查看或更改安全设置。"选项组中选择"受信任的站点"选项，如图 8.9 所示，在"受信任的站点"选项组中单击"站点"按钮，弹出"受信任的站点"对话框，如图 8.10 所示，在其中可以将受信任的站点添加到"网站"列表框中。

（3）设置隐私。通过 IE 提供的隐私设置功能，可以指定浏览器处理 Cookie 的方法，以帮助用户隐藏一些上网信息，具体操作步骤如下。

① 在 IE 中选择"工具"→"Internet 选项"选项，弹出"Internet 选项"对话框，在其中打开"隐私"选项卡，如图 8.11 所示，在"设置"选项组中单击"站点"按钮，弹出"每个站点的隐私操作"对话框，如图 8.12 所示，在其中可以指定始终或从不使用 Cookie 的网站。在"网站地址"文本框中输入网址，通过单击"阻止"或"允许"按钮可以设置针对该网站的隐私操作。

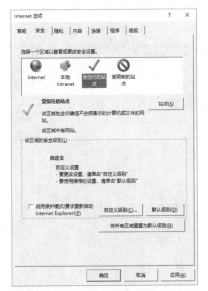

图 8.9 选择"受信任的站点"选项

图 8.10 "受信任的站点"对话框

图 8.11 "隐私"选项卡

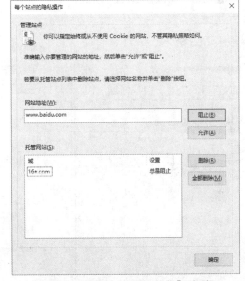

图 8.12 "每个站点的隐私操作"对话框

② 返回"隐私"选项卡。在"设置"选项组中单击"高级"按钮，弹出"高级隐私设置"对话框，如图 8.13 所示，可以选择 IE 处理 Cookie 的方式；在"弹出窗口阻止程序"选项组中选中"启用弹出窗口阻止程序"复选框，并单击"设置"按钮，弹出"弹出窗口阻止程序设置"对话框，如图 8.14 所示，在其中可以设置允许弹出窗口的网站地址。

（4）设置内容。IE 的自动完成功能为用户填写表单和输入 Web 地址带来了一定的便利，但同时给用户带来了潜在的危险，尤其是对于在网吧等公共场所上网的用户。为了提升 IE 的安全性，建议关闭该功能，具体操作步骤如下。

① 在 IE 中选择"工具"→"Internet 选项"选项，弹出"Internet 选项"对话框，在其中打开"内容"选项卡，如图 8.15 所示，在"证书"选项组中单击"证书"按钮，弹出"证书"对话框，如图 8.16 所示，可以导入证书设置。

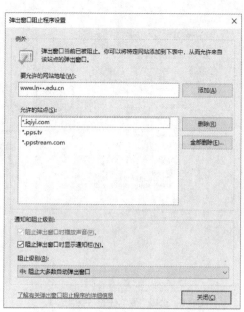

图 8.13 "高级隐私设置"对话框

图 8.14 "弹出窗口阻止程序设置"对话框

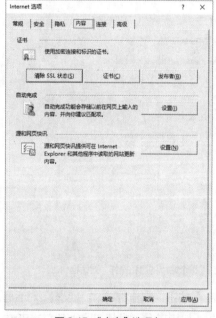

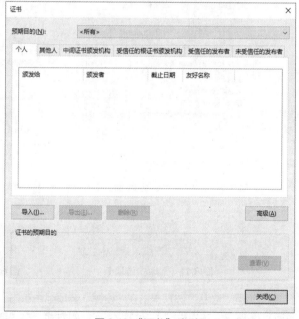

图 8.15 "内容"选项卡

图 8.16 "证书"对话框

② 返回"内容"选项卡。在"自动完成"选项组中单击"设置"按钮，弹出"自动完成设置"对话框，如图 8.17 所示，进行相关设置；在"源和网页快讯"选项组中单击"设置"按钮，弹出"源和网页快讯设置"对话框，如图 8.18 所示，进行相关设置。

（5）连接与高级设置。可以设置 IE 访问 Internet 时的连接方式，可以选择以拨号和 VPN 方式进行网络连接。在 IE 中选择"工具"→"Internet 选项"选项，弹出"Internet 选项"对话框，在其中打开"连接"选项卡，即可进行 Internet 连接方式的设置，如图 8.19 所示。同时，在"高级"选项卡中可以进行相关的高级设置，如 HTTP 设置、安全设置等，如图 8.20 所示。

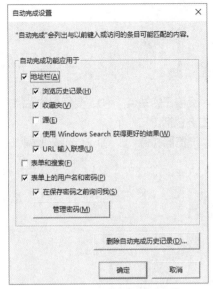

图 8.17 "自动完成设置"对话框

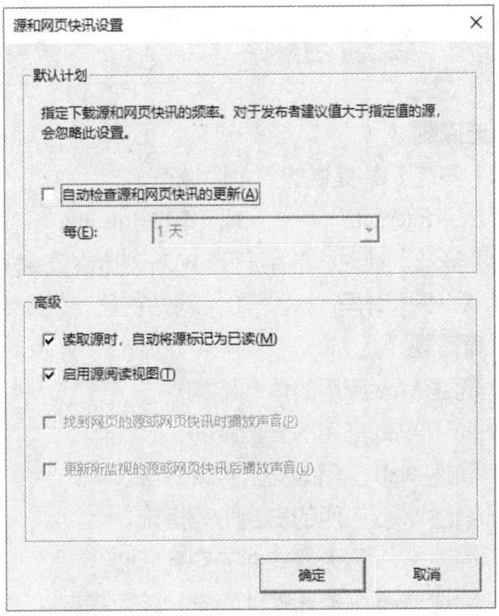

图 8.18 "源和网页快讯设置"对话框

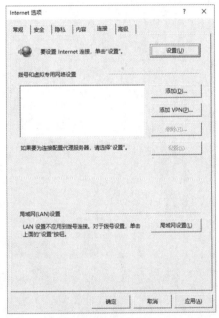

图 8.19 "连接"选项卡

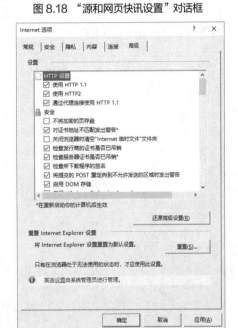

图 8.20 "高级"选项卡

本章小结

本章包含 3 节。

8.1 节 Web 应用安全概述，主要讲解了 Web 应用的体系架构、Web 应用的安全威胁、Web 应用的安全实现方法、Web 应用的安全防范措施。

8.2 节 Web 服务器软件的安全，主要讲解了 Web 服务器软件的安全威胁、Web 服务器软件的安全防范措施。

8.3 节 Web 浏览器的安全，主要讲解了 Web 浏览器的安全威胁、Web 浏览器的安全防范措施。

课后习题

1. 选择题

（1）【多选】IE 提供的安全区域有（　　）。

    A．Internet   B．本地 Intranet   C．受信任的站点   D．受限制的站点

（2）【多选】针对终端用户的 Web 浏览器安全威胁主要包括（　　）。

    A．网页木马   B．网站钓鱼   C．浏览器劫持   D．Cookie 欺骗

2. 简答题

（1）简述 Web 应用的体系架构。

（2）简述 Web 应用的安全威胁。

（3）简述 Web 应用的安全实现方法。

（4）简述 Web 应用的安全防范措施。

（5）简述 Web 服务器软件的安全威胁。

（6）简述 Web 服务器软件的安全防范措施。

（7）简述 Web 浏览器的安全威胁。

（8）简述 Web 浏览器的安全防范措施。